交通运输行业高层次科技人才培养项目著作书系

真　虹　金嘉晨　赵　楠　著

# 现代港口发展若干问题研究

Study on Some Issues Concerning Development of Modern Port

人民交通出版社
China Communications Press

## 内 容 提 要

本书结合作者近年来对港口发展问题的研究和思考,针对现代港口发展的几个值得关注的主要问题进行论述。主要内容包括:船舶大型化对港口的影响、集装箱码头资源的全球配置、港口服务供应链、临港经济的一体化发展、绿色生态港口、智慧港口、柔性化港口、第三次工业革命对港口的影响以及自由港模式的新发展等。

本书可以供港口问题的研究者在从事相关问题研究时参考,也可以作为从事港口管理的政府工作人员和港口企业界人士了解港口发展相关问题的参考材料。同时,可以作为相关专业的在校研究生和本科生的学习参考书。

**图书在版编目(CIP)数据**

现代港口发展若干问题研究 / 真虹,金嘉晨,赵楠著. -- 北京 :人民交通出版社,2013.8

ISBN 978-7-114-10843-3

Ⅰ. ①现… Ⅱ. ①真… ②金… ③赵… Ⅲ. ①港口经济-经济发展-研究 Ⅳ. ①F55

中国版本图书馆 CIP 数据核字(2013)第 192561 号

**书　　名:** 现代港口发展若干问题研究
**著 作 者:** 真　虹　金嘉晨　赵　楠
**责任编辑:** 钱悦良
**出版发行:** 人民交通出版社
**地　　址:** (100011)北京市朝阳区安定门外外馆斜街 3 号
**网　　址:** http://www.chinasybook.com
**销售电话:** (010)64981400,59757915
**总 经 销:** 北京交实文化发展有限公司
**印　　刷:** 北京鑫正大印刷有限公司
**开　　本:** 787×1092　1/16
**印　　张:** 12
**字　　数:** 278 千
**版　　次:** 2013 年 8 月　第 1 版
**印　　次:** 2013 年 8 月　第 1 次印刷
**书　　号:** ISBN 978-7-114-10843-3
**定　　价:** 48.00 元

## 作者简介

真虹，管理学博士，上海海事大学博士生导师、教授，上海国际航运研究中心秘书长，《水运管理》、《航运评论》杂志主编。为国务院政府特殊津贴获得者、交通运输部新世纪十百千人才工程第一层次人选。主要研究方向：港口发展战略与规划，港口经营管理、航运中心建设等。

现为中国生产力学会常务理事，中国技术经济研究会理事，交通运输类专业教学指导委员会水路运输分委会秘书长，中国交通运输系统工程学会常务理事，上海生产力学会副会长兼秘书长，上海航海学会物流管理专业委员会副主任等。

出版“普通高等教育精品教材”《港口管理》、学术专著《第四代港口及其经营管理模式研究》等13种教材和专著；发表学术论文130多篇。

## 作者简介

金嘉晨，上海国际航运研究中心航运中心建设研究室副主任，上海海事大学物流管理与工程博士研究生，主要研究方向为航运服务、港口物流等，曾参与撰写《国际航运中心的形成与发展》、《上海国际航运中心的探索与实践》、《北部湾崛起之路：全球视角的港航强桂战略研究》等著作，参与港口与航运方面的科研项目20余项，发表相关学术论文10余篇。

## 作者简介

赵楠，上海国际航运研究中心港口研究室副主任，上海海事大学讲师。主要研究方向为港口经营管理，负责《全球港口发展报告（2012）》的编写，参与《第四代港口经营管理模式研究》、《广州海港经济发展规划》、《洋山港区建设“境内关外”转运中心可行性研究》等多项科研项目的研究，发表港口研究方面论文近20余篇。

# 目　　录

# 第一章　绪　　论

## 第一节　现代港口对区域经济发展的推动作用

### 一、港口经济的内涵

"港口经济"是指在港口城市和地区的经济发展中由港口推动而兴起的一种新兴经济增长模式。迄今为止，不少港口领域的专家分别从系统理论、区域经济理论、产业经济理论以及物流理论等不同角度对于港口经济给予定义，并从各自研究的领域对港口经济进行了深入全面地分析。事实上"港口经济"根据其内涵理解的不同，可以从狭义和广义两个方面来认识。

从狭义的角度来看，"港口经济"是以港口为依托，以各类功能区域为载体，临港产业集群为主体，由运输经济、临港产业经济、航运服务经济组成的开放型、外向型、辐射型的产业经济形态。"港口经济"主要由三个部分组成：包括港航产业及内陆集疏运体系产生的运输经济，依托港口资源发展的城市临港产业经济，如临港装备制造业、造船业等，以及港航业带动的相关服务业，如金融、保险、咨询等。

从广义的角度来看，"港口经济"是指以港口为依托，港口城市为载体，综合运输体系为动脉，广阔的经济腹地为支撑的区域经济体系。以这种理解看，"港口经济"则涉及的范围更广，涉及的产业更多，涉及的内涵更深。"港口经济"强调港口城市与后方腹地的关系。"港口经济"既包括港口相关产业经济，同时覆盖了城市经济、区域经济乃至腹地经济，"港口经济"研究的范畴从港口对城市的发展扩展到对区域经济的拉动作用。

对于"港口经济"内涵的界定，从空间上看是一个区域概念，"港口经济"所涉及的范畴不局限于港口航运业的相关延伸产业以及临港产业，而是将港口所在城市以及辐射区域都纳入到"港口经济"的范围中来。

港口城市是"港口经济"的重要载体，港口城市利用其优越的区位条件和交通条件，对各种资源要素产生吸引力，各种要素通过港口经济的循环实现其价值，并使港口城市成为资源转化、物资集散、资金配置、信息交换、人才集聚的经济中心。

从产业的角度看，"港口经济"是关联产业。"港口经济"是以港口业及其相关产业为核心的产业经济。港口区位的有利条件促进了港航及相关服务业的发展，也促进了临港产业的发展，特别是依托海洋运输、海洋资源的临海工业以及商贸等相关产业的发展。"港口经济"与临港区域、港口城市以及腹地的经济发展具有很大的关联效应，它影响着港口城市特色产业结构的形成。

"港口经济"是流量经济。它是物流、信息流、资金流等交流、处理、交易的重要场所。这些资源的流动促进了“港口经济”的发展。

“港口经济”是陆地经济和海洋经济的结合，具有强烈的外向性，对带动区域经济的发展具有很强作用。如“港口经济”促进了大城市经济圈的形成和发展，美国有以纽约港为中心的东部海岸经济圈，日本有以东京港为中心的东部海岸经济圈，韩国有以釜山港为中心的西部海岸经济圈。我国有以上海为中心的长江三角洲经济圈，以广州、深圳、香港为中心的珠江三角洲经济圈等。

## 二、现代港口对区域经济发展的贡献

港口对区域经济的发展带来了很多的有利条件，主要体现在以下两个方面。

1.港口是区域经济发展的助推器

港口在区域经济发展中起着重要的助推作用，主要表现在：

(1)港口使得后方的港口城市有着其他城市无法比拟的优势。从宏观上讲，港口作为海陆交通枢纽，具有连接国内外市场的作用，可以通过海上运输把本国市场同国际市场连接起来；城市发展可充分利用港口强大的辐射力，大大增强城市的功能；港口作为流通领域资金往来的汇集之地，具有融资方面的便利。港口城市与非港口城市相比，其产业结构有较大不同，港口城市各类服务业就业人员的比例大大高于非港口城市。从人均商业销售额看，港口城市往往是非港口城市的几倍甚至几十倍。如深圳港和日照港都是我国改革开放后新建的港口，在港口带动城市经济发展中具有典型的代表性。

(2)港口作为港口城市的重要组成部分，往往对城市的经济发展起着“龙头”作用，特别是使临近港口的产业具备诸多优势：①临近港口的产业因为其运输环节少，物流成本较低；②港口基础设施，如码头、库场、公路、铁路、通信等配套设施，为临港产业所共享；③港口经规划确定的岸线与陆域，为港区其他很多涉海产业的发展提供了广阔的聚集发展的空间；④港口为港口区域的土地增值创造了条件。

现代港口的发展对港口的服务功能要求越来越高从而使城市与港口的关系变得越来越密切。一方面，城市作为港口设施的载体，成为港口产业发展的依托；另一方面，港口产业由于关联度大，经济带动性强而成为区域经济社会发展的重要促进因素，当港航产业发展到一定水平，成为城市的主要支柱产业时，城市的主要功能性质就会发生变化，如上海、青岛、天津、大连都是因港口的突出功能，“港兴城兴”，形成广阔的经济辐射面，从多方面带动了区域经济的发展。随着港口与城市的一体化发展，港口正成为开展国际贸易和服务业的集聚场所，成为区域经济新的增长点。

2.临港产业是区域经济发展的重要保障

港口不仅为工业化提供了原材料和产成品的物流服务，而且港口本身就成为吸纳工业的理想场所，成为众多跨国公司的“据点”。港口吸引制造业和服务业的良好条件和区位优势，使得大量跨国公司和大型企业落户港口，为区域经济的发展带来了无限契机。

总之，港口和区域经济之间的关系可以表述为：

(1)港口经济是区域经济的一部分；与其他行业一样，港口同样产生国内生产总值；港口产生新的就业机会，上缴国家和地方税收；

(2)港口为工业、贸易和其他部门之间提供了装卸、堆存、运输、包装、装配等相关服务；

从港口的角度看，港口和这些部门之间存在着前向联系效果；

(3)港口自身也消耗着本地和外地的工业、贸易等行业生产的产品和提供的服务，因此从港口的角度看，港口与工业及服务业之间存在着后向联系效果；

(4)港口由于其独特的地理位置和具有的多种功能，因而对制造业具有诱发、产生和集聚的作用，对人口也具有吸纳的作用，在地区城市化和工业化进程中具有特别重要的意义。

## 第二节　港口进入转型发展的关键时期

### 一、港口发展面临的挑战

在经济全球化以及现代供应链管理时代，港口正面临着不断增长的压力。过去的港口之间竞争，正在演变为今天的港口所参与的供应链之间的竞争。港口功能已经不是作为运输链中孤立的一个点而存在，而是作为供应链中的一个组成环节。因此，在供应链中起关键作用的产品制造业所面临的问题，同样会波及供应链中的其他各个环节。市场对产品生产的精细化、敏捷化和柔性化的要求，正在成为对整个产品生成链的要求。而这种要求冲击着传统港口的经营方式，引起供应链以及港口的一系列的变化。驱动这种变化的主要因素有：

(1)对产品最终成本提出越来越苛刻的要求；

(2)敏捷制造模式的产生，并且在制造业中获得了成功；

(3)当人们关注的重点从生产领域转向流通领域时，对供应链的有效管理变得越来越重要；

(4)市场的标准、统一的模式正在被抛弃，转而越来越追求差异化和个性化的服务；

(5)全球化经济正在改变我们的社会，并改变着我们的生活方式；

(6)市场需求的不确定性正在增长。

当人们关注的重点从生产领域转向流通领域时，对供应链管理就会提出更高的要求，进而对构成供应链重要环节的航运和港口产生经营上的压力。鉴于此，便出现了为减少运输成本而形成的集装箱航运企业的联盟和并购，导致航线的重构，并重新选择停靠的港口。全球港口运营商已经意识到这些变化，他们通过合资、港口码头的经营特许权的转让等方式构建新的集装箱码头经营方式。通过创新港口的服务，提高港口服务质量来提升他们的竞争力。例如，面临挑战，使得跨港口的码头营运商不断增长，2011 年全球码头运营商所完成的集装箱码头权益吞吐量达 2.56 亿 TEU，占全球总集装箱处理量的 43.5%。同时，现代物流所要求的国际运输中门到门(甚至是流程到流程)的运输方法正在替代传统的港口到港口的运输服务。由此导致港口本身经历重大的重组。港口技术领域的发展也在支持着港口的变化，特别是在运输模式的协同性、与海运相关的陆路运输网络的连通性以及信息系统的兼容性这三方面的技术正在满足港口服务供应链向无缝连接方向发展的需要。

在以上发展背景下，港口的精细化、敏捷化和柔性化问题被提了出来，以促使港口更好地担当起物流服务供应链中关键的角色，增强港口的竞争力。为顺应未来供应链管理的发展趋势，必然对港口提出一系列的要求，如减少物流通道中的库存费用，减少港口货物转运时间和货物在途时间，创造更广泛的服务绩效，提供更多的服务种类，通过提高生产效率来降低单箱装卸成本等。

当今的港口功能实际上与20世纪80年代开始出现的第三代港口功能相比已发生了巨大变化,特别是当供应链管理正日趋成熟之时,港口在供应链中所扮演的角色也正相应地发生着剧变。为顺应未来供应链管理的发展趋势,必然对港口提出一系列的要求,如减少物流通道中的库存费用,减少港口货物转运时间和货物在途时间,创造更广泛的服务绩效,提供更多的服务种类等。因此,面对日益激烈的挑战,现代港口正呈现出新的发展趋势。

## 二、港口发展变化的趋势

自从20世纪80年代以后,为了适应国际经济、贸易、航运和综合物流发展的要求,在信息技术的推动下,港口由单一的运输服务、运输中转站功能向物流分拨中心转变。进入21世纪后,经济的全球化和区域化的突出特点成为了新时代国际贸易发展的方向。因此,港口面临着如何优化原有功能,提供更多的增值服务和拓展功能的新课题。港口的发展,除了向大型化,深水化,以及拓展增值服务的方向发展外,还表现出了其他的适应经济发展的一些新的特点和趋势。

1. 港口与经济腹地,所居城市的关系更加紧密

目前,很多城市在规划产业布局时以港口发展为重要考虑对象,合理规划各功能区,充分考虑港口对城市交通设施的要求。强化经济腹地和港口的联系,为港口提供更大的发展空间,进而把发展国际物流中心和航运中心纳入城市的功能定位中。此外,城市的发展也越来越依托港口的发展。经济的全球化赋予了港口成为一个城市甚至一个国家窗口的重要的责任和使命。国家和城市的发展对港口的依赖越来越大。例如,鹿特丹作为重要的国际贸易中心和工业基地,在港区内实行"比自由港还自由"的政策,是一个典型的港城一体化的国际城市,拥有大约3500家国际贸易公司,拥有一条包括炼油、石油化工、船舶修造、港口机械、食品等部门的临海沿河工业带。[1,2]

2. 港口布局网络化

现在的港口布局正逐步脱离以欧/美、欧/亚、亚/美三大主干航线为规范的国际枢纽港的传统体系,而出现一个新型的全球港口网络。目前,世界范围内的港口布局基本完成,呈现出主辅相配的网络化发展趋势。以具有全球化或区域化国际航运中心功能的港口为中心、以地区性枢纽港和补给港为辅助的港口网络模式逐渐形成。[3]

3. 区域内港口集群内部枢纽港与补给港的竞争减弱,并被相互合作所取代

通过行政管理、产权纽带和共同经营等方式使区域内的各港口逐渐结成港口联盟。典型例子是美国的洛杉矶和长滩的组合港、丹麦的哥本哈根和瑞典的马尔摩的组合港、德国不来梅的不来梅仓储和运输股份有限公司和汉堡港码头经营商欧罗港池(Eurokai)合营的欧罗门户公司(Eurogate)以及中国的一些港口群内港口之间的合作。

4. 国际码头营运商和船公司经由共同的经营人将多个码头联系起来

世界贸易的发展,导致对港口生产率以及运费率的高要求,提高港口生产率、降低运费率成为港口和航运公司考虑的重点,因此导致码头经营人开始和船公司共同承担码头的营运工作,从而使码头经营人能通过更好的计划安排,提高港口生产率,缩短货物在港口的流转时间,共享信息技术、管理经验、销售及市场功能,节约大笔资金支出。如黄埔和记集团

(HPH)、新加坡港务集团(PSA)、迪拜环球(DP World)、埃彼·穆勒码头公司(APMT)以及中远太平洋(Cosco Pacific)等全球码头营运商在全世界经营着集装箱码头,已经构筑起遍布全球的码头网络。

5.港口物流从现代物流管理向供应链管理转变

在经济全球化浪潮下,跨国经营和全球化生产已经成为现代经济的主流,国际化采购、国际化生产、国际化销售的格局基本形成。作为国际物流过程中重要的环节,港口随着物流的发展而发展。因此,目前港口更加注重物流系统资源的整合和先进技术的应用,注重物流的全球性服务和集约化、协同化,港口管理正在朝物流服务供应链管理的方向发展。[4]

6.管理和决策等软因素将成为港口优势的决定因素

港口竞争优势不再仅仅表现为港口吞吐量的多少,随着世界航运船舶大型化、专业化以及航运公司联盟化等发展趋势;港口竞争优势正在转变为资源的综合利用优势、高效率的生产运作优势以及港口服务顾客能力的优势。因此,基于上述能力所提升的管理水平和决策水平成为了港口竞争的主要手段。[5]

7.港口服务信息化

信息化已经成为当代社会发展的一个重要标志,港口信息网络化正在成为港口发展的重要趋势之一,成为提高服务效率的重要手段。通信和信息在所有经济贸易中发挥着越来越重要的作用。港口作为贸易的一个重要环节,必然要求进一步加强港口的信息化建设,要在物流服务供应链上实现信息的有效高速传递。电子数据交换(EDI)的应用体现了港口服务信息化的初步发展。例如,在鹿特丹港,EDI信息不仅用于报关,由于现在拥有了港口网络(Portent)、港口信息网(Port-Information-Net)等信息网络,信息应用的范围拓展了。目前,先进港口正在探索引入物联网技术,为打造智慧港口提供技术支撑。

8.港口更加注重提高服务质量,满足顾客的差异化要求

在鹿特丹港,现在不仅为客户提供传统的物流服务,还为客户提供产品修理、简单加工等服务,为客户节省了时间和费用。[6]在新加坡,港口企业的专业化、社会化程度较高,可以为某一行业的企业提供全方位的物流延伸服务,也可以为各行业的客户提供某一环节的物流服务。以港口为核心的物流服务供应链以满足客户需要为出发点和最终归宿点,由港口企业、相关物流企业和客户共同研究选择出一种或几种最理想的服务方式,最终找出能最大限度地为客户提供低成本服务的解决方案。当然,当港口在为顾客提供这些差异化服务的同时,也为港口本身提供了更多的增值物流服务。

9.港口向绿色生态港口发展

目前,越来越多的港口注意到港口的发展不能以牺牲环境为代价,开始注重港口的环境保护以及资源的高效合理利用,使港口与环境达成平衡和协调发展。如我国天津港和青岛港在港口环保方面已经做出了令人瞩目的业绩。

但是,在港口不断呈现出新型营运方式的同时,在港口发展改革的过程中,仍然存在着种种问题,制约着港口发展。例如:

(1)港口发展的过于局限性,空间上尚不能突破自身的区域限制,使得管理上难以进一步提高绩效。供应链管理思想还没有深入到港口营运过程中,大大阻碍了港口的发展空间和潜力。很多港口虽然开展了相配套的物流服务,但是仍然没有摆脱单一港口发展模式,没

有意识到供应链思想对港口转型发展的重要性。

(2)相邻区域港口对各自的地位和作用尚未清楚认识,缺乏资源互补、功能搭配、差异发展,互助共赢的思想。盲目竞争正在削弱港口自身的实力,阻碍港口的发展,严重影响着港口资源的有效利用。

(3)港口发展速度的不平衡加之不能协调发展导致港口合作的落后,进而影响了港口整体的效率和服务质量。港口发展水平的差异,各国、各地区建立在商品经济基础上的利益不同,必然会影响作为整体的港口网络系统的效率。许多喂给港口的低效率正在影响着干线港口作用的发挥。究其原因,就是港口之间缺乏管理、技术、资本、经验、文化的流动。

总之,就港口总体发展情况来看,为了适应国际贸易与经济的发展,港口自身正在积极地做出调整和改革。但是,在这个过程中确实存在阻碍港口发展的一系列问题。因此,从全球港口的发展看,港口的发展水平整体上是不平衡的,一般而言,大型港口的发展水平要远快于小型港口。

## 三、港口转型发展的必然性

在经济全球化以及现代供应链管理时代,港口仅保持以装卸活动为主的传统功能已经不能满足社会经济发展对港口的要求,港口在延伸其服务的过程中,正在改变过去港口之间的竞争模式,港口竞争正在演变为港口所参与的供应链之间的竞争。作为供应链中的一个节点,港口必然需要延伸其服务,与物流服务供应链的上下游环节形成无缝连接,但是,这一转变既是必然的趋势,又面临诸多的困难。因此,港口正面临着转型发展的关键时期,我们可以从以下几个方面来印证港口转型发展具有其必然性。

1. 第四代港口发展模式的出现

1992 年,联合国贸易与发展会议在《港口发展和改善港口的现代化管理和组织原则》的研究报告中把港口功能划分为三代。第一代港口是将港口定位为货物水陆运输的转换点,即货物的装卸、搬运和储存;第二代港口将港口发展成为运输、工业和商业的服务中心,其主要特征是临港产业的快速发展;而第三代港口是为了适应国际经济、贸易、航运和物流发展要求,使港口逐步演变为国际物流中心,在这一阶段港口的影响已经渗透到所在城市和区域,物流服务的延伸是其主要特征。随着供应链管理模式的发展和港口功能的进一步拓展,1999 年在联合国贸易与发展会议上又提出了第四代港口。其定义第四代港口为“物理空间上分离但是通过公共经营者或管理部门链接”(physically separated but linked through common operators or through a common administration)的组织,即意味着第四代港口将超越原来运输枢纽中心、装卸服务中心及第三代所提的物流中心的概念,其最主要的特征是港口的跨地区的联系。

在联合国贸易与发展会议提出的第四代港口基本概念的基础上,我们对第四代港口给出了一个能反映港口未来发展趋势的定义,即在兼容第三代港口功能的基础上,作为港口供应链中的一个环节,强调港口之间互动以及港口与相关物流活动之间的互动,满足运输市场对港口差异化服务的需求,提供精细的作业和敏捷的柔性服务,促使与港口相关的供应链各环节之间的无缝连接。[7] 表 1-1 中我们对四代港口的演变特征进行了多方位的比较。可以看出,我们面对第四代港口发展趋势,传统的港口发展模式已经不能适应,这就需要我们的港口通过转型发展来提升自己的竞争能力。

**四代港口的演变比较** 表1-1

| | 第一代港口 | 第二代港口 | 第三代港口 | 第四代港口 |
|---|---|---|---|---|
| 空间地域特征 | 港口相对于所在城市(区域)独立 | 港口与所在城市(区域)在地域上出现交叉 | 港城地域上一体化 | 不同城市(地域)港口的一体化 |
| 经济特征 | 港口经济独立 | 港口经济与周边城市(区域)经济关联 | 港口经济与周边城市(区域)经济融合 | 港口经济与多个城市(区域)经济融合 |
| 市场特征 | 港口企业处于垄断地位 | 港口内企业之间的竞争 | 区域内港口之间的竞争 | 港口供应链之间的竞争,强调供应链内部的港口协同 |
| 功能特征 | 单一的装卸、堆存等传统功能 | 在传统功能上集成工业、贸易等临港产业功能 | 综合物流服务功能,成为物流中心 | 多个港口以及物流链功能的整合 |
| 供应链特征 | 港口作为独立节点存在 | 港口业务沿物流链两端延伸,逐步整合一些物流服务提供商 | 港口整合物流链,并以港口为中心的完整的物流链。开始以物流服务供应链方式出现融入产品供应链的趋势 | 以港口为核心的物流服务供应链形成 |
| 运营特征 | 粗放式的传统管理模式 | 规模化的,强调效率的管理模式 | 引入质量管理等现代管理方法的,强调服务的管理模式 | 精益化、柔性化、敏捷化的,强调服务管理模式 |
| 技术特征 | 非专业化的,传统的搬运和装卸技术,人工信息处理 | 专业化(集装箱等专业化码头),机械化作业技术、计算机信息管理技术的应用 | 大型化(可服务大型船舶作业),机械化和自动化作业技术、港口内部集成化的计算机信息管理和与外部的信息联系(EDI等) | 作业系统的整合和自动化,港口供应链信息的网络化和共享化 |

资料来源:真虹,等.第四代港口及其经营管理模式研究.上海交通大学出版社,2010.7。

2.供应链管理模式对港口发展提出的要求

现代供应链管理对物流提出了更高的要求,融合上下游客户的物流服务供应链对参与的港口也提出了无缝连接的需求。港口作为一个链接多个物流环节的枢纽节点,借助于信息的集聚效能,在物流服务供应链中将起到更为重要的作用。但是,传统港口的封闭式运作模式显然无法实现这些要求,主动地与上下游各环节进行整合,通过港口的延伸服务和信息一体化的支撑,将使港口在物流服务供应链中发挥核心的作用。当然,这种作用的发挥也必须要求港口自身从传统的功能定位中转变,港口功能必须沿着物流服务供应链延伸,不能再仅仅将港口功能局限在港区以内。

3. 传统港口发展模式出现瓶颈

在考虑了外部环境对港口转型发展提出要求的同时,我们应看到港口转型发展也是由于港口本身发展模式遇到了瓶颈。传统港口仅仅依靠货物的装卸所获取的利益已经难度提升,而面临周边港口的竞争压力却愈加激烈,港口依靠过去那种以降低装卸费率的价格竞争已经难以使港口获得可持续的发展。与此同时,市场需求的多样性不断地对港口经营提出了更多的个性化的要求,港口能否满足这些要求,正在成为其竞争力的重要体现。

4. 世界经济环境变化对港口发展的影响

世界经济的持续不景气对国际贸易产生了巨大影响,这种影响已经波及港口的发展,并打破了传统港口的发展格局。货运量的减少,使得原先估计能够持续上升的对港口码头能力的需求却未如愿到来,由此造成一批新建码头货源严重不足。这种状况还将持续,由此加剧了港口的竞争压力。与此同时,货物结构和流向改变以及船型的不断更新,使得港口越来越难以应对这种变化局面。过去那种刚性化的服务模式已无法适应多变的市场需求,市场对港口的柔性化需求正向港口提出更高的服务应变能力要求。为此,港口只有通过自身的转型发展来探索出满足这种多变市场的要求,以顺应世界经济的瞬息万变。

5. 第三次工业革命的影响

尽管目前有关第三次工业革命对交通运输以及港口的影响研究较少,但是目前所揭示的第三次工业革命的变化特征显然已经触及了交通运输领域。例如,由全球化向洲际化的转变[8]必将对运输特别是承担国际间运输的航运产生巨大的影响。这种影响会是怎样的以及如何去应对这种影响,这需要我们进行深入的研究。但是,第三次工业革命必将对现在的港口活动产生影响。那么,我们正在探讨的港口转型发展是否顺应了这种变化?这需要我们有超前的意识,在探索港口转型发展之路的时候要认真对待第三次工业革命的探讨,以明确未来港口的发展方向。

## 第三节　本书研究内容的组织

现代港口发展所面临的问题较多,根据港口的转型发展的要求,本书认为在以下几个方面是特别需要给予关注的:

(1)船舶大型化对港口的影响:这将改变港口的技术要求以及作业方式。船舶大型化降低了单位货物的运输成本,但如果还是采用过去的作业方式,将会延长船舶在港时间,从而延长了货物的在途时间;同时,对于货源的组织也将带来一定的压力。如何在船舶大型化的同时能解决这些问题,这是现代港口提升竞争力所急需解决的问题。

(2)码头资源全球的配置:根据物流服务供应链管理的要求,在供应链上下游之间尽可能形成有效的连接,港口不应仅关注本港服务质量的提升,同时也要关注上下游港口之间的衔接。这使得港口经营活动将从一个港口延伸到一个由众多港口组成的网络。全球港口营运商的出现正是顺应了供应链管理的要求,这些全球港口经营活动以资本为纽带,有目的地在全球配置其港口资源,提升其所经营的港口竞争力。目前,全球码头营运商所掌控的集装箱码头吞吐量已经占到全球吞吐量的一半,这种愈演愈烈的趋势值得我们关注。

(3)港口服务供应链:港口从传统的货物装卸功能正在沿着物流服务供应链两端延伸,

并且将上下游客户企业联系在一起,构成以港口为核心的服务供应链。这种变化正在逐步变成现实,已经有一些案例证实了这种趋势。那么,这种港口服务供应链是如何形成的,其特点又是什么,这些都非常值得我们去研究和实践。

(4)临港经济的一体化发展:在中国,临港产业的发展出现了一种非常不利的格局,就是港区、物流园区以及临港产业园区的管理各自为政,这不仅在政府层面上是如此,在企业层面也是相分离。区港的分离严重制约了港口经济的影响力和辐射能力,显然,大力推进临港经济一体化发展成为了一项紧迫的任务,国外成功的案例已经给了我们很好的启示。

(5)绿色生态港口:港口发展在推动城市和区域经济发展的同时,对环境所造成的负面影响也越来越成为人们关注的问题。现代化港口需要一种能与环境和谐发展的模式。绿色生态港口就是营造"港区—人—自然"和谐相处的生态环境,在不出现无法挽回的环境改变的前提下,港口在环境影响和经济利益之间获得良好平衡的一种可持续发展模式。

(6)智慧港口:粗放式的港口发展模式已经不适应社会经济发展的需要,在我们打造智慧城市的同时,建设智慧化港口已经引起业界的高度关注。高度自动化、高度信息化以及人员的高度知识化是智慧港口的主要特征。如何打造一个智慧港口这是本书将要讨论的一个话题。

(7)柔性化港口:随着码头生产的专业化发展,港口服务趋于刚性化,对市场的响应能力下降。然而,客户需求的多样化必然导致对港口提出柔性化的要求,这种要求将促使港口向满足差异化服务以及敏捷化生产的方向发展。但是,如何构建柔性化的港口,我们将在本书中进行探讨,以期能给出一些基本思路。

(8)第三次工业革命对港口的影响:正如前面所述,第三次工业革命将对运输业带来冲击,这将改变传统的运输方式,进而也将改变港口的运营模式。那么,第三次工业革命究竟如何影响港口的发展,这是一个非常新的话题,我们也试图研究一下这个问题,以提供关注者一些可供参考的思路。

(9)自由港模式的新发展:自由港谈论了许多年,在国外也有多种实践模式,但是在中国则一直难以推行。然而,就在我们再次关注自由港的时候,这种模式本身也在为顺应世界经济的发展而发生改变。那么,让我们一起来探索一下,自由港将会出现哪些新的情况,我们应该能借鉴什么。

当然,正像我们所言,这本书只是探讨了港口转型发展中的一些可能出现的变化,这些变化现在已经显露端倪,我们试图顺着一些变化的痕迹,探究港口未来变化的趋势。值得一提的是,未来港口发展趋势并不只局限于本书所涉及的九个方面,这里只是为了结合我们已有的研究成果,所以将注意力仅仅集中在上述这九个方面。

## 参考文献

[1] 杜凯.从第四代港口谈如何发展我国港口经济[J].天津商学院学报, 2006,26(4)

[2] 陈勇.从鹿特丹港的发展看世界港口发展的新趋势[J].国际城市规划,2007.1

[3] 孙光圻.21世纪曙光下的世界港口[J].中国港口,2001.1

[4] 李阳.第四代港口新概念及国内港口发展战略思考[J].才智,2008.5

[5] 李金辉. 环渤海三大港群的竞争与合作问题探讨[J]. 港口经济,2005.5
[6] 赵立红,白英,等. 从世界主要港口的发展看中国港口物流的发展[J]. 世界海运,2007.3
[7] 真虹,等. 第四代港口及其经营管理模式研究[M]. 上海:上海交通大学出版社,2010.7
[8] 杰里米·里夫金. 第三次工业革命——新经济模式如何改变世界[M]. 北京:中信出版社,2012.6
[9] 真虹,赵楠,等. 全球港口发展报告(2012)[M]. 上海:上海浦江教育出版社,2013.4

# 第二章　船舶大型化对港口的影响

船舶大型化是近年来全球航运业发展的主要趋势之一。随着 1.8 万 TEU 集装箱船、30 万吨级 VLCC 和 38 万吨级矿砂船的建成投用，船舶大型化的发展愈发迅猛。其中，集装箱船的升级换代更为引人注目。港口作为海上运输的重要节点，大型集装箱船的投入运营不仅带来规模效应，还对港口的水深条件、基础设施、作业效率、管理技术等不断提出新的要求，对港口在全球运输网络中所处的地位和在区域经济发展中扮演的角色都具有重要的影响。

## 第一节　船舶大型化的发展历程

随着全球海运贸易需求的强势增长和航运技术的显著提升，集装箱船大型化进程日益加快。在万箱级集装箱船出现以前，以载运集装箱能力和吨位数量为划分标准，集装箱船的船型从第一代已经发展到了第六代（表 2-1）。然而，近年来呈现出更新换代间隔时间大幅缩短的趋势。例如，第三代与第四代间隔长达 16 年，而第四代和第五代间隔缩短到 7 年，随后仅间隔两年时间，就出现了以 8000TEU 为代表的第六代集装箱船，此后船舶大型化每年上一个新台阶，目前集装箱船已经进入 18000TEU 的超大型集装箱船时代。

**第一代至第六代集装箱船的主要参数**　　表 2-1

| 代　际 | 名义载箱量（TEU） | 载重量（万 t） | 船长（m） | 船宽（m） | 吃水（m） |
|---|---|---|---|---|---|
| 第一代 | <700 | <1.4 | <156 | <23 | <9.3 |
| 第二代 | 700 ~ 2300 | 1.0 ~ 3.9 | 129.8 ~ 261 | 20.8 ~ 32.3 | 7.5 ~ 12 |
| 第三代 | 2300 ~ 4400 | 3.0 ~ 6.8 | 202 ~ 294.1 | 30.7 ~ 32.3 | 10 ~ 13.5 |
| 第四代 | 4100 ~ 5000 | 5.0 ~ 6.8 | 275 ~ 299.9 | 37.2 ~ 40.0 | 12.2 ~ 14 |
| 第五代 | 5000 | 6.5 | 275 | 40 | 13.5 |
|  | 6000 | 7.5 | 310 | 40 | 14 |
|  | 7000 | 8.5 | 320 | 43 | 14 |
| 第六代 | 8000 | 9.5 | 330 | 45 | 14 |

数据来源：黄树松. 集装箱船舶大型化趋势对港口运营的影响[J]. 水运管理，2012，34（3）：4 – 5。

从 20 世纪末期掀起的船舶大型化浪潮一直持续到现在，从整个船舶大型化发展历程来看，大致可以分为以下三个阶段：

1. 巴拿马型船时代（20 世纪 80 年代中期以前）

这一时期的集装箱船大型化主要是伴随着集装箱运输体系的发展而发展，集装箱船的大型化进程大致经历了普通货船改装成集装箱船、早期集装箱船、早期巴拿马型船和极限巴拿马型船四个阶段，对应了集装箱运输从开创、成长到扩张的过程。

海上集装箱运输方式的开启始于1957年世界上第一艘经改装而成的全集装箱船“Gateway City”号正式投入营运。该船设有集装箱装卸桥，载重量为9000吨，可装载2.44米×2.59米×10.67米（8英尺×8.5英尺×35英尺）的集装箱226只，每箱总重25吨。此后，集装箱运输效率高、成本低、效益好、质量优等优越性得到越来越广泛的认可，以集装箱运输为主导的海上运输方式迅速发展。

随着集装箱运输从美国沿海运输向国际远洋运输发展，集装箱船从第一代发展到了第二代。这期间，集装箱专用泊位陆续出现。国际标准化组织（ISO）于1965年颁布了一系列国际标准箱的规格尺寸，20英尺、40英尺的标准集装箱成为国际集装箱运输中的常用箱。港口设施的专业化和集装箱的标准化大大增强了集装箱运输的世界通用性，为集装箱船的大型化发展奠定了基础。

自1971年起，世界集装箱运输进入了扩张阶段，集装箱船从第二代发展到了第三代。随着世界各地集装箱航线的相继开辟，各国普遍设立了集装箱专用码头，港口装卸设施也不断专业化和现代化。许多集装箱码头配备了跨运车、集装箱装卸桥以及在堆场使用的龙门起重机，集装箱船的运输能力得以迅速增强。同时，现代管理水平的提升和计算机技术的应用对集装箱船大型化发展也起到了助推作用。

这一时期集装箱船大型化整体呈现缓慢发展的态势，最大尺寸的集装箱船在船宽方面仍然受到巴拿马运河船闸宽度的限制，同时全球海运贸易体量和航运技术条件有限也是限制集装箱船大型化发展的原因。

2. 超巴拿马型船时代（20世纪80年代中期至2006年）

20世纪80年代中期以来，国际集装箱运输进入了发展的成熟期，发达国家的海上件杂货运输实现了80%以上的集装箱化。集装箱运输干线和枢纽港的出现以及集装箱专用码头泊位、装卸机械、集疏运通道等硬件设施的日臻完善，为集装箱船大型化发展提供了现实条件。同时，集装箱船大型化反过来更进一步促进集装箱枢纽港及其配套设施的发展。

超巴拿马型集装箱船时代的到来是集装箱船大型化进程中的重要一页。尽管人们普遍认为，世界第一艘超巴拿马型集装箱船为1988年下水的美国总统轮船“杜鲁门总统”号集装箱船，载箱量达到4538TEU。但是早在1986年，美国总统轮船公司就为其跨太平洋服务航线订造了5艘3800TEU、速度24节的集装箱船，这种C10s型船舶的船长273米，船宽39.3米，已经大幅超过巴拿马运河过境船闸的最大宽度32.3米，是名副其实的超巴拿马型集装箱船[2]。美国总统轮船在20世纪90年代初又投放了稍大些的C11s型船舶，载箱量达到4800TEU。此后，超巴拿马型集装箱船受到越来越多承运人的青睐。20世纪90年代后半期，亚洲至北美和欧洲市场的主流船型就是载箱量在4800～5000TEU之间的超巴拿马型集装箱船。

1996年1月30日，总部设在哥本哈根的马士基集团投入营运的“马士基女王”号（Rogina Maersk）载箱量达到6000TEU，实际载箱量超过7000TEU。在当时，“马士基女王”号实现了多个第一的革命性突破，成为名副其实的超级后巴拿马型集装箱船[2]。“马士基女王”号是第一艘装载超过6000TEU的集装箱船，第一艘有能力装运1400个冷藏箱的集装箱船，第一艘在露天甲板放置17排和舱内放置14排的集装箱船，第一艘宽度超过43米的集装箱船以及第一艘长度超过300米的集装箱船。“马士基女王”号的设计理念是在保证安全和高效装卸的前提下,尽量实现单位载重量的集装箱有效舱位最大化。此后的10年间,集装箱船迅速从第四代发展到第六代,载箱量也从4000TEU一再增加到9000TEU以上,直逼万箱级集装箱船。这其中包括了中远(COSCO)、中海(China Shipping)以及达飞轮船公司(CMA CGM)在2006年均采用载箱量超过9400TEU的大型集装箱船。

3. 超大型集装箱船时代(2006年以后)

以万箱级集装箱船为标志的超大型集装箱船时代的到来比想象中更快。马士基于2004年向其旗下的欧登赛船厂订购了8艘15550TEU的集装箱船,由此掀起了航运界订购万箱级集装箱船的新浪潮。2006年8月,其中一艘正式下水,被命名为"艾玛马士基"(Emma Maersk)。"艾玛马士基"与10年前最大的集装箱船"马士基女王"相比,载箱量是后者的2倍之多。"艾玛马士基"载箱量的大幅增加来源于其在船长、型宽、甲板以上载箱列数等技术参数上实现的重要突破。

在集装箱船突破了10000TEU以后,德国劳氏船级社董事会成员赫曼曾预测道,未来集装箱船的体积将不会受到技术水平的制约。事实确实如此,以2006年10月巴拿马运河管理局正式宣布巴拿马运河扩建计划为契机,一批万箱级集装箱船相继问世。其中,在1万~1.38万TEU之间的集装箱船未来都可以顺利通过扩建后的巴拿马运河,而1.38万TEU以上的集装箱船,由于船舶宽度超过55m,无法通过巴拿马运河的新船闸,将成为新一代的超巴拿马型超大型集装箱船。

荷兰业界曾研究建造载箱量达到18000TEU的集装箱船的可行性方案。这种集装箱船是能够穿越东南亚马六甲海峡的极限船型,船舶吃水在21米左右。并认为,以当时的造船工艺和设计水平,船舶满载最大吃水可以减少到18米。这一设想在2011年成为现实。2011年2月21日,马士基宣布向韩国大宇造船订造10艘3E级集装箱船,并附20艘同级集装箱船的选择权,计划于2013~2015年交付。马士基订造的3E级集装箱船总长400米,型宽59米,满载箱量18000TEU,实际满载箱量有可能达到或超过20000TEU,单船造价1.9亿美元。3E级集装箱船的出现标志着船舶大型化发展进入了新的阶段[3]。1988~2013年主要大型集装箱船的参数对比见表2-2。

**1988~2013年主要大型集装箱船的主要参数**　　表2-2

| 船　　舶 | 交付时间 | 载箱量(TEU) | 船长(m) | 型宽(m) | 吃水(m) | 甲板以上载箱列数 |
|---|---|---|---|---|---|---|
| President Truman | 1988 | 4538 | 275 | 39.4 | 12.5 | 16 |
| NYK Altair | 1994 | 4953 | 300 | 37.1 | 13.0 | 15 |
| Regina Maersk | 1996 | 7403 | 318 | 42.8 | 14.5 | 17 |
| Sovereign Maersk | 1997 | 8200 | 347 | 42.8 | 14.5 | 17 |
| Gudrun Maersk | 2005 | 9500 | 367 | 42.8 | 15.0 | 17 |
| Emma Maersk | 2006 | 15550 | 397 | 56.4 | 16.0 | 22 |
| CMA CGM Marco Polo | 2012 | 16020 | 395 | 53.6 | 16.0 | 21 |
| Triple E Class | 2013 | 18270 | 400 | 59.0 | 16.0 | 23 |

数据来源:Alphaliner。

马士基3E级集装箱船除了要取得规模经济效益(Economy of Scale),更重要的是要实现能源效率(Energy Efficiency)和改善环境(Environmentally Improved)。采用U形船体设计的3E级集装箱船,能够最大限度地增加箱容量。3E级集装箱船的最高航速的降低减少了船舶对动力的需求。双机双桨双尾鳍推进系统的设计,令其推进系统消耗的动力降低了4%,大幅提高了燃料效率。3E级集装箱船所配备的废热回收系统,能够有效地使用热气来产生额外的船舶推进力,重新使用热气能增大发动机功率9%,减少油耗9%。为进一步减少船舶对环境的影响,该船所有建造材料都将记录在"摇篮至摇篮"通行证中,意味着当船舶退役时,该档案将确保所有材料能以最安全、最有效的方法被重新利用、回收或处置[4]。因此,马士基提出3E级集装箱船所产生的二氧化碳排放量将比"艾玛马士基"减少20%,比目前亚欧航线上运营的船舶平均排放量少50%;其单位集装箱燃料消耗量将比未来几年将要交付的用于亚欧航线的13100TEU型船少35%,属于环保型集装箱船。

然而,船舶大型化的步伐并未就此止步。2008年,韩国STX造船集团向外界透露,其已完成2.2万TEU集装箱船的开发。该船型长470米,宽70米。开发了单桨和双桨两个版本,单桨的情况下航速可达24~26节。该船与已有的超大型集装箱船相比,单位集装箱的运输成本可减少40%以上,具有更高的经济效益。

由此可见,集装箱船大型化趋势已经是不可逆转的现实。并且,在当前集装箱市场整体复苏尚需时日的情况下,超大型集装箱船的订购市场仍然表现出供不应求的态势也同样证明了船舶大型化毋庸置疑是未来的发展方向之一。

## 第二节 船舶大型化的发展态势

### 一、船舶大型化的发展现状

近年来,集装箱船大型化发展趋势愈来愈明显。根据克拉克森(CLARKSON)的报告显示,截至2012年底,全球全集装箱船队运力规模达到5116艘1.62亿TEU,同比增幅达到5.9%,其中8000TEU以上船舶共计465艘4656万TEU,占总运力规模的28.7%。从图2-1可以看出,8000TEU以上大型集装箱船从2006年起进入快速增长轨道。在短短的7年内,8000TEU以上大型集装箱船的数量占全集装箱船队运力的比重从2005年的不足2%激增至2012年的9%,整整翻了近5倍。2012年全年共有202艘125万TEU运力交付,其中8000TEU以上船舶共计78艘88万TEU,占总交付运力的70.4%;手持订单量为6623艘4534万TEU,其中8000TEU以上船舶共计2829艘3248万TEU,占手持订单总量的71.6%;新签订单量为76艘44.7万TEU,其中8000TEU以上船舶共计25艘27.6万TEU,占新签订单总量的61.7%。由此可以看出,8000TEU以上的大型集装箱船的订单运力已经占到该船型已有运力的70%以上。这些船舶将集中在未来两到三年陆续交付,届时船舶大型化趋势将更为明显。

### 二、船舶大型化的发展原因

1. 全球经济保持增长

得益于世界经济一体化发展,国际贸易需求带动跨国远洋运输货运量日益增大。根据克拉克森的数据统计，在过去的10多年间，全球集装箱海运量以平均每年7.53%的增长速度迅速发展（图2-2），大型和超大型集装箱船的出现极好地满足了巨大海运箱量的运输需求。尽管在2008~2010年间世界经济受到金融危机的深度影响，全球经济发展和集装箱海运需求都出现了大幅下挫，但是及时恢复的国际贸易进一步增强了对集装箱运输量的需求，再一次拉动了国际集装箱海运市场对超大型集装箱船的需求动力。世界主要权威机构对未来全球经济发展预期表示乐观，国际货币基金组织（IMF）对2013年的全球经济增长预期在4.6%，而联合国则给出了更为乐观的5.7%。从克拉克森对未来两年全球集装箱海运量的发展预期来看，2013年和2014年全球集装箱海运量还将分别保持6.07%和6.81%的增长态势。这就意味着，船舶大型化的需求动力仍然持续存在，集装箱船大型化进程仍将继续。

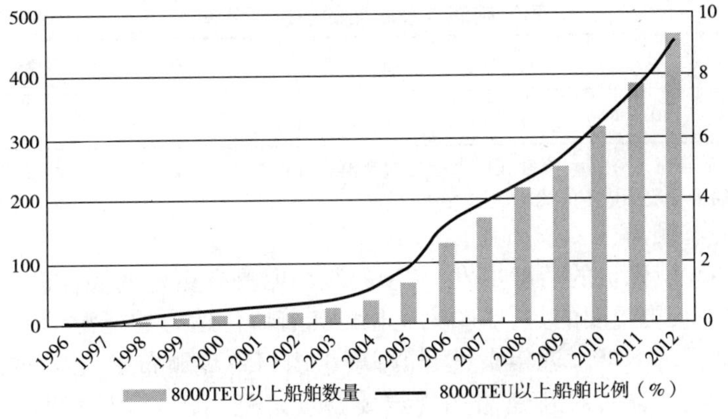


数据来源：克拉克森。

图2-1　8000TEU以上集装箱船规模发展情况

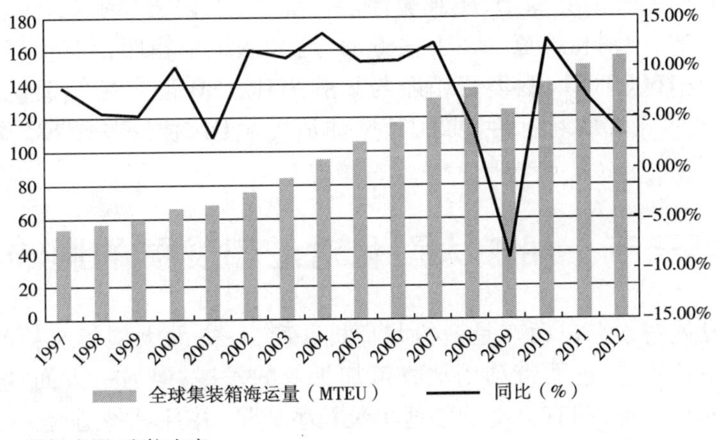


数据来源：克拉克森。

图2-2　全球集装箱海运量发展情况

2. 规模经济优势明显

由于平均单位箱位营运成本下降，大型集装箱船在国际海运市场中具有较强的竞争优势。首先,随着船型的增大,船舶总的造价虽有所上升,但是单位运力的船舶造价显著下降,只有当船舶的载重量超过30万t以后,这种递减趋势才变得不甚明显[5](表2-3);其次,大型集装箱船的一次载箱量是普通集装箱船的数倍,可以获得较大的运费收入;再者,船舶日常营运成本中包含了人员工资、维护保养费、保险费、物料润料费、管理费、燃料费、港口费等各类开销,但是这些费用不会随着船舶规模的增大而成比例地上升,相反单位营运成本会随之下降;最后,大型集装箱船由于挂靠港口的次数减少,在港停泊时间可以缩短到营运时间的20%左右,并且扩大成组单元后,可以提高装卸效率,降低劳动强度,减少货损货差,提高货物运输的安全和质量水平,从而提高集装箱船经营人的经济效益,增强竞争优势。从理论上讲,单船运力超过8000TEU的大型集装箱船,平均每只集装箱的成本费用比单船运力为5000~6000TEU的集装箱船低10%~12%,比单船运力为4000TEU集装箱船低30%[6]。

**不同吨级集装箱船的船价百分率**

表2-3

| 万吨级(DWT) | 3.5~5 | 5~10 | 10~15 | 15~20 | 20~25 | 25~30 |
|---|---|---|---|---|---|---|
| 船价百分率(%) | 130 | 130 | 125 | 125 | 123 | 123 |

数据来源:牟罕勇,崔连琼,张礼贵. 集装箱船大型化的规模经济效益优势分析[J]. 江苏船舶,2008,25(6):28-30。
注:船价百分率指船价与造船成本的比值。

3. 安全环保要求提高

从运输安全和环境保护的角度出发,大型集装箱船具有更好的稳性和抗风浪性,能够提高远程运输的安全性;更重要的是,船舶大型化意味着单位运力的能源消耗以及二氧化碳等有害气体的排放量显著下降。近年来,国际海事组织(IMO)颁布了一系列船舶建造与运营的规则、标准和规范。其中,对新建船舶规定要持续降低"能效设计指数(EEDI)"的数值。这是以二氧化碳排放量和货运能力的比值来表示的船舶能效。国际海事组织通过对现有同类型船舶的统计分析设立了排放基线,在基线的基础上对新造船舶的能效进行控制。此外,国际海事组织还对船舶燃油舱保护、压载舱涂层性能、氮氧化物和硫氧化物排放、绿色护照等有关内容颁布标准、规则和规范。在上述方面,超大型集装箱船都有更好的表现。例如,三星重工曾将1艘16000TEU型集装箱船与2艘8000TEU型集装箱船做过比较,结果表明,16000TEU型集装箱船的环保性更好,其燃油消耗量比2艘8000TEU型集装箱船减少35%~40%。

## 第三节 船舶大型化对港口发展的影响

船舶大型化发展对于港口而言是商机与危机并存,一方面大型集装箱船的到来能够为港口提供更多的中转箱量,进而带动当地物流加工业的发展;但另一方面,船舶大型化要求港口处于更优的地理位置,拥有更多的腹地集装箱生成量,并且具备适应大型集装箱船靠泊的水深条件、码头设施、管理技术、综合物流服务体系等。因此,船舶大型化将从世界港口格局、港口基础设施、港口物流集散、港口集货能力等方面对港口发展产生影响。

### 一、对世界港口格局的影响

船舶大型化发展将带来全球航运业重组、航线布局调整、船舶服务模式转变等连锁反应,使得现有港口的功能格局和国际地位也相应地发生变化。在过去的10多年里,在集装箱船大型化发展的推动下,国际集装箱海运格局已经发生了根本性改变,即从原来单一的“港到港”运输转变为干支结合的运输模式,促使一批靠近干线航道、具备大型船舶挂靠条件、腹地经济潜力巨大或转运条件方便快捷的港口一跃成为区域性的集装箱枢纽港,形成了“中心—辐射”的运输新格局(图2-3)。

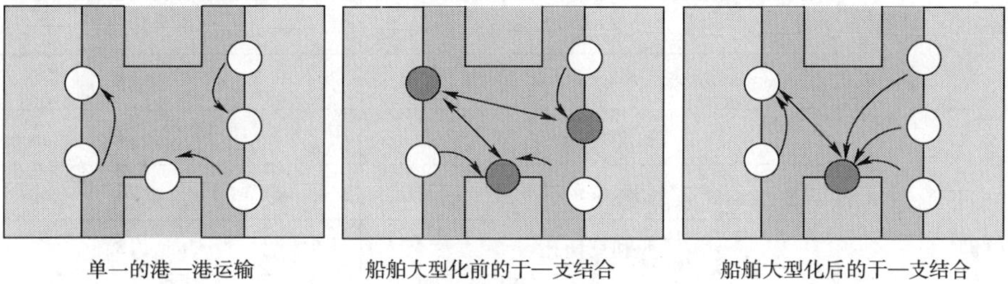


图2-3　世界港口格局变化

注:●表示枢纽港,○表示支线港。

随着未来集装箱船大型化的推进,已有的干支运输格局将进一步分化,枢纽港的地位将更为凸显,无法及时适应超大型船舶运营方式的港口将沦为喂给港。而枢纽港和喂给港的地位转变在很大程度上与超大型集装箱船所属的航运企业的发展战略息息相关。例如,马士基新造的3E集装箱船被设计用于亚欧贸易航线,经过苏伊士运河到达西北欧。从现有亚欧航线沿线港口的基础设施条件来看,可以停靠1.8万TEU集装箱船的港口极少。如果3E船舶的挂港选择与现有“天天马士基”的挂港相结合,即亚洲的四个港口(中国的宁波、上海、盐田和马来西亚的丹戎帕拉帕斯)与欧洲的三个港口(英国的费利克斯托、荷兰的鹿特丹和德国的不来梅),届时亚洲的香港、新加坡、釜山等重要集装箱枢纽港的地位都有被弱化的可能。但是枢纽港地位的进一步突出将带来区域内港口间直达运输的增加,支线运输将迎来新的发展机遇。

## 二、对港口基础设施的影响

集装箱船大型化发展对港口的基础设施提出新的要求,包括港口航道、码头前沿水深、港口专用机械设备、后方陆域堆存空间等,都会产生新的不同程度的适应问题。

1. 港口水深

集装箱船大型化发展首先对港口航道和泊位水深提出了较高要求。船舶越大,吃水就越深,需要港口具备足够的航道和码头前沿水深条件供大型船舶进出和靠泊。为此,先天条件不足的港口为了接待大型集装箱船就要面临斥巨资建造深水泊位、疏浚进港航道甚至改造碍航桥梁等大型工程等局面。表2-4显示了当前世界主要集装箱港口的码头水深条件。从表中可以发现,现有世界主要集装箱港口基本可以轻松地应对万箱级以下集装箱船,但对于万箱级以上规模的超大型集装箱船而言,考虑到富余水深,仍有不少港口面临码头水深不足的挑战,超大型集装箱船往往要候潮进出港或减载进出港,例如亚洲的上海港、香港港、釜山港,欧洲的汉堡港、安特卫普港,北美洲的纽约新泽西港等。

全球主要港口码头水深条件　　表2-4

| 区　　域 | 港　　口 | 码头水深(m) |
|---|---|---|
| 亚洲 | 新加坡 | 18 |
| | 高雄 | 18 |
| | 釜山 | 17 |
| | 香港 | 15.5 |
| | 上海 | 15 |
| 欧洲 | 鹿特丹 | 24 |
| | 伦敦 Gateway | 23 |
| | 菲利克斯托 | 18 |
| | 安特卫普 | 16.75 |
| | 汉堡 | 15.1 |
| 北美洲 | 长滩 | 18.3 |
| | 洛杉矶 | 18 |
| | 纽约新泽西 | 16.7 |

注:码头水深包括在建或即将投入运营的港口最大水深。

2.港口设备

超大型集装箱船的到来同样可能造成港口设施设备无法满足要求。目前,集装箱码头的装卸工艺大多采用集装箱装卸桥—龙门吊装卸工艺系统。集装箱装卸桥负责承担靠泊船舶的集装箱装卸,牵引车负责岸边与堆场之间的集装箱水平搬运,轮胎式龙门吊或轨道式龙门吊负责堆场集装箱的堆取和搬移。集装箱码头不仅要配备数量足够和技术良好的集装箱专用机械,还要满足各个作业环节的能力配比,从而保证码头作业连续、高效运转。对于超大型集装箱船而言,港口专用机械可能出现不适应的主要瓶颈在于负责集装箱装卸的装卸桥。由于超大型集装箱船的船宽和船高都有所增加,就要求集装箱装卸桥具有更长的外伸距和更高的起升高度。第五代集装箱装卸桥的外伸距达到65米(表2-5),可以跨23列集装箱作业,基本能够满足1.3万~1.8万TEU集装箱船的作业要求;但在起升高度上仍无法满足1.8万TEU集装箱船的要求。在此情况下,只有通过改造或重新购买更大型的集装箱装卸桥才能满足超大型集装箱船的装卸要求。

3.陆域空间

集装箱船大型化发展还将对现有集装箱码头的后方堆存容量形成挑战。为了取得规模经济效益,超大型集装箱船对船舶的实载率比普通集装箱船的要求更高,意味着船舶挂靠港口要有较大的集装箱生成量,为此需要有足够的堆存空间与之相匹配。尤其是集装箱中转港,需要能够提供大面积的堆场供中转货物在此集中堆存,开展拼装、分拨等一系列增值活动。然而传统港口一般建设在城市附近,难以辟出足够的土地开发建设大型堆场,只有土地资源较为充足的港口可以进行二次开发,或是新建港口在规划初期预留堆场面积,才能满足超大型集装箱船对集装箱堆存场地的要求。

集装箱装卸桥的技术参数　　表 2-5

| 装卸桥等级 | | 巴拿马型 | | | 超巴拿马型 | |
|---|---|---|---|---|---|---|
| | | 第一代 | 第二代 | 第三代 | 第四代 | 第五代 |
| 额定起重量(t) | | 25 | 30.6 | 30.5~40.5 | 40.5~50 | 50~60 |
| 外伸距(m) | | 28 | 32~35 | 35~40 | 40~50 | 50~65 |
| 轨距(m) | | 10 | 16~30 | 22~30.5 | 30.5~35 | 30.5~63 |
| 速度(m/min) | 重载起升 | 30 | 36 | 40 | 90 | 90 |
| | 小车横移 | 125 | 130~160 | 150~180 | 180~240 | 244 |
| 装卸效率(TEU/h) | | 20~30 | | | 40~60 | |

## 三、对港口物流集散的影响

1. 装卸作业效率

由于大型集装箱船的载货量较高,使得船舶在港装卸时间明显延长,这就在客观上要求港口具备更高的作业效率与之相适应,以缩短船舶在港停泊时间。例如,7000TEU 及以上的大型集装箱船就要求码头作业机械至少每小时吊运 30 只集装箱[7]。如果港口装卸效率无法达到大型集装箱船的要求,船舶在港时间就会增加,船舶营运成本随之上升,大型集装箱船的规模经济优势将被弱化。装卸作业效率在很大程度上是由码头装卸机械和堆场作业机械的运转效率决定的。船舶大型化发展就要求集装箱码头不仅要配备充足、专业的装卸和堆存机械,还要保证各个作业环节的能力相匹配,能够快速、连续、高效地运转。目前,一艘大型集装箱船配 5 台桥机同时作业,每小时可以完成 150 个自然箱。国际先进的集装箱码头装卸桥的作业效率已达 60TEU/小时左右,例如中国香港,曾创下了单船 336TEU/小时的世界纪录。但是,日渐大型的集装箱船是对码头、堆场、闸口之间建立的生产作业体系提出了整体化高效运作的要求。

2. 口岸通关效率

对港口物流集散效率的影响包括口岸通关等软环境的服务水平。大量货物的集中到港和进出港将导致口岸服务工作量的激增,高效快捷的口岸服务模式是船舶大型化发展的必然要求。从表 2-6 中可以看出,全球主要集装箱港大多采用"自由港"模式来实现口岸的高速通关,清关时间大多在 1 天左右。与此相比,我国港口在口岸服务方面存在明显差距。目前大型集装箱船主要投放在亚欧航线,以上海港为例,上海港亚欧航线的集装箱进出通关查验主要集中在洋山港区,采用的是"先报关后进港"的通关模式。即从洋山港出口的集装箱,发货人必须先到上海航运交易所报关,航运交易所海关放行后,集装箱有关数据信息被传输到芦潮港海关,集装箱才得以进入芦潮港,再进入洋山港区。待集装箱进入洋山港区后,洋山海关还将对集装箱进行二次放行的操作。此举虽然有利于提高码头堆场的利用率和船舶的装载率,保证了货主的货物运输质量,但是由于人为增加了"二次放行"环节,通关效率仍然受到较大影响。如果出口集装箱需要接受查验,则通关时间还将有所延长。随着船舶大型化发展,繁复的通关流程和复杂的查验操作将难以适应大型集装箱船对货物快速集散的要求。

全球主要港口通关效率

表 2-6

| 区域 | 港口 | 清关时间(天) | 港口政策 |
|---|---|---|---|
| 亚洲 | 香港 | 0 | 自由港 |
| | 新加坡 | 1 | 自由港 |
| | 釜山 | 1 | — |
| | 高雄 | 1 | 离岸转运中心 |
| | 上海 | 4 | 保税港区 |
| 欧洲 | 鹿特丹 | 1 | 自由港 |
| | 安特卫普 | 1 | 自由港 |
| | 汉堡 | 1 | 自由港 |
| | 菲利克斯托 | | — |
| | 伦敦 Gateway | | — |
| 北美洲 | 长滩 | 1 | — |
| | 洛杉矶 | 1 | — |
| | 纽约新泽西 | 1 | 自由港 |

数据来源:世界银行。

3. 集疏运效率

集装箱的海上运输只是整个物流集散过程的一个环节。随着全球物流业的发展,越来越多的集装箱运输将采取"门到门"或者"货架到货架"的方式。因此,与集装箱码头相配套的公路、铁路、内河支线等其他运输方式的供给能力也是集装箱船大型化发展所要面临的一大难题。对于整个集疏运体系而言,公路、铁路和内河水运的能力和等级是硬件问题,集疏运网络的衔接和信息化管理是软件问题。任何一方面的欠缺或不足都会导致货物的延迟交付,影响大型集装箱船的规模经济效益。美国集装箱港口主要采用海铁联运的集散方式,规模在 9000TEU 的集装箱船到港后,将会产生 4000 个左右的 40 英尺的集装箱装卸和疏运问题。其中一半以上的集装箱将通过铁路联运的方式运送到收货人手中。一列火车的装载能力大约为 240 个 40 英尺的集装箱,这就意味着大约需要 10 列双层列车才能完成运输任务。上海港仍是以道路货运为主要集疏运方式的港口城市,公路集装箱集疏运量占全港总吞吐量的比重超过了 60%。大量的集卡运输给市区交通带来了极大的负担,造成道路交通拥堵严重、城市环境景观受到严重污染、居民生活受到较大负面影响等不利情况,不利于上海港的可持续发展。因此,超大型集装箱船的到来对一港的集疏运体系将带来更为严峻的挑战。如果没有良好的集疏运体系为依托,船舶大型化发展将大打折扣。

## 四、对港口集货能力的影响

对于大型集装箱船而言,集装箱船的规模效应是以较高的载箱率为重要前提。由于大型集装箱船的挂港集中在少数港口,虽然挂港数量的减少在一定程度上可以尽可能地降低航行时间和减少港口使费,但是船舶大型化也将造成保本载箱量随之增加,并对单个港口集货能力的要求随之提高。根据大量数据计算,大型集装箱船的箱位利用率只有达到 60% 才能保本,而低于 80% 则规模效应有所弱化。这就要求货源必须在某一地区得到相对集中,使得大型集装箱船只需挂靠少量港口即可实现很高的箱位利用率。因此,一港的集货能力是吸引大型集装箱船挂靠的重要保证。例如,世界大港鹿特丹港、纽约新泽西港等,都是凭借后方强大的经济腹地为其提供充足的货源,并且配套完善而高效的集疏运系统,成为大型集装箱船青睐的枢纽港;香港港、新加坡港依托良好的区位优势和天然良港的自然优势发展成为中转型枢纽港,加之周边发达的经济腹地为其提供货源支持,国际干线的集装箱货物均在此中转、分拨、加工;釜山港兼具腹地港和中转港的双重优势,吸引了大量本地货物和邻国货物在此集聚。

## 第四节　港口应对船舶大型化发展的措施

### 一、港口基础设施

*1. 港口设施升级扩能*

为迎接超大型集装箱船的到来,首先要对现有港口基础设施加以改造。从当前世界各主要港口的建设情况来看,港口升级扩能已经成为一项重要工作。

在欧洲,荷兰的鹿特丹港、德国的汉堡港、比利时的安特卫普港,甚至是英国的伦敦港纷纷实施港口能力升级工程,以接纳更大的集装箱船靠泊和装卸。据不完全统计,2012 ~ 2015 年,西欧几个主要集装箱枢纽港的新增通过能力将达到 1100 万 TEU 左右,到 2020 年港口累计新增通过能力将接近 3000 万 TEU。可见未来几年内,西欧主要集装箱枢纽港的通过能力将进一步提升,并且在 2020 年前后,通过能力达到一次小高峰。其中,英国最大的集装箱港口菲利克斯托为了满足大船进出,计划在 Languard 码头通过填海来建设英国首个深水泊位。该码头计划在 2018 年全部完成,届时泊位水深将达到 18 米,通过能力可提升至 600 万 TEU。迪拜港口世界集团(DP world)筹建的 London Gateway 集装箱码头一期工程也将在 2013 年底完工,预计全年集装箱吞吐能力为 160 万 TEU,待其全部建成后,设计通过能力可达 350 万 TEU,并可接纳 18000TEU 的集装箱船挂靠。鹿特丹港则通过 Maasvlakte 二期港区的开发实现扩能,预计全部码头工程完工后,鹿特丹新增的通过能力将达到 1600 万 TEU,等同于再造了一个现有水平的鹿特丹港。

在北美,随着全球船舶大型化发展,港口航道水深日益成为制约美国东部沿海港口发展的一大瓶颈。地处美国最大的消费经济圈,纽约新泽西港已成为经济增长的重要命脉和通道。为提升港口的市场竞争力,适应船舶大型化的趋势,确保接纳 8000 TEU 以上的超大型集装箱船舶,纽约新泽西港将通过进一步浚深港口的主要航道,使主要航道达到 16.7 米水深,从而吸引更多的大型船舶靠泊,扩大该地区的货流量,进一步巩固美国东岸枢纽港的地位。纽约新泽西港务局与美国陆军工程公司将联手整治、浚深纽约新泽西港的航道。双方就浚深港口航道签署了一项价值 16 亿美元的工程合同,迈出了美东第一大港具有历史意义的重要一步。按照国际先进的环保要求,浚深工程还应减少卡车运输,以降低噪音和空气污染。

在亚洲,上海、香港、釜山、宁波、新加坡、高雄等港口对集装箱枢纽港的竞争更为激烈。从现有的基础设施情况来看,东亚及东南亚地区各集装箱港的通过能力和实际吞吐量的比值基本接近1甚至超过1。随着未来船舶大型化发展持续推进,港口装卸量的增加将造成集装箱港的满负荷甚至超负荷运作。基于此,自2010年开始以釜山为代表的亚洲港口便拉开了扩建的序幕。2012年上海、宁波、新加坡、高雄等港口也加入到枢纽港扩建的行列中,纷纷加快疏浚航道、加深码头前沿水深,或是开拓新的码头工程建设。

2. 加强多式联运建设

大型集装箱船的规模经济得之于海上而受制于陆上。因此,接待超大型集装箱船的港口不仅需要具有较强的接卸能力,还要有健全发达的集疏运网络与之相配套。为此,除了加强港口基础设施建设以外,还应包括对集疏运通道,例如铁路运输、公路运输、内河运输等方式的投资建设,加强运输链的资源整合,充分发挥各种运输方式的协同效应,增进港口与其他运输方式之间的合作联系,使港口成为全程运输服务链的系统集成者。

以美国为例,尽管美国接待超大型集装箱船的进程落后于亚洲和欧洲港口,2012年才迎来第一艘12500TEU的超大型集装箱船,但是巴拿马运河拓宽以后,将会有更多的超大型集装箱船投放到美洲航线上。因而,长滩、洛杉矶、纽约新泽西等主要港口纷纷加大对港口扩建资金的投入力度,尤其将建设重点放在集疏运体系方面。例如,纽约新泽西港对于多式联运拥有得天独厚的环境优势,纽约新泽西港的码头铁路网络及捷运系统、自由走廊隧道净空工程以及CSX在俄亥俄西北部开通的先进联合运输站点,共同打造了一个世界级的联合运输网络,将纽约新泽西港的码头与中西部和其他地区的市场紧密地联系在一起。但是,随着港口的处理量越来越大,集装箱化程度越来越高,货物运量增长越来越快,纽约新泽西港务局投资6亿美元以扩大海铁联运系统,铁路快捷通往港务局的每个集装箱码头。

而我国的珠三角港口群,近年来也面临日趋激烈的港口竞争,区域内各大港口不再仅仅通过提升自身操作效率等方式展开竞争,而是通过向珠江水系发展驳船支线、海铁联运、内陆港等方式,增强港口与内陆腹地之间的联系,提升港口为大型集装箱船的服务能力。可以预见,在船舶大型化趋势下,港口集疏运条件将成为决定大型集装箱船挂靠的重要因素之一。

## 二、物流服务效率

1. 创新经营模式理念

应对船舶大型化的发展,还可以通过对港口经营管理理念和方式的全新变革来实现与超大型集装箱船的需求对接。新加坡便是贯彻这一理念的先行者。2012年,新加坡海事研究机构(SMI,Singapore Maritime Institute)和新加坡海事及港务管理局(MPA,Maritime and Port Authority of Singapore)共同举办名为“下一代集装箱码头(The Next Generation Container Port,NGCP)”的挑战赛,面向全球征集能够实现下一代集装箱港口在规划、设计和运营方面变革的方案,使得港口在面临船舶大型化发展日益明显的态势下实现港口生产效率飞跃式发展的最终目的,从而促进航运业向更经济、环保和可持续的方向发展。该项目要求参赛队伍在给定的区域范围内(长2.5公里、宽1公里,岸线不超过6公里,陆域面积不超过2.5平方公里,陆域和水域面积总计不超过7.5平方公里)(图2-4)设计出年处理能力可达到2000万TEU(其中80%为国际中转)的集装箱码头,船舶准点靠泊率要求达到90%以上。给定的港口区域不仅要包括码头前沿的装卸区域,还要包括货物流转的空间,但可不必考虑支持型的服务,例如建筑等。

NGCP 方案的具体要求包括:①假设条件:处理集装箱吞吐量≥2000 万 TEU/年,其中 80% 为中转货物;该码头可全年 365 天全天候运营(24/7);船舶候泊情况不超过 10%;集装箱在港平均滞留时间为 4 天。②设计要求:能满足港口所有具体的运营要求,并且在设计时需要同时考虑构建整合供应链、港口的柔性运营以及安全等要素;需要提高生产率,包括通过自动化和相关的技术,提高劳动生产率,实现高效的工作流程,同时提高土地的使用效率;同时需要考虑环境的可持续发展和经济的合理性。总体来看,在设计时需要基于未来船舶的大型化发展趋势和技术发展趋势,在方案中体现装卸、仓储、堆场与码头前沿间的运输、清关、劳动生产率、土地利用率、环境保护等内容。

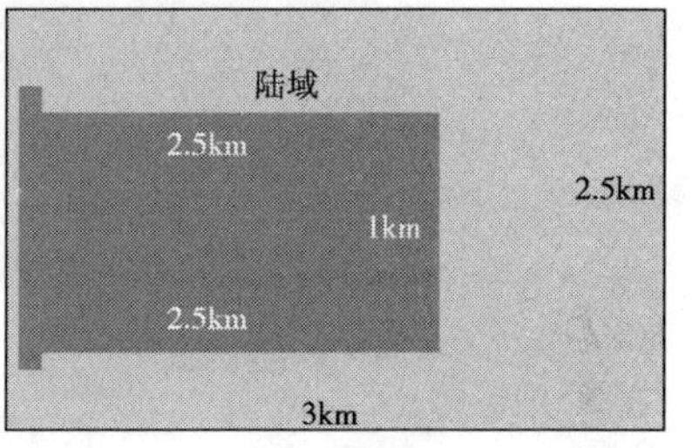


图 2-4　NGCP 项目给定区域范围

2013 年 4 月 11 日,新加坡国际海事奖公布"下一代集装箱码头"挑战赛的获奖团队。由新加坡国立大学—上海海事大学—振华重工组成的联合团队(NUS－SMU－ZPMC)获得了最高奖。获奖团队提出了名为"SINGAPort"的设计方案,完全打破了传统的"平面码头"的模式,首次提出了双层立体自动化码头的模式,并配以高效的三小车岸桥。评审委员会评价认为,获奖团队的方案能够取得高吞吐量,实现很高的土地与劳工生产力水平,其低成本和低碳特点也值得赞赏。"下一代集装箱码头"的提出,显示出了港口在应对资源紧缺和船舶大型化发展双重压力之下积极应对的态度,通过全新设计经营模式和理念的突破创新,以最大程度地发挥港口效用。

2. 加快系统整体优化

港口码头等物流系统的信息化、自动化和智能化发展,既是未来港口系统发展的三大基本方向,也是实现港口创新发展、转型驱动的主要技术支撑,更是应对船舶大型化发展的重要手段。随着集装箱码头整体装备设计制造水平的不断提升和新工艺新技术的不断完善,国内外正掀起一波集装箱自动化码头(ACT)的建设热潮。在集装箱码头的生产作业中,通过采取计算机管理系统的全程操作,对集装箱码头各项生产作业进行有效组织、计划、指挥和控制,实现码头运作自动化。自动化码头与传统码头相比,在智能化、可靠性、稳定性等方面都具有明显优势,能够极大地提高码头总体的资源利用率和作业效率,提升码头吞吐能力,减少作业安全事故,降低运营成本。1993 年,世界上第一个自动化集装箱码头在荷兰鹿特丹港投入运行,此后英国伦敦港、日本川崎港、新加坡港、德国汉堡港等相继建成全自动化或仅堆场自动化(半自动化)的集装箱码头。其中,汉堡港 HHLA 公司旗下的 ALTENWERDER 集装箱码头堪称当前世界设施最先进的集装箱码头之一(图 2-5)。当前,我国的上海港、天津港、大连港、厦门港、广州港也在积极探索建设自动化码头,为适应船舶大型化做好准备。

3. 增强港口沟通联系

为了适应大型集装箱船的到来,港口之间将展开激烈的竞争。但是要成为超大型集装箱船首选的挂靠港不单单是枢纽港之间的竞争,而是整个区域航线网络和物流供应链之间的竞争。为了巩固区域枢纽港的地位,加快完善航线和物流供应链的服务网络,保证大型集装箱船到港有充足货源，枢纽港不仅需要具备接纳大型集装箱船的能力、创新服务理念和服务模式，还必须加强与周边港口的沟通联系，合理配置区域货物资源，港口之间开展多方位的货源合作，形成中心—支线的集装箱运输格局，以确保有足够的支线箱量提供喂给，提升区域的整体竞争实力。

图片来源：CTA。

图 2-5　汉堡港自动化集装箱码头鸟瞰图

## 三、口岸服务环境

1. 转变口岸服务模式

为了进一步提升港口服务超大型集装箱船的能力，除了在基础设施和运作效率上加大投入力度，更重要的是转变服务模式，增强服务意识，尽快缩短我国与其他集装箱港口在口岸服务效率方面的差距。以“自由港”闻名的香港，其口岸服务模式值得借鉴。香港海关的通关效率、航线密度和“一站式”物流服务为客户提供了省时和优质的服务。香港在通关方面的政策十分宽松，船舶到港可先装船后报关，而且中转货物可不报关，报关费率也很低。一般来说，香港海关基本不查验，除了对东南亚来往船舶会进行查验外，海关只通过系统查验相关内容，单证流转全部实现电子化。近洋航线的舱单可在船舶抵达之前就到达海关，从而通关效率得到大幅提升。特别是，香港港口管理拼接供应链的快速反应对“时间敏感性”货源具有极大的吸引力。

为此，可以从两大方面提升口岸服务效率，一是试行风险管理模式。针对进出口货物，除对特殊品名的货物进行严格监管和布控外，对其他货物的进出口采取适度宽松的监管方式；针对进出口企业，建立企业进出口资信评价档案，对进出口企业资信度评定为“良好”以及以上的企业采用适度宽松的监管方式，对其进出口的货物采取不定期查验的措施，而资信度评定为“差”的企业，对其进出口的每票货物均采取严格查验的措施。二是提升口岸服务水平，推动海关、检验检疫等口岸查验单位切实落实“5＋2”工作制，将双休日的值班制转变为常日班制，通过政府购买服务等方式，加大通关服务人员配备，完善通关配套服务，提高单证处理效率和查验效率；积极推广无纸化通关，将无纸化通关的适用企业从 A 和 AA 类企业扩大至 B 类企业，通过通关差别化作业突出监管重点，提升海关监管的针对性和有效性；增强口岸单位服务理念，提升人员专业水平，避免不同人员对货物品名归类认定不清、抽检方式有误、操作不当造成货损等情况。

2. 建立信息服务平台

以建立港口综合信息服务平台为突破口，促进港口加速融入物流服务供应链体系，实现港口对船公司、贸易商、代理企业、物流供应商以及对铁路运输、公路运输、支线运输、内陆场站等港口服务要素的横向和纵向一体化资源整合，加大港口对超大型集装箱船的服务能力(图2-6)。同时，借助港口综合信息服务平台的开发，加大口岸信息的共享和公开程度。一方面，可以通过建立海关和检验检疫的预检联动制度，搭建海关与税务、海关与银行之间的信息共享平台和网上缴税服务平台等方式，加强海关、检验检疫、税务等相关机构之间的信息共享，加大企业通关便利。另一方面，可以搭建口岸信息服务窗口，及时对外公开申报材料清单及格式，为货主企业报关提供便利；实时更新海关查验信息，及时披露接受查验的单位及货物信息、查验原因、查验结果、查验人员等，便于货主企业或货运代理及时了解查验动态，提高口岸服务透明程度。

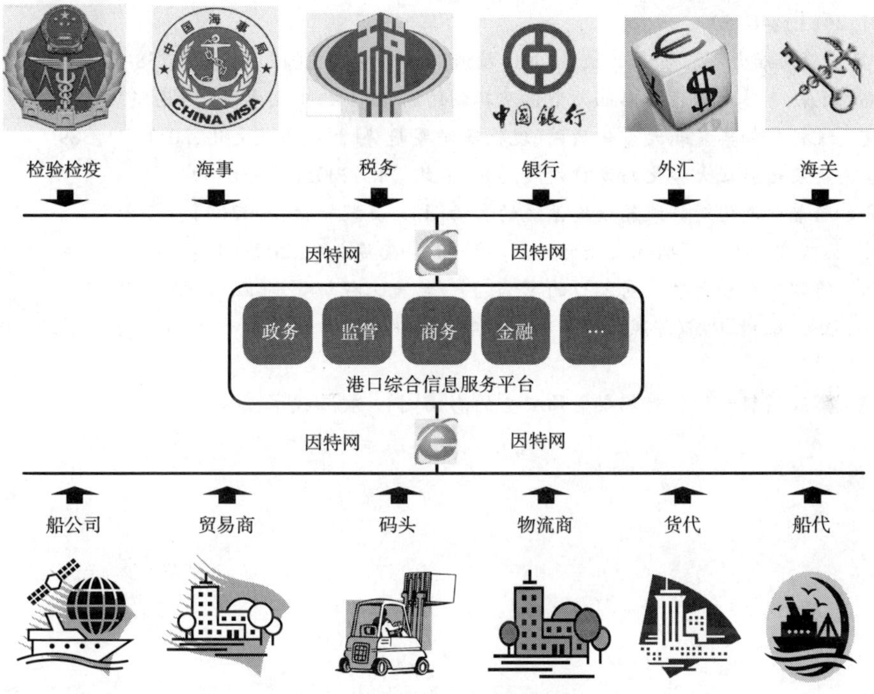


图2-6　港口综合信息服务平台示意图

## 第五节　本章小结

船舶大型化是近年来全球航运业发展的主要趋势之一。作为三大主流船型之一的集装箱船，其大型化发展历程对于引领世界船舶大型化发展起到了重要作用。目前，全球已经进入了超大型集装箱船时代。港口作为海上运输的重要节点，大型集装箱船的投入运营在带来显著规模效应的同时，也对港口的水深条件、基础设施、作业效率、管理技术等不断提出新的要求，只有在加快港口设施升级扩能、提高物流服务效率、优化口岸服务环境等方面加大力度，才能及时应对新一轮全球港口格局变化，不断提升港口在全球运输网络中的地位。

# 参考文献

[1] 黄树松. 集装箱船舶大型化趋势对港口运营的影响[J]. 水运管理,2012,34(3):4-5
[2] 刘娅,徐剑平. 集装箱船大型化的历程[J]. 世界海运,2007,30(6):3-5
[3] 田晖. 新一代船舶大型化对集装箱航运市场的影响[J]. 集装箱化,2011(6):4-5
[4] 李源. 超大型集装箱船发展态势[EB/OL]. http://flying-eu. com/cn/newshow. asp? id = 101&mnid = 1001&classname = % C6% F3% D2% B5% D7% CA% D1% B6&uppage. 2011
[5] 牟军勇,崔连琮,张礼贵. 集装箱船大型化的规模经济效益优势分析[J]. 江苏船舶,2008,25(6):28-30
[6] 吴富生. 集装箱船舶大型化对岸边集装箱起重机的挑战[J]. 起重运输机械,2011(6):1-4
[7] 安子祎. 船舶大型化趋势下我国港口格局的发展[J]. 中国港口,2006(12):20-22
[8] 庄骅. 国际集装箱船舶大型化对世界集装箱港口发展的影响[J]. 交通部上海船舶运输科学研究所学报,2001,24(1):46-50
[9] 毕波. 集装箱船舶大型化带来的挑战[J]. 物流工程与管理,2012,34 (1):138-140
[10] 常运高,闫森,李冰. 集装箱船舶大型化及其制约因素[J]. 中国水运(理论版),2006,4(7):10-11
[11] 万俊雯. 浅析船舶集装箱大型化原因、现状及发展趋势[J]. 商业文化,2011(7):389
[12] 彭传圣. 集装箱船舶大型化与港口发展[J]. 集装箱化,2001(8):36-39
[13] 胡锦平. 船舶大型化对集装箱运输系统的影响[J]. 集装箱化,2007(4):1-3
[14] 郑楼先,林晓东. 集装箱船舶大型化的利与弊[J]. 船海工程,2005(4):79-80
[15] 李艳松. 集装箱船舶大型化对港口的影响[J]. 物流工程与管理,2011,33 (3):23-24
[16] 吴旗韬,张虹鸥,叶玉瑶,陈凤桂. 集装箱船舶大型化对港口体系的影响[J]. 水运管理,2010,32 (3):22-24
[17] 杨定照. 集装箱船大型化对船舶靠泊安全的影响[J]. 航海技术,2011(2):8-10

# 第三章　集装箱码头资源的全球配置

## 第一节　集装箱码头资源全球配置产生背景及发展现状

### 一、产生背景

港口是一个国家重要的基础设施，对国家经济贸易发展具有不可或缺性，同时港口亦具有普遍服务性的特征，属于公共物品属性范畴。因此，传统上港口服务一直以公共部门提供为主，并且实施严格的政府规制。然而，随着世界经济贸易的发展，面对国际贸易量的迅速攀升，由公共部门提供港口装卸服务产生了一系列的弊端和瓶颈，例如港口基础设施建设资金短缺，运营管理陷入高度行政垄断导致港口服务低质高价等。因此，20 世纪 70 年代以来，全球港口业掀起了民营化（Port Privatization）改革的浪潮。港口民营化改革为当时一些具有资金优势和管理技术优势的码头运营商提供了发展契机，使其可以凭借强大的资金实力和熟练的管理技术进入全球集装箱码头市场开展运营活动，也因此以新加坡国际（PSA）及和记黄埔（HPH）为代表的全球码头运营商（Global Terminal Operators，简称 GTO）得到逐渐成长和发展。全球码头运营商的成长和发展使集装箱码头资源全球配置变为可能。

从图 3-1 可以发现，自 1996 年以来，全球码头运营商发展十分迅速，在全球集装箱处理量中所占比重增加迅猛。1996 年，全球码头运营商完成的集装箱吞吐量仅占全球集装箱总吞吐量的 19%，而由公共政府部门控制完成的集装箱量占全球集装箱处理总量的 36.4%。然而经过 5 年的发展，全球码头运营商在全球集装箱总量中所占比重迅速提升，到 2001 年，全球码头运营商完成集装箱处理量占全球总量的比重已达 53%，2006 年该比重甚至达到 61%。但同时也可以看到，其他公共部门完成集装箱量的比重亦逐年递减，到 2007 年甚至降至 17.5%。虽然 2008 年以后公共部门完成集装箱量的比重又略有回升，但这主要是由于金融危机爆发后，港口私有化程度较高的欧美地区集装箱量增长缓慢，而全球码头运营商以及民营部门进入较少的亚洲地区集装箱增长迅速所导致。可见，21 世纪初随着港口民营化改革的进一步推进，越来越多的集装箱码头资源控制在全球码头运营商手中，集装箱码头资源开始实现全球配置。

集装箱码头资源全球配置的重要表现即集装箱码头市场集中度的提高以及处于主导地位的码头运营商出现。推动集装箱码头资源全球配置以及全球码头运营商快速发展的主要因素包括以下几方面：

1. *港口民营化改革为码头资源全球配置奠定基础*

码头资源能够实现全球配置的根本基础在于全球港口不同程度地开展了民营化改革，港口民营化改革为码头运营商进入不同区域、不同国家的港口打开了一扇大门。港口设施民营化后，港口装卸服务业便成为一个盈利行业，对于拥有资本优势的企业无疑具有极大的吸引力，这些企业无不希望能够利用其资金优势和经验优势在港口市场上分一杯羹。也正是因为码头运营商的进入，使港口行业引入竞争，形成新的市场结构，并且随着进入者的增多，竞争变得日趋激烈，而拥有资本和实力的码头运营商们为了能够实现生产和资本的高度垄断，便开始不断在海外扩展投资码头资源网络，码头资源越来越集中在少数几个码头运营商手中。

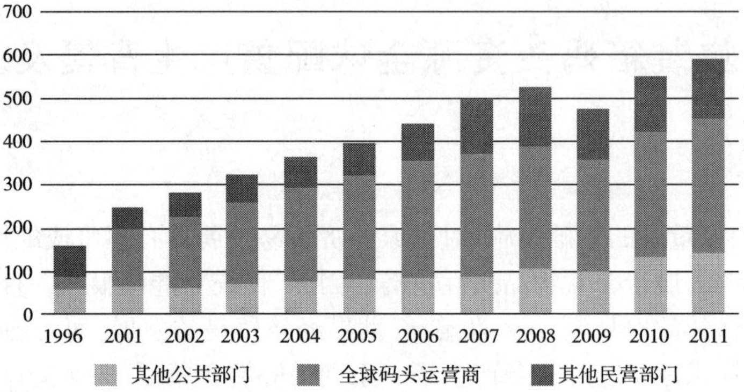


数据来源：参考文献[2]～[6]。

图3-1　全球码头运营商与其他公共/民营部门完成集装箱吞吐量比较(单位：百万TEU)

注：其他公共/民营部门指除全球码头运营商以外其他的公共/民营部门。

近些年，尤其是金融危机过后，由于欧洲国家财政赤字等问题严峻，为了减轻债务危机给本国经济带来的负面影响，多个国家的港口掀起了新一轮的民营化改革浪潮，例如2011年意大利政府决定实行港口私有化，出售所有意大利码头的经营权，乌克兰港口也于2012年首次对民营部门开放。此外，亚非拉等发展中国家也积极推动港口民营化改革，希望通过资金和技术的引进改善本地区港口基础设施落后、港口服务效率低下等问题。目前，民营港口在非洲已经成为趋势，从毛里塔尼亚到安哥拉航线上总货量(400万TEU)的80%都是经民营港口装卸运输[37]。亚洲地区缅甸、以色列等也进一步出售国有港口，实现民营化运营。这些地区港口的民营化改革不仅释放了港口的经济活力，更是吸引了众多全球码头运营商的注意，全球码头运营商也借助港口民营化改革新一波浪潮进一步扩张在全球范围内的码头网络布局，加速码头资源的全球化配置。

2. 全球经济一体化推动全球性跨国码头运营商的成长

20世纪90年代，科学技术的突飞猛进以及国际物流业的迅速发展使全球经济一体化的步伐进一步加快，为适应这一全球经济大循环的环境需要，在全球企业国际化的新条件下，跨国企业经营呈现出一些新的趋势，全球跨国经营企业取代了传统的局限在某一国家局部地区的跨国企业。就集装箱港口业来说，随着港口的市场化运作，港口已经由过去劳动密集型的行业逐渐转变成为资本密集型的行业，吸引了大批的以码头产业资本经营为目的的跨国码头运营商的进入，而由于在局部地区投资码头行业仍具有较大经营风险，为了分摊风险这些跨国码头运营商不得不扩大经营网络，快速发展成为全球性的跨国企业。虽然这类型的全球跨国码头运营企业的背景各不相同，但其经营理念和原则却十分相似，皆以尽可能把握一切最有利的投资机会，在国家放宽对跨国界资金流动控制等机会的条件下，将触角伸向全球每个可能的角落为目的。而正是由于全球跨国的码头运营商的成长才能够实现码头资源的全球配置。

3. 国际集装箱运输快速发展加大对码头资源全球配置的需求

20 世纪 90 年代国际集装箱运输市场发生了一些重大变化,如超巴拿马型集装箱船的发展,班轮公司的大型化与现代物流产业的崛起等。而集装箱船舶的大型化发展对于集装箱专用设备的要求也越来越高,港口不得不增加资本投入提升能力。与此同时,随着物流供应链的发展,客户对于物流运输中的各个环节提出了更高的时间要求。基于此,港口经营人的先进管理经验和技术显得尤为重要。政府也越来越倾向于引入全球码头运营商,通过经验和资金的双重引进来分散投资风险。尤其是在近年来集装箱港口规模不断扩大、市场竞争越演越烈、投资风险不断加大的情况下,港口建设者总是希望利用国际市场的建港资金形成多家投资格局来分散风险。

4. 航运企业的纵向一体化战略壮大全球码头运营商队伍

在现代航运市场上,航运企业与码头运营企业均面临激烈的市场竞争,为了提高市场竞争力,为客户提供优质高效的服务,航运企业将触角伸向了供应链上游的码头产业,通过实施纵向一体化战略在市场上求得生存和发展。20 世纪 90 年代以后,一些具有竞争实力的集装箱运输企业纷纷以独资开发、合资开发、独资收购、合资租赁等形式经营码头业务,AP 穆勒码头(APMT)、中远集团(COSCO)、地中海航运(MSC)、长荣集团(Evergreen)等纷纷进入了全球码头运营商的行列,使得码头资源全球配置的范围进一步扩大。

除上述因素外,金融危机的爆发也加速了码头资源全球配置的发展进程和趋势。由于码头行业具有相对稳定的盈利能力和较高的资本投资回报率,在金融危机下,各国政府和航运企业为了分散经营风险,越来越多的码头资源控制在了全球码头运营商手中。可以看到,推动码头资源全球配置的因素(图 3-2)既包括码头民营化改革、金融危机、全球经济一体化等外部环境因素,又包括码头运营商为了分担风险以及航运企业纵向一体化战略等内部驱动因素,可以说码头资源的全球配置是全球经济贸易以及集装箱运输高速发展下的必然产物。

## 二、发展现状

1. 集装箱码头资源全球配置网络日益扩大

据德鲁里每年发布的全球码头运营商报告统计来看,2011 年前 22 位全球码头运营商完成的集装箱总吞吐量已经达到 4.41 亿 TEU,在全球集装箱处理总量中所占比重达到 75%(表 3-1)。2005 ~ 2011 年 7 年中,全球码头运营商的集装箱总吞吐量和权益吞吐量所占市场份额均出现一定的扩张之势,尤其是集装箱总吞吐量在全球的市场份额甚至扩大了近 15 个百分点,这一数字表明了全球码头运营商在 7 年内新投资控制的集装箱码头数目在不断增加。由于在实际情况中,存在地方码头运营商和全球码头运营商合资运营码头的情况,因此全球码头运营商完成集装箱总吞吐量并不能完全反映其实际完成的集装箱量,故采用权益吞吐量的计算方式间接反映其根据股本分摊后的权益吞吐量更为合适。目前全球码头运营商的权益吞吐量已达到 2.56 亿 TEU,占全球集装箱装卸市场的份额达到 43.4%,这一数字直观的反映了全球码头运营商已控制了近一半以上的集装箱码头市场。

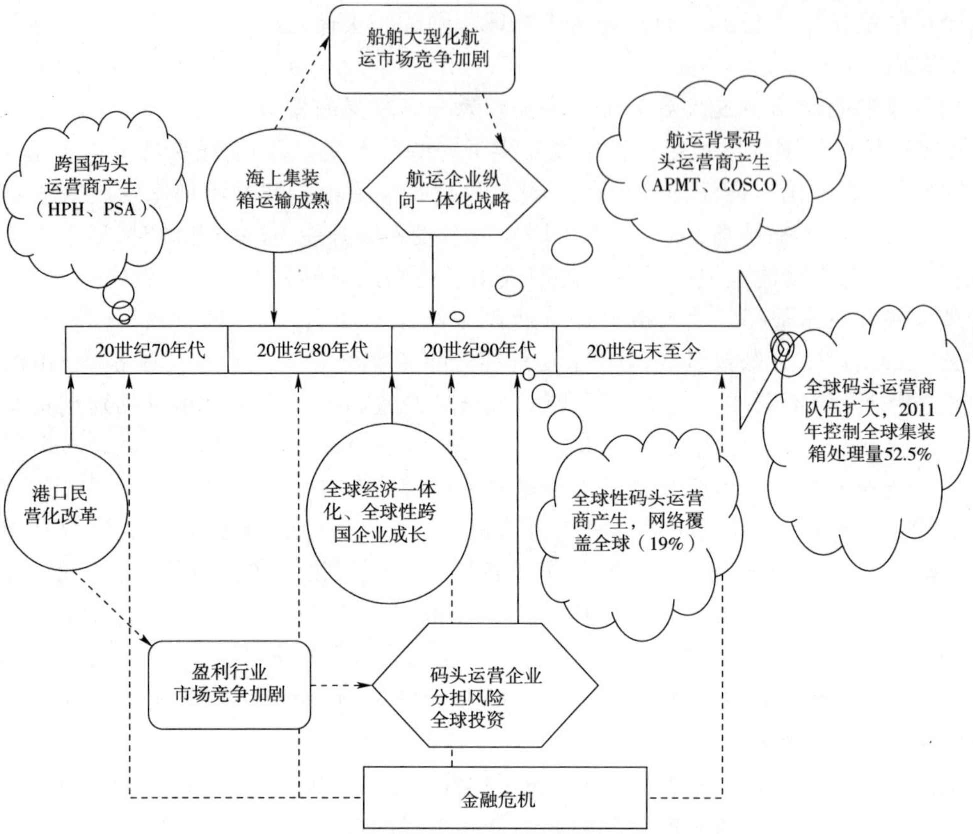


图 3-2　集装箱码头资源全球配置驱动力因素分析

**2005～2011 年前二十二位全球码头运营商集装箱处理量及所占市场份额**　　表 3-1

| 指标 \ 年份 | 2011 | 2010 | 2009 | 2008 | 2007 | 2006 | 2005 |
|---|---|---|---|---|---|---|---|
| 集装箱总吞吐量(亿 TEU) | 4.41 | 4.04 | 3.54 | 3.75 | 3.52 | 3.12 | 2.4 |
| 总吞吐量市场份额(%) | 75 | 73.9 | 75 | 71.3 | 71.1 | 70.6 | 60.4 |
| 集装箱权益吞吐量(亿 TEU) | 2.56 | 2.39 | 2.16 | 2.33 | 2.21 | 2.01 | 1.74 |
| 权益吞吐量市场份额(%) | 43.4 | 43.8 | 45.6 | 44.7 | 44.7 | 40.4 | 43.7 |

数据来源:参考文献[2]～[6]。

纵使在金融危机阴霾尚未褪去、全球经济贸易陷入低谷的 2012 年,全球码头运营商扩张的脚步并未停下,依旧在寻找具有投资潜力的集装箱码头进行布点,扩大码头资源网络。其中,AP 穆勒码头就在 2012 年新增了中国宁波梅山、哥斯达黎加、土耳其皮特基姆、秘鲁 Callao 等港口的投资建设计划,新加坡国际也新增了达曼阿卜杜勒阿齐兹国王港口的投资建设计划,迪拜环球也加大对亚洲和非洲港口的投资力度,在 2012 年投资新建孟买新港等(图 3-3)。

可见,随着全球码头运营商的扩张和兼并,集装箱码头资源逐步实现全球配置,并且形成庞大的全球码头资源的配置网络,该网络被少数全球码头运营商所控制,在其良好的运作经验支持下,码头资源在全球范围内实现优化配置。

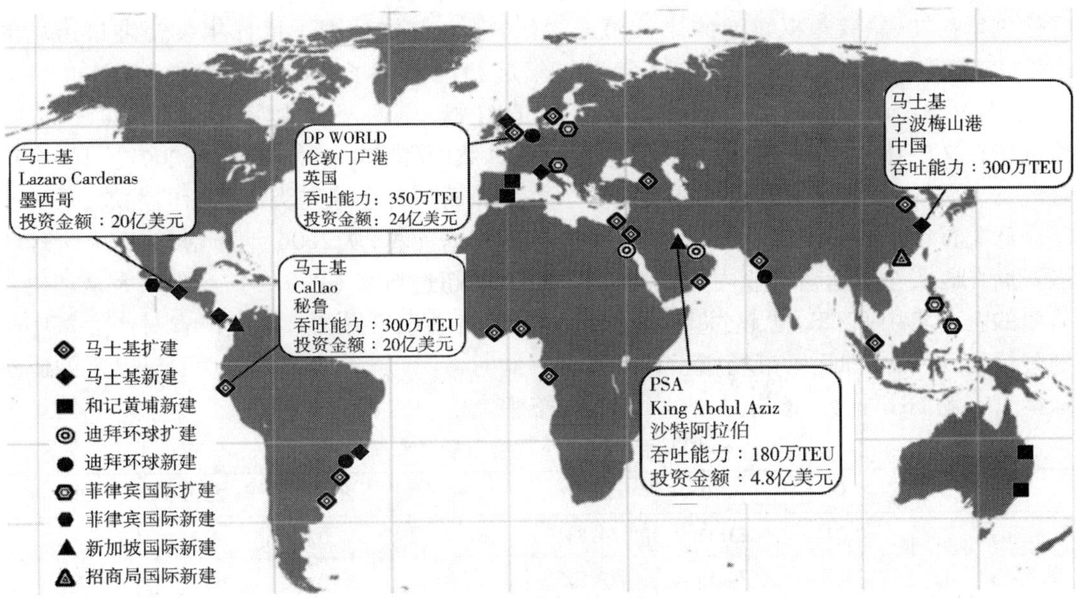


资料来源：真虹，赵楠．全球港口发展报告(2012)[M]．上海：浦江出版社，2013。

图 3-3　2012 年部分全球码头运营商投资建设情况

2. 码头资源全球配置市场集中度较高，前五大运营商占主导地位

码头资源在实现全球配置的同时，越来越集中掌握在少数几个全球码头运营商手中。自 2007 年以来，新加坡国际、和记黄埔、迪拜环球、AP 穆勒码头和中远集团就一直位居权益吞吐量排名前五位，并且每年由他们完成的权益集装箱吞吐量已经达到全球集装箱处理总量的 30% 左右，而全球码头运营商共完成的集装箱权益吞吐量也仅占全球集装箱处理总量的 50% 左右，可见码头资源全球配置市场是集中度较高的产业(表 3-2)。

前五位全球码头运营商权益吞吐量及市场份额比较(单位：百万 TEU)　　表 3-2

| | 2011 | 2010 | 2009 | 2008 | 2007 | 2006 | 2005 |
|---|---|---|---|---|---|---|---|
| 新加坡国际 | 47.6 | 51.3 | 45 | 50.4 | 47.5 | 41.2 | 32.4 |
| 和记黄埔 | 43.4 | 36 | 32.2 | 34.4 | 33.6 | 30.8 | 33.2 |
| 迪拜环球 | 33.1 | 32.6 | 31.5 | 32.9 | 28.9 | 26.2 | 9.9 |
| AP 穆勒码头 | 32 | 31.6 | 31.1 | 33.8 | 31.6 | 32.4 | 24.1 |
| 中远集团/<br>长荣海运/铁行渣华 | 15.4<br>(COSCO) | 13.6<br>(COSCO) | 10.9<br>(COSCO) | 11.1<br>(COSCO) | 9.8<br>(COSCO) | 8.1<br>(Evergreen) | 12.8<br>(P&O) |
| 前五位 GTO 总计 | 171.5 | 165.1 | 150.7 | 162.6 | 151.4 | 138.7 | 112.4 |
| GTO 完成集装箱<br>总吞吐量 | 256.3 | 239.3 | 215.6 | 233.2 | 221 | 201.5 | 174 |
| 在全部 GTO 完成量中<br>所占份额(%) | 66.91 | 68.99 | 69.90 | 69.73 | 68.51 | 68.83 | 64.60 |
| 在全球集装箱处理量中<br>所占份额(%) | 29.1 | 30.3 | 31.9 | 31.1 | 30.6 | 26.7 | 28.2 |

数据来源：参考文献[2]～[6]。

徐剑华曾在《集装箱枢纽港的成长模式探讨》[8]一文中计算了世界集装箱港口市场的集中度，在其计算结果中显示到2000年世界集装箱港口市场的赫希曼指数（HHI）①值为296。根据美国司法部对HHI指数分类标准，若HHI指数小于500，则该市场集中度不高，因此徐剑华在文中认为港口产业属于强竞争性行业。然而，港口的属地化特征非常明显，资产具有地点专属性，不同区域港口往往没有竞争关系。而随着全球码头运营商的发展，从码头资源全球配置市场的角度来看，该市场集中度较高。据计算，从2006年开始，前四大全球码头运营商在码头全球运营行业内的企业集中率$CR_4$②超过60%（表3-3），而前八大全球码头运营商的企业集中率$CR_8$也超过75%，根据美国经济学家贝恩和日本通产省对产业集中度的划分标准，码头全球运营市场属于寡占Ⅲ型。同时，计算从2005年至2011年以来的码头全球运营市场HHI指数，该指数超过1000，属于中度集中市场。

**2005～2011年全球码头运营市场产业集中度**　　表3-3

| | 2011 | 2010 | 2009 | 2008 | 2007 | 2006 | 2005 |
|---|---|---|---|---|---|---|---|
| $CR_4$ | 60.91 | 63.31 | 64.84 | 64.97 | 64.07 | 64.81 | 58.91 |
| $CR_8$ | 77.37 | 79.19 | 79.96 | 80.10 | 79.05 | 79.01 | 75.40 |
| HHI | 1072 | 1149 | 1173 | 1185 | 1162 | 1166 | 1078 |

码头资源全球配置市场的高度集中是由港口市场本身的特点所决定的。集装箱运输市场具有较强的规模经济效应，在该市场上，规模经济水平越高，大企业的效率就越高，大企业的竞争能力也越强，其在市场上所占的市场份额也越大，市场集中程度就相对较高。此外，港口运营行业固定资产投资金额较大，专用型较强，且技术复杂，因此与拥有成熟网络和经验的大型全球码头运营商相比，新企业进入码头全球运营的市场难度较大，进入壁垒较高，由于新企业难以进入也使得该市场集中度一直维持在较高水平。

3. 码头装卸企业背景的全球码头运营商较少，但市场份额较大

从投资码头的企业性质来看，主要可以分为三类，分别是：以码头装卸服务为背景的企业，以船公司为背景的企业，以及以金融机构背景的企业。其中，虽然有瑞富基金、摩根士丹利和高升等金融机构投资码头资产，但主要以参股或控股的形式进行资产投资，且金融机构背景的全球码头运营商在码头资源全球配置市场上的份额较少。以船公司为背景的全球码头运营商又可以分为两类：一类是以集装箱班轮运输为主营业务的码头营运商，码头业务通常作为成本单元支持班轮运输业务，码头资源仅为本公司或所在联盟的成员船公司服务，我们可以将之称为“纯船公司性质”的全球码头运营商；还有一类以船公司为背景的全球码头运营商，其码头是独立的业务单元，并且同其集装箱运输公司属于“姊妹”公司，共同隶属于同一集团，该类型的码头运营企业不仅为本集团的班轮运输企业或其联盟船公司服务，也会对外开放向第三方企业提供码头服务，该类型的码头运营商可称之为“混合型”船公司背景

①赫希曼指数（HHI）：是指基于该行业中企业的总数和规模分布，即将相关市场上的所有企业的市场份额的平方后再相加的总和，赫希曼指数具有数学上绝对法和相对法的优点使它成为较理想的市场集中度计量指标，它可以衡量企业的市场份额对市场集中度产生的影响。

②行业集中率（$CR_n$）：是指该行业的相关市场内前$n$家最大的企业所占市场份额的总和。例如，$CR_4$是指该行业相关市场内前四家最大的企业所占的市场份额总和。一般认为，如果行业集中度$CR_4$或$CR_8<40$，则该行业为竞争型；而如果$30\leqslant CR_4$或$40\leqslant CR_8$，则该行业为寡占型。

的全球码头运营商。

以码头装卸服务为背景的全球码头运营商仍以港口装卸为主营业务，而且一般此类码头运营商运营网络比较发达，运作效率较高，有明显的规模经济效应。该类型码头运营商通过横向一体化战略实现码头资源网络的扩大，主要以 HPH（和记黄埔）、PSA（新加坡国际）、DP World（迪拜环球）、Eurogate（欧门集团）、ICTSI（菲律宾国际集装箱码头公司）、SSA Marine（SSA 海事）、HHLA（汉堡哈拉港务及仓储公司）和 GroupTCB（TCB 集团）为代表。就前22 位全球码头运营商来看，以港口装卸服务为背景的码头运营商只有 8 个，但在前 22 位中所占的市场份额却将近 60%。

前 22 位全球码头运营商中，以船公司为背景的运营商有 14 个，市场份额仅占 40% 左右，其中"混合型船公司背景"的码头运营商仅有马士基旗下的 AP 穆勒码头公司、中远集团旗下的中远太平洋公司（COSCO Pacific）以及与地中海航运合作的码头投资公司（TIL），但这三个码头运营商在前 22 位全球码头运营商中所占市场份额却超过 20%。"纯船公司性质"的全球码头运营商包括中海集团（China Shipping）、长荣集团（Evergreen）、达飞轮船（CMA-CGM）等 11 个，由于该类码头运营商并非以码头运营为主营业务，因此网络并不及以码头装卸服务为背景的码头运营商和"混合型船公司背景"的码头运营商发达，其市场份额也相对较小（表 3-4）。

全球码头运营商的分类及特点　　表 3-4

| 码头运营商分类 | 码头装卸服务为背景的码头运营商 | 航运企业背景的码头运营商 | | 金融机构 |
|---|---|---|---|---|
| | | "混合型"船公司背景 | 纯船公司性质 | |
| 投资策略 | 横向一体化 | 纵向一体化<br>横向一体化 | 纵向一体化 | 分散投资 |
| 主营业务 | 港口运营 | 港口运营 | 海上运输 | 金融资产管理 |
| 投资目的 | 扩大网络，多样化经营 | 扩大网络，多样化经营，支持本集团航运公司海上运输业务 | 支持海上运输核心业务 | 实现增值、产生利润 |
| 代表企业 | 和记黄埔、新加坡国际、迪拜环球、欧门、菲律宾国际、SSA 海事、德国汉堡港务及仓储公司、TCB 集团 | AP 穆勒码头、中远太平洋、码头投资公司 | 中海集团、欧门、达飞轮船、美国总统轮船、日本邮船、韩进海运、川崎汽船、东方海外、商船三井、阳明海运、韩国现代商船 | 麦格理、瑞富基金、摩根士丹利、高盛 |
| 2011 年市场份额 | 58.68% | 23.21% | 18.1% | — |

注：2011 年市场份额指 2011 年该类型码头运营商处理的权益集装箱吞吐量在前 22 位全球码头运营商共完成权益吞吐量中所占比重。

## 第二节　集装箱码头资源全球配置的意义

联合国贸易与发展会议在 1992 年将港口发展划分为三个代际，并且随着供应链管理理论的发展以及港口功能的拓展，在 1999 年又提出了"第四代港口"的概念。联合国贸易与发展会议[38]将第四代港口定义为“在物理空间上分离但是通过公共经营者或管理部门连接的组织”。在中国国内的一些研究中，也对第四代港口进行了分析和定义，例如，真虹[9]在《第四代港口及其经营管理模式研究》一书中将第四代港口定义为：“在兼容第三代港口功能的基础上，作为港口供应链中的一个环节，强调港口之间互动以及港口与相关物流活动之间的互动，满足运输市场对港口差异化的需求，提供精细的作业和敏捷的柔性服务，促使与港口相关的供应链各环节之间的无缝连接”。总结大多数学者对第四代港口的研究，本书认为第四代港口一般需要具备以下特征，即：网络化特征、供应链特征、港城融合特征、协同竞争特征、优化资源配置特征以及绿色港口特征等。

集装箱码头资源的全球配置是第四代港口内涵的外化和具体体现，而联合国贸发会对第四代港口的提出正是基于全球码头运营商的发展使集装箱码头资源实现全球配置现象的出现。也正是由于码头资源的全球配置才使得第四代港口表现出网络化、协同竞争等特征，并且有利于满足港口供应链管理的要求，实现资源的优化配置，提高码头资源的利用效率。

## 一、满足港口供应链发展需求

以经济全球化引起的现代供应链物流和集装箱多式联运的加速发展为背景，港口的功能已经不仅仅是各种运输方式的交会点、临港工业和商务服务的中心，现代港口已经嵌入供应链，成为供应链上重要一环，企业之间的竞争已经转化为供应链之间的竞争。在企业竞争演化为供应链竞争时，供应链绩效和竞争力的提高显得尤为重要，供应链集成是提高供应链效率的重要手段和途径。港口供应链集成是通过对信息流、知识流、物流、资金流的控制，从港口供应链的上游到下游形成一个整体的功能网络结构模式。一般而言港口供应链包含两大部分内容，即内部供应链集成和外部供应链集成，在实现外部供应链集成后，便可构成动态的网链结构，即供应链共同体。

码头资源的全球配置有利于促进港口供应链的集成，满足港口供应链发展的需求。全球码头运营商从投资全球港口的物流网络，到港口延伸的物流服务网络，这些码头资产及物流资源便逐渐形成一个整体的功能网链结构，该网链结构正是港口供应链集成的最终目标。此时，全球码头运营商便成为港口供应链的集成者，并以网络化、集成化为特征横向布局全球港口网络，纵向整合物流链中合作伙伴的优势资源，最终将服务供应商、客户、信息、资金、管理集成在共同的平台上，而这样的供应链集成有利于物流服务提供商之间、物流服务提供商与客户之间的协同和互动，有利于提高整个供应链的物流效率和服务价值，提升供应链的整体竞争力和收益(图 3-4)。

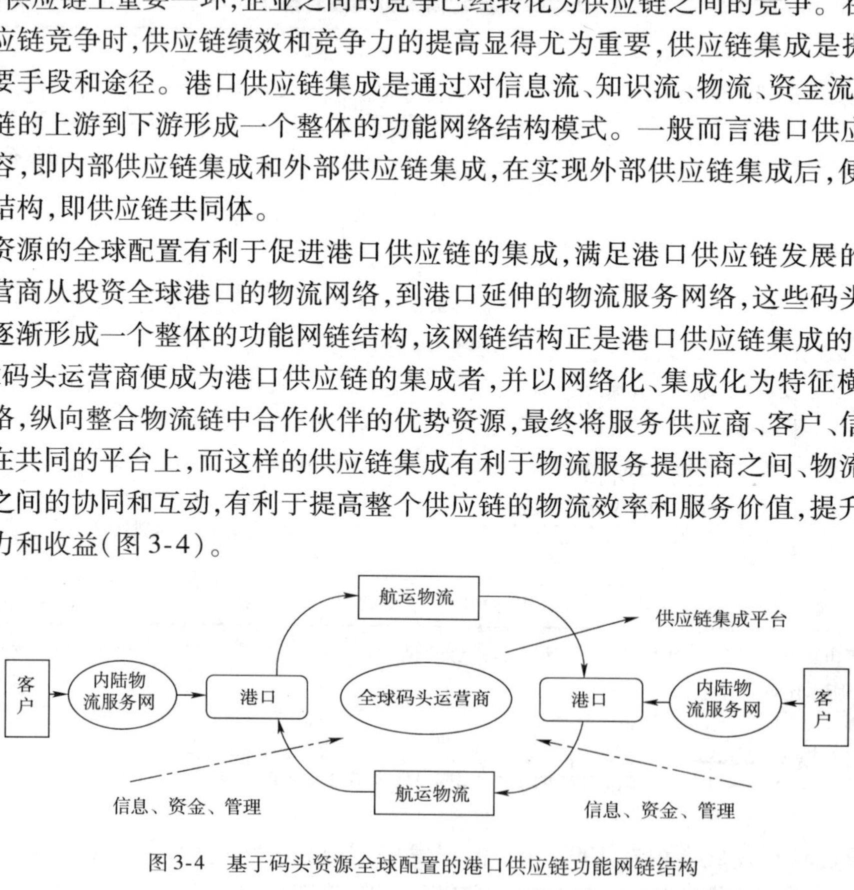


图 3-4　基于码头资源全球配置的港口供应链功能网链结构

## 二、优化码头资源配置，提升资源利用效率

经济全球化使资源格局发生了很大的变化，物质、资金、技术可在全球范围内自由流动，为各个国家带来了利用境外资源的机会。资源在全球范围内配置预示着市场调节的范围已经超出国界，企业可以在国际范围内选择更为有利的资源来提高自身竞争力，而跨国公司是全球资源利用的高手，在市场竞争环境下，通过跨国公司实现资源的全球配置有利于资源优化配置。

传统港口具有非常明显的属地化特征，并且港口资产具有地点专属性。然而，全球码头运营商的发展实现了码头资源在全球范围内的配置，在其运营下，码头资源的属地化特征有所淡化。此外，岸线等码头资源具有明显的稀缺性，而全球码头运营商的运营有利于实现资源的整合（包括技术整合、资源整合等），实现码头要素的最佳组合和资源的最优利用。

*1. 码头资源全球配置有利于提高码头资源利用率*

全球码头运营商对码头的经营均以市场为导向，因此全球码头运营商均可视为“理性经济人”。全球码头运营商根据当前码头行业发展的情况及特点进行理性判断，合理选择码头投资区域，或通过兼并、收购、转让等方式优化资产组合。一般来看，在市场导向下，主要全球码头运营商的供给能力和需求能力基本可以维持较为平衡的状态，即使在金融危机爆发后，集装箱吞吐量增速大幅放缓的情况下，全球码头运营商年完成集装箱吞吐量和年设计通过能力的比重（码头利用率）均维持在70%左右（图3-5）。此外，可以发现，全球码头运营商由于其对市场的嗅觉较为灵敏，因此在新兴市场更容易发现机会，然而新兴市场码头设施一般都比较落后，全球码头运营商的快速进入使新兴市场的供应能力能够在短期内快速增长来满足需求，可以看到2006～2011年，几大全球码头运营商纷纷对远东、拉美、非洲等新兴国家的港口码头进行投资建设，因此，近些年这些地区的码头通过能力得到大幅提升。

虽然，全球码头运营商码头资源供需相对平衡，但也有部分纯船公司性质的码头运营商码头利用率相对过低，例如商船三井、韩国现代商船和韩进海运，三家全球码头运营商的码头资源利用仅为50%左右。这主要是由于纯船公司性质的全球码头运营商主要以海上运输为核心业务，而投资港口的目的仅仅是为了辅助其海上运输业务发展，港口一般仅供本航运公司或具有联盟关系的航运公司船舶挂靠使用，因此利用率不足。但由于三家码头运营商在全球码头运营商中所占份额较低，因此，总体来看全球码头运营商的发展对于资源的合理高效配置仍具有十分重要的意义。

*2. 码头资源全球配置有利于提高港口服务效率*

在全球码头运营商实现码头资源全球配置的同时，容易促进码头服务技术的整合，将先进的码头装卸作业技术复制到全球，实现技术和经验的全球共享。而且在船舶大型化趋势愈加明显、港口货物处理量愈加庞大的现今，港口对于技术和效率的要求越来越高，全球码头运营商在发挥码头作业技术、服务和信息共享中的作用也更加突出。

据 Qianwen Liu[11] 在其博士论文“Efficiency Analysis of Container Ports and Terminals”中对目前集装箱码头服务效率的研究比较中来看，全球码头运营商的港口服务效率总体好于其他码头运营商，在效率排名前十位的集装箱码头中，有6个是由全球码头运营商参与运营的（表3-5），且全球码头运营商在规模效率方面具有明显优势，规模效率排名前十位的码头

中有7个是由全球码头运营商运营的。此外,在地中海区域集装箱码头处理效率最高的前十位中有7个是由全球码头运营商所经营的。

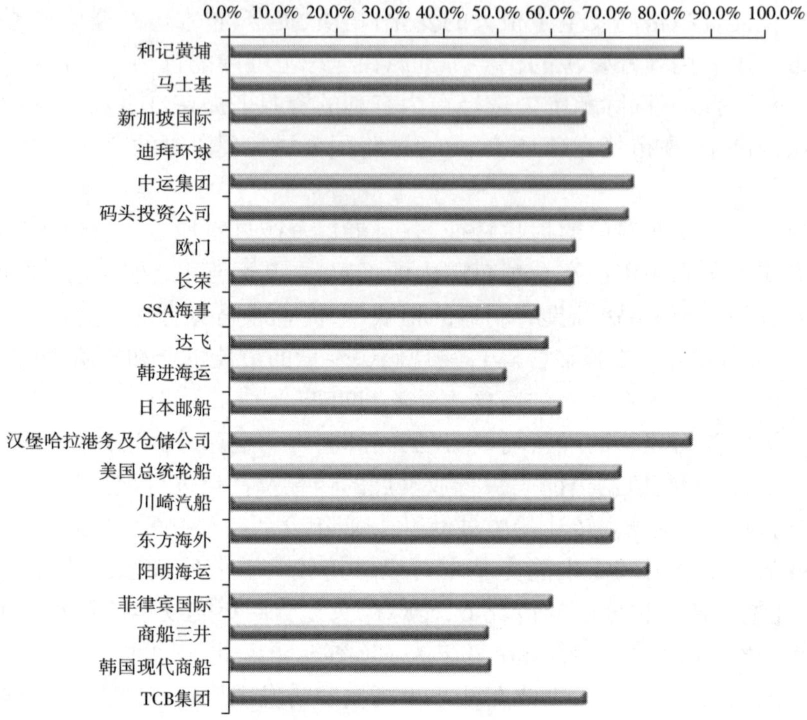


数据来源:Drewry. Global Container Terminal Operators Annual Report 2012 [R]. London:Drewry, 2012.

图3-5 2011年全球码头运营商码头利用率

全球集装箱码头效率排名前十位 表3-5

| 排名 | 港口 | 码头 | 运营商性质 |
|---|---|---|---|
| 1 | 深圳 | 赤湾集装箱码头 | 地方运营商(赤湾南山发展集团) |
| 2 | 上海 | 上海外高桥四期 | 地方运营商与全球码头运营商合资 |
| 3 | 上海 | 振东集装箱码头二期 | 地方运营商 |
| 4 | 上海 | 盛东国际集装箱码头一期 | 地方运营商与全球码头运营商合资 |
| 5 | 高雄 | 5号码头 | 全球码头运营商(APMT) |
| 6 | 高雄 | 3号码头 | 全球码头运营商(APL) |
| 7 | 天津新港 | 2号集装箱码头 | 地方运营商 |
| 8 | 宁波 | 北仑2号集装箱码头 | 地方运营商 |
| 9 | 上海 | 明东集装箱码头(外五期) | 地方运营商与全球码头运营商合资 |
| 10 | 新加坡 | 丹戎巴葛 | 全球码头运营商(PSA) |

资料来源:Qianwen Liu. Efficiency Analysis of Container Ports and Terminals[D]. London:London University College, 2010.

# 第三节　集装箱码头资源全球配置下的港口营运模式

## 一、主要全球码头运营商的网络发展策略

在实现码头资源全球配置过程中，不同的码头运营商所采取的策略也各有不同，尤其是新加坡国际、和记黄埔、AP 穆勒码头和迪拜环球四大全球码头运营商，各自通过不同的扩张战略，在全球范围内选择港口网络进行布点，从而提高新进入者的进入障碍，使其能够在激烈的竞争中保持相对优势。如图 3-6 所示，不同码头运营商在全球投资过程中重点投资的领域各不相同，例如 TIL 虽然在全球市场上的份额相对较小，但码头投资运营主要是为其航运主业服务，因此，码头布局主要以其集装箱航线布局为依托，码头网络分布较广，在非洲、北美、南美、地中海、欧洲、南亚等地均有码头，同样 AP 穆勒码头的网络分布也较为广泛；而上港集团和美国港口集团目前仍为区域性码头运营商，其投资仍主要集中于企业所在地区。

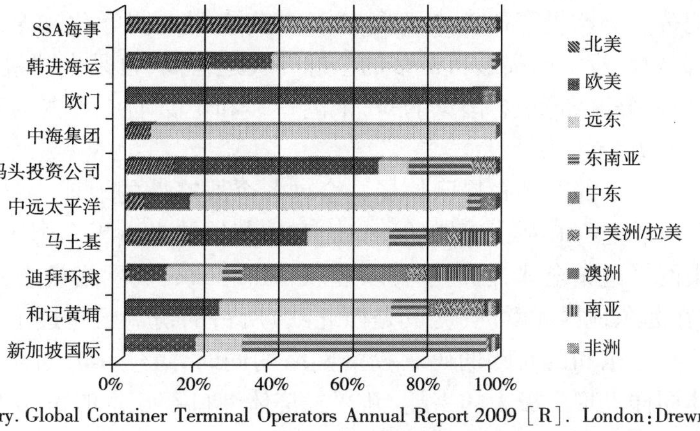


数据来源：Drewry. Global Container Terminal Operators Annual Report 2009［R］. London：Drewry，2009.

图 3-6　2008 年全球码头运营商投资码头各区域所占比重

1. 新加坡国际重点布局远东、东南亚及欧洲的码头网络

新加坡国际是依托于新加坡港的雄厚实力发展起来的，其最核心的码头资源便是新加坡本港。为了保证其长远发展的竞争力，提高港口运营在战略、财务和管理上的灵活性，新加坡国际实施了拓展全球市场的战略，从而转变成为全球码头运营商。新加坡国际第一个海外投资码头是中国大连集装箱码头，从布局上来看，新加坡国际的投资的港口达 44 个，港口业务遍布 16 个国家，除新加坡本港外，在中国、阿根廷、比利时、意大利、日本、韩国、荷兰、巴拿马、巴基斯坦、葡萄牙、泰国、土耳其、英国、越南等国均有码头投资经营业务，其码头布局战略主要以东南亚和欧洲为主，少数分布在中东、南美洲，而非洲地区尚未涉足。在海外经营进入模式方面，除了在新加坡的业务，在其本土之外的很多码头都是通过收购的方式来获得运营权或管理权的。

在金融危机过后，新加坡国际对码头投资保持较为谨慎的态度，除保持其在亚洲、欧洲各大港口的资本优势外，适当地加大了对南亚、拉美区域的开发投资力度，例如 2010 年新加坡国际投资的巴拿马集装箱新码头开始运营，从图 3-7 对 2006 年和 2011 年新加坡国际投资不同区域码头完成集装箱吞吐量所占份额的比较中也可以看出，近些年新加坡国际在拉美

和南亚地区完成的集装箱吞吐量占全部吞吐量中的比重增长十分明显。

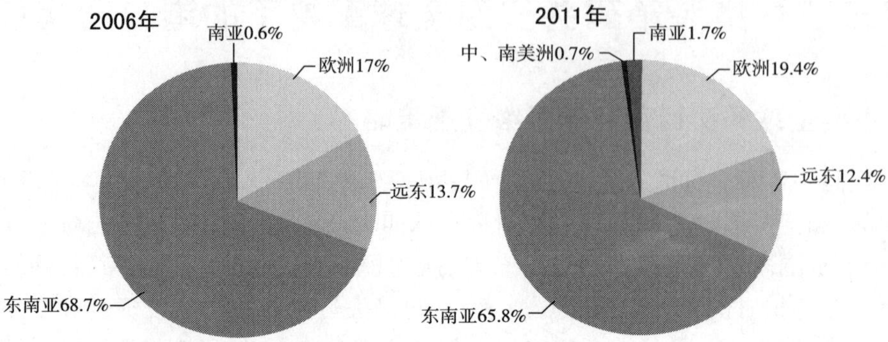


数据来源:参考文献[2]、[6]。

图3-7 新加坡国际投资各区域码头完成集装箱吞吐量所占份额比较

2. 和记黄埔注重远东和西北欧码头的网络布局

和黄集团是大型的跨国集团,经营业务比较多元化,而港口及其相关业务是和黄集团的核心业务。和记黄埔全球投资码头主要是基于和黄集团向国际化和全球化拓展的战略目标。目前,和记黄埔是投资码头数目最多的全球码头运营商,也是全球最大的私营集装箱码头运营商,其港口业务遍布26个国家的56个港口。和记黄埔所投资的港口中包括全球10大最繁忙港口中的7个。

和记黄埔投资码头的网络布局已拓展到全球各个战略性的地理位置,业务遍及各大洲,并且在世界主要航线上都有和记黄埔的港口。和记黄埔持有世界多国重要港口的权益。虽然和记黄埔码头网络遍布全球,但仍主要以远东和西北欧码头网络最为密集,从图3-8可以看到,和记黄埔在远东地区和欧洲(尤其是西北欧)所占的份额已超过了70%。此外和记黄埔在继续完善其在远东和西北欧的码头投资网络的同时,近些年其对东南亚、中东、拉美和非洲新兴经济体同样表现出极大的兴趣,新兴经济体港口吞吐量的份额逐年提升,其码头资源在全球的网络日益密集和完善。

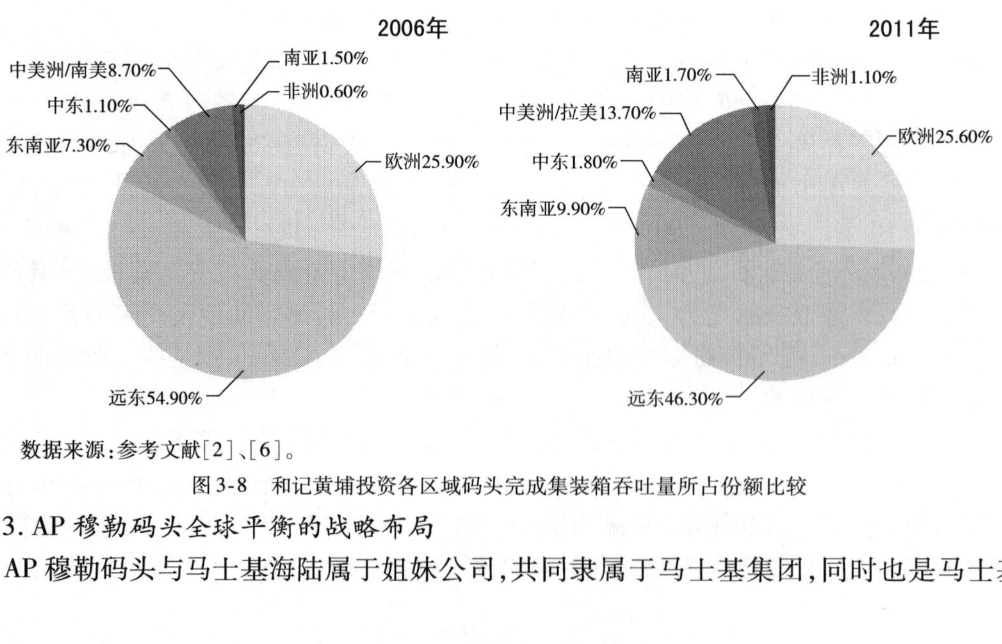


数据来源:参考文献[2]、[6]。

图3-8 和记黄埔投资各区域码头完成集装箱吞吐量所占份额比较

3. AP穆勒码头全球平衡的战略布局

AP穆勒码头与马士基海陆属于姐妹公司,共同隶属于马士基集团,同时也是马士基集团的核心业务。马士基海陆一直是集装箱运输行业的先导者，其国际运输网络十分发达。因此，鉴于马士基海陆的全球网络布局，AP 穆勒码头也定位在全球平衡的战略布局，从而使航运布局和物流服务网络能够相得益彰。AP 穆勒码头强大的全球码头网络可以为班轮公司在路径选择决策时提供更大的灵活性，也正是由于其全球网络布局使得他能够服务全球60 多家集装箱班轮公司，在全球供应链中占有举足轻重的作用。

目前，AP 穆勒码头已经在全球 29 个国家投资了 54 个港口和 120 个内陆集装箱码头设施。从图 3-9 对比中可以发现，近些年 AP 穆勒码头在南亚、东南亚以及中东的集装箱处理量迅速攀升，一方面是由于区域经济发展带动了这些地区吞吐量本身的快速增长，另一方面是 AP 穆勒码头加大了对新兴市场的投资力度。AP 穆勒码头向来对新兴市场的带来的契机反映十分迅速，因为对新兴市场的投资有利于托运人和采购商巨头在新兴市场寻找原材料、开辟业务。因此，总体来看其业务也侧重于在全球相对平衡的战略布局下提前进入开拓新兴市场。2010 年以来，AP 穆勒码头又将港口投资重点放在了非洲地区的港口，例如 2010 年在苏伊士运河的塞德港、约旦亚喀巴集装箱码头、拉各斯港口码头、安哥拉罗安达等均有新建码头或扩建项目，这些项目投资将使得未来一段时间非洲地区完成的集装箱量在其处理总量中的比例将得到提高。

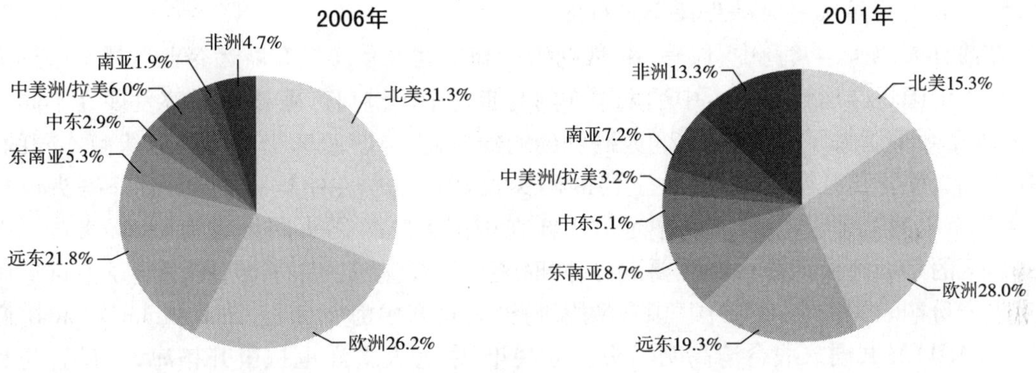


数据来源：参考文献[2]、[6]。

图 3-9　AP 穆勒码头投资各区域码头完成集装箱吞吐量所占份额比较

从进入模式来看，AP 穆勒码头以收购并购为主，在公司的码头投资中有将近一半是由马士基全资所有的。而且即使在 AP 穆勒码头是小股东的情况下，码头的经营管理权仍是在其控制之下。此外，AP 穆勒码头也通过特许经营的方式来扩大其网络。

4. 迪拜环球注重中东及周边的欧洲、亚洲地区的布局

迪拜环球是迪拜世界集团的子公司，隶属于阿联酋迪拜政府全资拥有，因此其有着雄厚的资金优势。迪拜环球的发展主要依托其在中东的业务，但在全球各个地区也占有一定的市场份额。目前，迪拜环球的港口业务已遍布亚洲、欧洲、美洲、非洲以及澳洲的 45 个港口，也是除 HPH 外少数在澳洲也有码头的全球码头运营商。

从迪拜环球投资码头的网络分布上来看，仍主要以中东及中东周边欧洲和亚洲地区的集装箱码头投资为主。2011 年迪拜环球在中东地区完成的集装箱权益吞吐量占到其全部权益吞吐量的 44%。此外，自 2005 年迪拜环球成功能够收购美国环球货柜（CSX），接管其旗下的码头业务后，其在亚洲内的份额也迅速提升，目前迪拜环球在亚洲的码头完成的集装箱

处理量占全部处理量的30%以上。在金融危机后,迪拜环球将目光投向了非洲及南美洲的部分港口,从2006年至2011年,迪拜环球在非洲和南美洲处理的集装箱量在其集装箱权益吞吐量中的比重逐年提升(图3-10)。

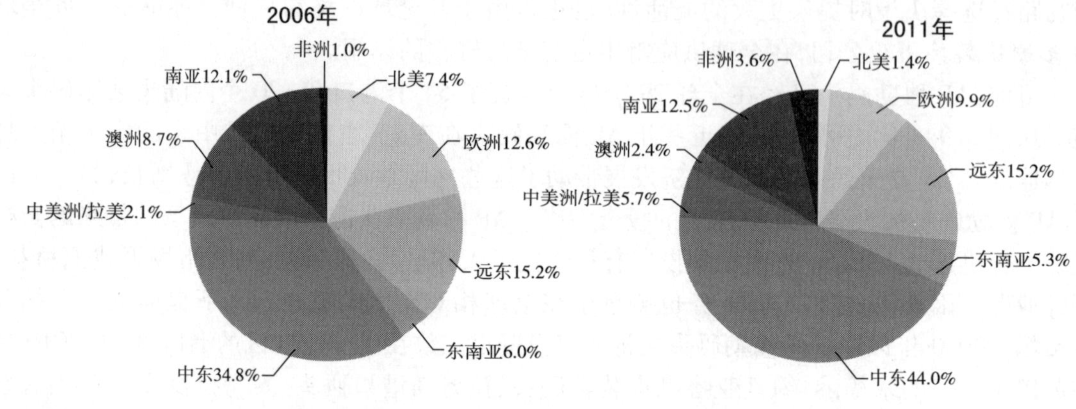


数据来源:参考文献[2]、[6]。

图3-10 迪拜环球投资各区域码头完成集装箱吞吐量所占份额比较

5. 中远太平洋从中国码头投资布局出发

在前五大码头运营商中,仅有AP穆勒码头和中远太平洋具有航运企业背景。中远太平洋依托于中国远洋运输集团。中远太平洋的起步与中国港口产业步入快速发展处于同一时期,发展至今中远太平洋共持有23家码头公司的权益,与前四家全球码头运营商不同的是,目前中远太平洋仍处于发展阶段,主要的码头投资仍集中在中国国内,而海外码头仅在欧洲、美洲有少数几个(图3-11)。中远太平洋在中国大陆的码头网络较为完善,遍布了中国沿海地区的四大经济区域内的主要港口,同时还在长江流域的张家港、扬州港及南京港码头拥有投资份额。2012年其与中国其他两家码头运营商中海集团(China Shipping)和招商局国际(CMHI)又共同入股台湾高明码头。近些年,中远太平洋也积极开拓海外市场,与其他码头运营商合作投资,例如比利时的安特卫普、希腊的比雷埃夫等。

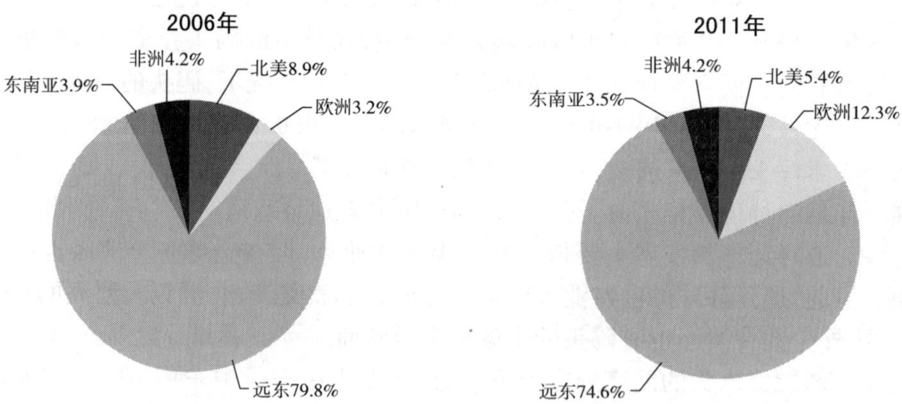


数据来源:参考文献[2]、[6]。

图3-11 中远太平洋投资各区域码头完成集装箱吞吐量所占份额比较

从投资方式来看，中远太平洋由以往的参股码头正逐渐转变为投资控股经营码头，并不断寻求海外投资机会，通过收购新码头的权益及增加对现有码头的投资，拓展码头网络。

从上述分析比较来看，全球码头运营商表现出如下特点：

1. 全球码头运营商本土集装箱码头份额仍占大头

全球码头运营商都是从本地区码头投资运营发展起来的，即使是在各码头运营商不断扩大全球网络的情况下，在其全球的投资分布中仍以本地区码头为主，本土码头是全球码头运营商稳健发展的根本。即使是以全球化港口布局为战略的 AP 穆勒码头，其在欧洲市场的投资份额仍然远远高于其他地区。尤其是在 2008 年金融危机过后，全球经济下行，全球码头运营商更是注重本地区码头的发展情况，例如 2012 年新加坡国际强化新加坡港的建设与投资。

2. 部分码头运营商虽已跨国运营但仍以某个区域为重点

虽然有些地方性码头开始了全球化步伐，成为全球码头运营商，但其在全球投资布点的网络规模却仍然较小，仍主要集中在某一国际区域，更适合称之为区域性码头运营商，例如欧门集团、中远太平洋、中海集团、SSA 海事等。尤其是中国的码头运营商，相较于前列的全球码头运营商，中国企业的国际化开放程度依然不足。虽然 2011 年中海码头跻身全球码头运营商的行列，但中国本土投资高达九成，与和记黄埔、AP 穆勒码头、新加坡国际等成熟运营商的投资分布比较相去甚远。

## 二、全球码头运营商的扩张模式

从目前全球码头运营商的扩张模式来看主要可以分为两大类：一类是对现有码头的扩建，另一类是进入新的集装箱码头。这两类扩张战略的目的侧重点各有不同(图 3-12)。

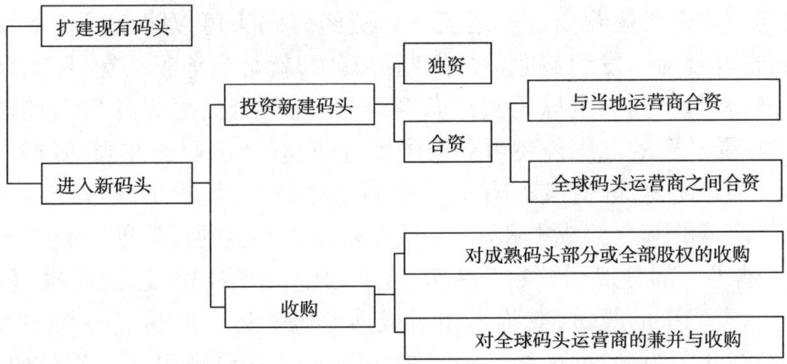


图 3-12　全球码头运营商的扩张模式

1. 扩建现有码头

一般而言，全球码头运营商对现有码头的扩建主要是希望实现在小风险范围内码头处理能力的提升，从而提高其在该区域内的市场份额。虽然这种扩张模式投入较少、风险较小，但回报并不及进入新的集装箱码头所产生的效果那样明显，港口扩建后，不会对码头运营商带来立竿见影的吞吐量增长效果和经济效益。而且这种扩张模式主要体现在单一集装箱港口的装卸能力的扩张上，属于港口的“纵向扩张”，这样的扩张模式往往只能增加全球码头运营商在该区域小范围内的份额和竞争力，而对于完善其在全球的网络并无太大作用。

此外，由于在某一港口自然资源以及货源都相对有限，此种模式下码头运营商的扩张空间和容量往往较小。

2. 进入新码头

进入新码头是全球码头运营商实现网络横向扩张的重要模式。这种模式下，码头运营商的扩张目的既可能是一种资产投资，也可能是为了进一步控制全球码头网络的主要节点。这种扩张模式无论是对本来就以装卸服务为背景的全球码头运营商还是以船公司为背景的码头运营商都具有积极的意义。进入新码头的扩张模式又可以分为独资新建码头、合资新建码头、收购成熟集装箱码头的部分股份、兼并收购其他全球码头运营企业四种模式。

(1)投资新建码头。过去10年中以及未来的一段时期内，随着全球贸易量的增长，尤其是新兴经济体国际贸易量的快速增长，港口运输需求将不断加大。由于新兴经济体港口发展相对滞后，港口的供给不能满足运输需求，因此开发建设新港口的需求不断增加。而这段时间也是全球码头运营商快速发展的时期，全球码头运营商在资金和经验方面都具有明显的优势，因此全球码头运营商投资新建港口的情况十分普遍。就目前的管理模式来看，许多港口采取地主港模式，因此许多新建港口大多由政府或政府授权的管理部门规划土地与岸线资源的使用，完成码头基础设施建设，然后再通过招标的形势将码头上层设施的投资建设权和码头的运营权交给码头运营企业，码头运营企业以独资或合资的形势运营港口。这种模式对全球码头运营商来说，需要具有准确的决策能力和较强的资金实力，运营商所面临的风险较大。

投资新建码头又可分为独资新建和合资新建，其中合资新建既可以是与当地码头运营商的合资，也可以是与其他全球码头运营商的合资，例如中国的部分集装箱码头就是中国国内码头运营商与全球码头运营商合资运营。合资经营码头可以降低投资成本，分散投资风险，但同时也面临着容易引发利益冲突的问题。其中，就与当地码头运营商合资经营的模式来看，与独资经营和与不同的全球码头运营商合资经营相比，更容易进入港口国，且可以避免政治风险，除享受外资的优惠外还可获得国民待遇，有利于业务在当地顺利开展。而独资经营虽然容易受到集团总部的控制，有利于协调全球战略，但投资成本较高，全球码头运营商必须承担海外运营的额全部成本和风险，且对东道国环境的适应能力较差。

(2)收购成熟码头部分股份。在码头运营过程中，全球码头运营商根据不同的发展战略，会出售部分已有码头的股份，或购入相对成熟的码头运营股份。一般来说，收购的码头之前就是合资经营的码头，通过这种扩张模式，全球码头运营商可以获得该码头的运营和管理权，有利于企业快速进入新的市场，评估既有设施的改善空间和市场占有率的增长幅度。这种模式与独资经营新码头相比风险相对较小。

(3)兼并收购全球码头运营商。兼并收购其他的码头运营商可以使其快速获得其所拥有的所有的码头网络和战略性资源，进入速度十分快。这种扩张模式可以获得不同运营商之间的协同效应，兼并收购后可能会出现“1+1>2”的效果。在2005年到2007年，全球码头运营商掀起一次并购的热潮，例如迪拜环球对CSX(美国环球货柜码头有限公司)和P&O(铁行渣华)的成功收购(表3-6)。世界前几位全球码头运营商通过并购来实现对市场的控制，从而获得对市场经营的垄断地位。

**2005～2007 年全球码头运营商的收购活动**　　表 3-6

| 时　间 | 全球码头运营商股权交易 | 交易价格与 EBITDA 的比较 |
|---|---|---|
| 2005 | 迪拜环球收购美国环球货柜码头有限公司 | 14 倍 |
| 2006 年年初 | 新加坡国际购入和记黄埔 20% 股份 | 17 倍 |
| 2006 年年中 | 迪拜环球收购铁行渣华 | 19 倍 |
| 2006 年年末 | 美国国际集团收购铁行渣华北美港口 | 24 倍 |
| 2007 年年初 | 安大略省教师抚恤基金收购东方海外码头 | 23.5 倍 |
| 2007 年年中 | RREFF 收购 Maher 码头 | 25 倍 |

资料来源：Theo Notteboom，Jean-Paul Rodrigue.“Global Container Terminal Operators：from diversification to rationalization”.

## 三、球码头运营商的发展趋势及特点

1. 本土大型码头运营商国际化脚步加快

对全球码头运营商进行梳理可以发现（表 3-7），大多数全球码头运营商来自于欧洲和亚洲，而北美虽然是重要的集装箱贸易区，但由于港口经营管理模式和发展背景不同，美国港口尚未对码头企业完全放开，多由航运企业附属公司经营专用码头，其公共码头更常见的是由市州政府港务机构负责运营，如此导致了北美地区缺少举足轻重的公共码头运营商。而随着美国地区码头运营商逐渐成长并开始加入全球扩张的行列，例如美国港口集团（Ports America）是美国本土最大的独立码头运营商，几乎控制了北美集装箱装卸市场 17.8% 的市场份额。2012 年美国港口集团也迈出了海外投资的脚步，斥资 13.95 亿元取得原为阳明海运持有的高明集装箱码头 10% 股权。除此之外，中国上港集团、招商国际等也逐渐走出去进行投资，可见各地方本土大型码头运营商加快了全球化的脚步，虽然码头资源越来越集中的掌握在全球前几大码头运营商手中，然而随着本土大型码头运营商的海外业务拓展，将会对现有的全球码头运营商产生一定的冲击，包括排名和市场份额都会产生一定的影响，但码头资源的全球配置趋势将愈加明显，码头资源将形成庞大的资源配置网络。

**各国主要码头运营商汇总（单位：%）**　　表 3-7

| 地区 | 国家 | 运营商 | 份额 | 地区 | 国家 | 运营商 | 份额 | 地区 | 国家 | 运营商 | 份额 |
|---|---|---|---|---|---|---|---|---|---|---|---|
| 欧洲 | 丹麦 | 马士基 | 10.8 | 亚洲 | 中国内地（大陆） | 中远太平洋 | 9.0 | 亚洲 | 日本 | 日本邮船 | 1.1 |
| | 瑞士 | 码头投资 | 3.9 | | | 中海码头 | 3.2 | | | 川崎汽船 | 0.8 |
| | 德国 | 欧门 | 2.2 | | | 招商局国际 | (9.3) | | | 三井商船 | 0.6 |
| | | 汉堡港务 | 1.2 | | | 上海港集团 | (5.9) | | 新加坡 | 新加坡国际 | 9.7 |
| | 西班牙 | TCB | 0.4 | | 中国香港 | 和记黄埔 | 12.2 | | | 总统轮船 | 1.1 |
| | | Noatum | (0.7) | | | 东方海外 | 1.0 | | 菲律宾 | 菲律宾国际 | 0.9 |
| | 法国 | 达飞轮船 | 1.4 | | 中国台湾 | 长荣 | 1.5 | | 俄罗斯 | 全港投资 | (0.8) |
| | | Bollore | (0.6) | | | 阳明 | 1.0 | 中东 | 迪拜 | 迪拜环球 | 9.2 |
| 美洲 | 美国 | SSA 海运 | 1.6 | | 韩国 | 韩进 | 1.7 | | 阿联酋 | Gulftainer | (0.6) |
| | | 美国港口 | (1) | | | 现代商船 | 0.5 | 大洋洲 | 澳大利亚 | Macquarie | (0.8) |

数据来源：真虹，赵楠. 全球港口发展报告（2012）[M]. 上海：浦江出版社，2013。

注：（1）括弧表示该运营商非全球码头运营商，份额未纳入总数；

（2）份额表示该码头运营商完成集装箱总吞吐量占全球集装箱总处理量的市场份额。

2. 全球码头运营商投资区域相对集中

港口与航运的发展都是以贸易为导向,国际贸易发展迅速的区域会产生大量的物流运输需求,若能较好地满足这些需求,港口和航运便可因此而获得较高的企业收益。基于此,一般来说在以市场需求为导向的背景下,无论是国际航运企业还是全球码头运营商都具有十分敏锐的投资眼光。因此,在全球码头运营商投资过程中,容易形成在某一区域投资相对集中的情况。投资相对集中的区域可以分为两类:一类是位于重要的国际航线要道沿岸的港口,例如地中海、加勒比海、马六甲海峡、苏伊士运河两岸的港口,码头运营商通过控制这些关键节点来实现航运网络资源的控制;另外一类是新兴经济体的沿海港口,例如中国、印度等亚洲地区港口以及拉美、非洲等区域的港口,这些区域港口基础设施落后,但贸易量增长潜力巨大,因此对全球码头运营商而言具有极大的投资热情。

3. 全球码头运营商逐渐转变为港口供应链的集成者

对于在市场竞争中发展的全球码头运营商而言,货源是其竞争的焦点,而是否拥有发达的内陆集疏运体系是能否在竞争中获得货源的关键。尤其是在金融危机阴霾尚未褪去的情况下,国际贸易量本来就稀缺,货源腹地竞争愈加激烈,在此种情况下,全球码头运营商逐渐将功能由单纯的码头装卸服务向港口供应链的集成者转变,例如投资运营铁路、驳船等内陆运输,从而强化码头与内陆间的联系。全球码头运营商之间的竞争也转变成为港口供应链之间的竞争,码头运营商的港口与内陆一体化投资有利于降低码头运营商以及整个供应链的成本,有利于提升企业和港口供应链的竞争力。例如,招商局国际将驳船的穿梭业务拓展至越南,扩大了港口揽货的范围,迪拜环球与巴基斯坦铁道部共同建设、共同管理铁路运输线等等。

4. 航运企业背景的全球码头运营商瓜分港口业务

在金融危机影响下,航运企业投资码头以分散风险的效果愈加明显。在航运市场极度低迷的情况下,港口业虽然盈利水平有所减少,但相对平稳。随着港口业务在航运公司中的重要性日益凸显,企业集团逐渐将码头投资业务和集装箱运输业务拆分,部分集团会成立码头运营公司,与集装箱运输业务属于姐妹公司,例如马士基和中远集团旗下的码头公司与集装箱运输公司都属于母集团公司的子公司。2012 年,地中海(MSC)将其全球港口码头业务在新加坡上市,将把头业务和航运业务拆分开来。码头业务与运输业务的分离意味着该集团公司的码头运营不仅仅服务于本公司的运输企业,而是进入码头运营市场与企业码头运营企业进行公平竞争。业务的拆分有利于实现专业化经营,也有利于航运企业更好地利用码头业务来分散风险。

## 四、中国码头运营商的“走出去”战略

1. 地方码头运营商向全球码头运营商转变面临的门槛

无论是世界经贸环境的变化还是不同区域港口管理模式的变化都会对全球码头运营商的运营以及战略的选择产生极大影响。而且可以说全球码头运营商行业进入门槛较高,地方码头运营商想要发展成为全球码头运营商仍面临着许多挑战,诸如对资金实力的要求、不同国家港口运营较高的进入障碍、不同地区反垄断的政策限制、港口运营中工会权利对稳定运营的影响、地方港口管理局对码头运营商提出保证港口绿色环保的要求,以及以地主港模

式进入码头运营后长期租赁合约对码头运营商所产生的挑战等等。此外，受金融危机影响，全球经济贸易不景气，欧美等港口通过能力本身就略显饱和，地方性运营商对欧美市场进入的难度较高；而对于新兴经济体的港口市场而言，几大全球码头运营商对其关注程度较高，投资频繁，市场份额争夺十分激烈，而且全球码头运营在经验技术方面更占优势，地方政府更愿意将码头运营权交给全球码头运营商，因此地方性运营商在新兴经济体拓展业务也存在一定的难度。

2. 中国港口企业走出去的必要性

目前，在全球码头运营商之列中国仅有两家以船公司为背景的码头运营商，中远太平洋和中海集团的企业，当然招商国际和上港集团也迈出了海外投资的步伐，但其海外投资码头数量和份额与全球码头运营商相比仍然有限，这与中国的实力和地位十分不符。反观之，在中国进入 WTO 后，通过外资引入提高了中国港口的综合竞争力，目前中国大连、天津、上海、宁波、福州、厦门、深圳、珠海、汕头、惠州等沿海主要港口都有全球码头运营商的参与，和记黄埔、AP 穆勒码头和新加坡国际在中国港口市场已占有一定的市场份额。在“引进来”和“走出去”相对不平衡的情况下，中国港口企业“走出去”的必要性越来越迫切。

(1)中国港口企业面临良好的“走出去”时机。金融危机后，在面临债务危机的压力下欧洲港口进一步实现“民营化”改革，吸引民营企业建设和投资港口；而新兴经济体近些年经济贸易快速发展、物流需求增加明显，因此对于吸引外资建设运营港口的需求明显增加。此外，由于金融危机使得目前待收购资产价格大幅下跌，港口进入成本相对较低。可以说，中国港口企业正面临着投资机会增加且投资成本相对较低的前所未有的海外发展机遇。

(2)中国港口企业“走出去”有利于中国企业融入国际供应链。在经济全球化发展趋势日益明显的今天，为了降低成本、提高效率和增强企业核心竞争力，许多公司都采用了全球化的经营模式，从而出现了跨国家、跨地域和跨文化的全球供应链系统。在此背景下中国产业国际化速度加快，尤其是制造业的发展已引起全世界的关注。而全球供应链的管理就是有效地控制全球供应链的物流、资金流和信息流，港口码头是物流和信息流的集散中心，因此中国港口企业走出去投资运营控制国外港口有利于国内企业尽快融入到全球供应链体系当中，能有效地带动国内企业的产业升级，在全球范围内优化企业资源配置。

(3)中国港口企业“走出去”有利于实现港口产业转型升级。自 2003 年后，中国地方港口建设经历了高速成长期，港口通过能力大幅增加，在金融危机之后，随着贸易增速减缓，沿海港口甚至出现一定程度的结构性产能过剩的现象。而中国港口企业“走出去”有利于港口企业向海外延伸生产力，将部分富余的港口生产力向外转移，缓解国内港口供需不平衡问题，也有利于中国港口企业能够更高效地利用紧缺性的码头资源完成生产。因此中国港口企业“走出去”也是中国港口加速结构调整、实现转型升级的必然要求和必经途径。

(4)“走出去”是中国港口企业实现可持续发展的重要手段。在码头资源越来越掌握在少数经营者手中，且形成了庞大的集装箱码头网络，全球集装箱码头资源集聚已成为一种趋势。在这样的趋势下，中国港口企业需要“走出去”顺应这种趋势才能实现可持续发展。中国港口企业实现可持续发展、提高企业盈利能力，需要加速资本流动，尤其是向风险相对较小、回报率较高的地区流动，而“走出去”是加速资本流动实现在国内国外两个市场优化港口资源的必经途径，只有“走出去”中国港口企业才有做大做强的空间与可能。

3. 中国港口企业“走出去”的对策

虽然,中国港口企业面临较好的进入国际市场契机,但同样也面临着进入国际市场较高的门槛。中国港口业要进入国际市场上获得更多的机会就必须一直保持对国际市场变化的敏锐嗅觉。在进入国际市场前期,可以支持培育一个运营管理能力和资金实力都相对成熟的地方性码头运营商进行海外业务的拓展,例如上海国际港务集团(SIPG),鼓励其从一个局部地区的码头运营商发展到区域性码头运营商,然后进一步发展成为能够根据市场敏锐把握并布局全球网络的全球码头运营商。在扩张模式上可以采取收购部分码头的股份或与其他相对成熟的全球码头运营商合资经营的模式,例如上海国际港务集团与中远太平洋合资经营,既可以有相对成熟的码头运营经验,又可以通过船公司带来稳定的码头货源。投资对象上要选取目前市场仍不成熟但未来具有高成长性的区域,一方面这些区域正需要外资进入,另一方面这些地区港口企业竞争能力相对较弱,中国港口企业容易抢占市场获得相对较高的回报率。

此外,就港口企业自身来说,虽然中国港口企业经过几年的高速发展已具有较好的码头运营经验和水平,但仍存在着一定的瓶颈不利于码头企业的跨国运营。例如,目前中国港口企业国际化运营的经验尚显不足,国际化人才缺乏;自动化码头运营的经验略显不足,对于人力成本较高需要大量使用自动化设施设备的码头运营水平仍需进一步提升等等。

## 第四节 基于资源全球配置的码头网络体系发展趋势

### 一、不同区域码头资源配置情况

由于不同区域国家对外开放度、政策壁垒限制、港口运营环境的不同,使得不同区域码头资源全球配置的情况也有所不同。相对而言,西欧、东南亚、中东、北美和南亚地区的码头大多已融入到码头资源全球配置的网络中,但远东、南美、东欧和澳洲的集装箱码头资源网络化运营程度仍不高,多数码头仍被相对独立的地方政府或民营企业所控制(图 3-13)。

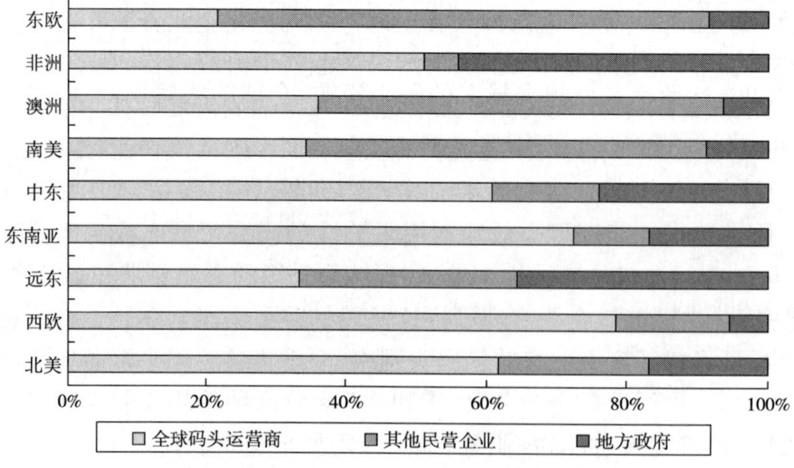


数据来源:Drewry. Global Container Terminal Operators Annual Report 2012 [R]. London:Drewry, 2012.

图 3-13 2011 年不同地区全球码头运营商以及其他公共、私营部门港口所占市场份额

北美地区，虽然全球码头运营商在港口市场上的份额相对较高，超过60%，但主要是以AP穆勒码头、韩进海运、日本邮船、美国总统轮船、川崎汽船、东方海外等船公司为背景的全球码头运营商为主，而以码头装卸为背景的全球码头运营商新加坡国际和和记黄埔均未进入北美。其中原因既有美国政府的因素也有码头运营商处于商业考虑的因素。出于安全考虑美国政府对于新加坡国际等有政府背景的以码头装卸为背景的全球码头运营商的进入仍然比较谨慎，对此种类型的全球码头运营商设置了较高的进入政策障碍。此外，美国港口集装箱市场相对成熟，箱量的大幅增长是不可能的；而且受地域限制，美国码头形状并不统一，且码头运营商进入后需要改造码头而无法新建或扩建码头，而全球码头运营商的专长即将运营经验复制在不同地区的港口，并青睐通过投资新建的模式运营码头。因此，从商业运作的角度来看，全球码头运营商对进入美国建立码头网络的战略也十分审慎。

西欧地区，由于大多数港口采取地主港模式，港口管理当局将码头运营权交给诸如欧门、AP穆勒码头、迪拜环球等少数几个全球码头运营商去运营，而且欧洲地区的港口市场进入对的政策壁垒也较高，比如港口管理当局会通过与码头运营商签订租赁合同对码头运营商提出具体要求，诸如每年完成的集装箱吞吐量的最低限度、对环境和安全的要求、对港口内陆集疏运体系的要求等等，因此集装箱码头市场的集中度相对较高。然而，欧盟有明确的反垄断法，同一港口的码头会交给多家码头运营商去经营，因此集装箱码头市场的进一步集中垄断也不会出现。

东南亚和中东地区，全球码头运营商所占市场份额较高是因为其拥有规模较大的全球码头运营商，例如新加坡国际、迪拜环球，东南亚和中东的港口码头大多数由新加坡国际来运营。非洲和远东地区，由于港口的经营管理模式不同，目前港口资源大多数仍被地方的公共码头运营商来运营，对全球码头资源网络的融入程度尚不高。

## 二、集装箱码头网络体系发展趋势

集装箱码头网络的形成受不同因素的影响和制约，包括经济格局的变化、航线网络的变化等等。然而随着全球码头运营商的发展，集装箱码头资源配置向网络化转型，而且码头资源配置网络体系的发展与重构将表现出新的特点和趋势。

1. 全球集装箱码头网络中本地化特征逐渐淡化，布局更趋完善

随着全球码头运营商掌握越来越多的码头资源，全球的集装箱码头网络中本地码头运营商所占的市场份额越来越小，网络中本地化特征逐渐淡化。此外，由于全球码头运营商对码头的投资与运营均以市场为导向，因此资源的利用率会大大提高，且码头资源的网络布局将更趋完善。

2. 不同类型全球码头运营商控制码头网络结构特点不同

除以投资为目的的金融机构外，由于投资码头的目的不同，以码头装卸为背景的全球码头运营商和以船公司为背景的全球码头运营商所形成的集装箱码头网络结构特点也各不相同。

将前22位全球码头运营商投资码头的网络进行对比来看，以航运公司为背景的全球码头运营商基本形成了“枢纽节点型”网络结构，除AP穆勒码头外，韩进海运、日本邮船、美国总统轮船、川崎汽船、东方海外运营的码头基本上是各个区域的枢纽港，例如远东地区的釜

山、高雄、天津，西欧的安特卫普和鹿特丹、东南亚泰国的枢纽港、美国的洛杉矶、奥克兰，虽然各码头运营商在部分枢纽节点上略有不同，但其所构成的集装箱码头网络有较高的重叠率。

以码头装卸为背景的全球码头运营商所形成的是“干支互补型”网络结构，除投资枢纽港外，也会投资运营部分支线港口，例如和记黄埔除投资上海、宁波、深圳等区域性枢纽港，还投资了厦门、汕头、惠州、珠海等支线港口，集装箱码头网络基本形成干线和支线互补的网络结构。

3. 航运企业加入码头运营行列加速码头网络体系重构

航运企业实施纵向一体化战略加入到码头运营的行列对全球集装箱码头网络产生了很大的影响。以航运企业背景的全球码头运营商可以根据自己的航线网络来选择港口建立新的中转基地，从而分流原本已经形成的枢纽港的货源，使得区域内形成多个枢纽港甚至使枢纽港地位发生转变，全球集装箱码头网络结构也因此发生变化。例如 AP 穆勒码头在 2000 年将原本在新加坡的航线转移至马来西亚的丹戎帕拉帕斯，而 2002 年长荣海运也撤离新加坡港，将丹戎帕拉帕斯作为枢纽港，仅短短的两年丹戎帕拉帕斯就成为了区域性的枢纽港，集装箱中转箱量占该港的比例达到近 80%。尤其是在船舶超大型化以及航运企业联盟化发展的背景下，航运企业背景的全球码头运营商对码头网络体系重构的影响将更加明显。

## 第五节　本章小结

20 世纪 70 年代开始，随着港口民营化改革浪潮的掀起、全球经济一体化进程的加速以及国际集装箱运输业的快速发展，集装箱码头装卸企业和船公司分别通过横向一体化战略和纵向一体化战略在全球范围内投资运营集装箱码头。和记黄埔、新加坡国际、AP 穆勒码头以及迪拜世界和中远集团等全球码头运营商实现快速发展，越来越多的集装箱码头资源开始控制在全球码头运营商手中，码头资源逐步实现全球配置，并且全球配置网络日益扩大，集装箱装卸市场的集中度不断提高。

集装箱码头资源的全球配置是第四代港口内涵的外化和具体体现。码头资源全球配置有利于促进港口供应链的集成。全球码头运营商以网络化、集成化为特征横向布局全球港口网络，纵向整合物流链中合作伙伴的优势资源，是港口供应链的集成者。码头资源全球配置也有利于通过技术和资源整合，实现码头要素的最佳组合和资源的最优利用。

随着全球码头运营商的发展，集装箱码头资源配置向网络化转型，码头资源配置网络体系的发展与重构将表现出新的特点和趋势，全球集装箱码头网络中本地码头运营商所占的市场份额将日益减少，网络中本地化特征将逐渐淡化。在这种趋势下，中国港口企业应选择合适的契机和方式，积极实施“走出去”战略，加速港口产业结构调整，实现港口产业的转型升级。

### 参考文献

[1] 李南. 港口民营化改革的理论与政策[M]. 北京：中国经济出版社，2008

[2] Drewry. Global Container Terminal Operators Annual Report 2012 [R]. London:Drewry, 2012
[3] Drewry. Global Container Terminal Operators Annual Report 2011[R]. London:Drewry, 2011
[4] Drewry. Global Container Terminal Operators Annual Report 2010[R]. London:Drewry, 2010
[5] Drewry. Global Container Terminal Operators Annual Report 2008[R]. London:Drewry, 2008
[6] Drewry. Global Container Terminal Operators Annual Report 2006[R]. London:Drewry, 2006
[7] 真虹,赵楠. 全球港口发展报告(2012)[M]. 上海:浦江出版社, 2013
[8] 徐剑华. 集装箱枢纽港的成长模式探讨[J]. 世界海运, 2005(05)
[9] 真虹,等. 第四代港口及其经营管理模式研究. 上海:上海交通大学出版社, 2010
[10] UNCTAD, 1992, Port Marketing and the Third Generation Port, TD/B C.4/AC.7/14, UNCTAD, Geneva
[11] Qianwen Liu. Efficiency Analysis of Container Ports and Terminals[D]. London:London University College, 2010,115-121
[12] Notteboom T. Global Container Terminal Operators From Diversification to Rationalization[R]. Antwerp:University of Antwerp, 2010
[13] 肖忠熙. 我国港口企业要加快"走出去"的步伐[J]. 集装箱化, 2005(07)
[14] 林民书,张树全. 资源的全球配置对产业政策的影响[J]. 财经研究,2003,29(10)
[15] 曹小奇,来有为. 中国钢铁企业"走出去"的途径与政策建议[J]. 中国发展观察,2012,(7)
[16] 刘志彪. 战略理念与实现机制:中国的第二波经济全球化[J]. 学术月刊,2013,45(1)
[17] 涂敏. 我国港口民营化动因、目标及模式选择[D]. 浙江大学,2008
[18] 陈羽. 世界主要码头运营商在我国港口的投资现状及发展趋势[J]. 水运管理,2011,33(8)
[19] 范晓捷. 全球集装箱码头运营商经营回顾与展望[J]. 集装箱化,2011,(12)
[20] 王雨佳. 全球配置资源——供应链为王[N]. 中国经营报,2012-09-17(E06)
[21] 徐剑华. 全球码头营运新趋势[N]. 中国水运报,2004-03-31(T00)
[22] 周虹. 全球价值链视角的产业集群发展研究[D]. 浙江大学,2005
[23] 敏纶. 全球集装箱码头的经营与发展趋势[J]. 集装箱化,1998,(10)
[24] 阙东丽,徐剑华. 美国码头营运商的"主场优势"还维持多久[J]. 中国港口,2011,(2)
[25] 王斌. 集装箱码头运营商的类别及特点[J]. 集装箱化,2011,(11)
[26] Thomas J. Simmers. 海运码头运营商在物流中的角色[J]. 中国远洋航务,2006,(12)
[27] 肖钟熙. 国际港口投资市场的发展及对我国港口的影响[J]. 中国港口,2002,(9)
[28] 肖钟熙. 关于我国港口企业"走出去"进入国际港口投资市场的思考[J]. 中国港口,2003,(11)
[29] 赵莉楠. 港口企业海外投资码头区位选择与进入模式研究[D]. 大连海事大学,2010
[30] 王诺,赵冰,杨春霞. 港口代际的本质特征及其演化规律[J]. 中国港湾建设,2010,(2)
[31] 李国锋. 从迪拜债务危机看全球港口业的跨国并购[J]. 国际经济合作,2010,(2)
[32] Neil Davidson. Global Container Terminal Operators Forecast:2012 [R]. London: Port Technology International, 2010
[33] Drewry. Global Container Terminal Operators Annual Report 2007[R]. London:Drewry, 2007
[34] Drewry. Post Benchmaking for Assessing Hong Kong's Maritime Services and Associated Costs with other Major International Ports[R]. London:Drewry, 2007
[35] HE Haralambides. Competition,Excess Capacity,and the Pricing of Port Infrastructure[J]. International Journal of Maritime Economics,2002,(4)
[36] C. BertKruk. State of the Port Sector[R]. Brazil:Drewry, 2008
[37] 真虹,赵楠. 全球港口发展报告(2011)[R]. 上海:2012
[38] UNCTAD, 1999, The Fourth-Generation Port, TD/B C.4/AC.7/14, UNCTAD, Geneva

# 第四章　港口服务供应链

传统上,港口作为运输网络中的一个水陆换装的节点,在这一节点上,港口往往只关注于自身的服务,很少会去涉及上下游其他环节的运营情况;因此,就整个物流链服务而言,即使港口提供了较高的服务绩效,但是并不能够保证整个物流服务链的绩效。随着产品供应链管理思想引入物流服务领域,以港口为核心的物流服务供应链被提出了。这种物流服务思想主要体现在提供完整的物流服务,这种物流服务从上下游顾客开始,形成以港口为核心的将相关物流服务的各个环节整合起来,构建一条完整的物流服务供应链,以实现在流程级别上的无缝链接。这一要求已经突破了我们经常所言的物流链的概念,为港口延伸其服务提供了更为广阔的发展空间。

## 第一节　港口服务供应链内涵

### 一、供应链、服务供应链与物流链

1. 供应链

供应链(Supply Chain, SC)的概念出自于产品制造业的上下游管理,于20世纪80年代末提出。近年来,随着制造产业链的全球化布局和互联网技术的迅速发展,供应链管理理论和方法在制造业中普遍应用。

供应链理论的发展经历了多个阶段。早期的观点认为供应链是制造企业中的一个内部过程,它是指把从企业外部采购的原材料和零部件,通过生产转换和销售等活动,再传递到零售商和用户的一个过程。传统的供应链概念局限于企业的内部操作层上,注重企业自身的资源利用。随后,供应链理论开始关注外部环境,通过链中不同组织的制造、组装、分销、零售等过程将原材料转换成产品到最终用户的转换过程,形成了更大范围的系统性概念。

近年来,供应链的概念更加注重围绕核心企业的网链关系,如核心企业与供应商、供应商的供应商乃至与一切前向的关系,与用户、用户的用户及一切后向的关系。供应链不仅是一条在价值链基础上从起点到终点贯穿供应商到用户全部过程的利益链,也是一条增值链。这条链在全球制造和全球竞争加剧的环境下,已经演变为一个围绕核心企业存在和发展的"网链"结构。

根据我国国家标准《物流术语》对供应链的定义是:"供应链是生产及流通过程中,涉及将产品或服务提供给最终用户活动的上游与下游企业,所形成的网链结构。"如图4-1所示。供应链概念出自于生产制造领域,故一般讲的供应链系指"生产供应链"。

供应链管理是指为了提高组织和供应链的长期绩效而对特定组织内部及供应链上组织

之间的传统业务功能和策略所采用的系统性、战略性的协调措施。

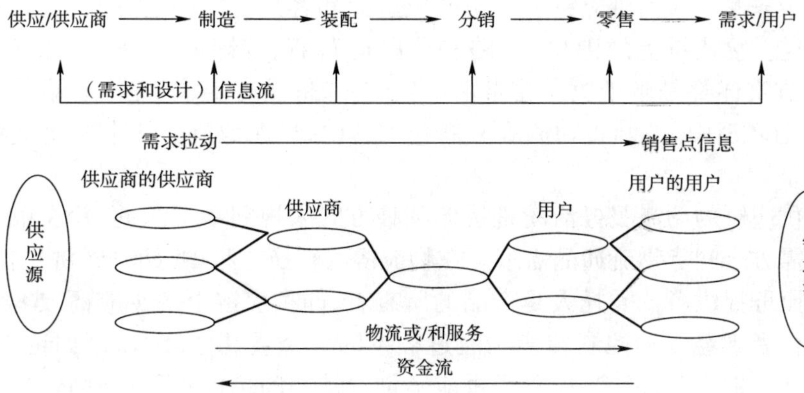


图 4-1　供应链示意图

2. 服务供应链

当附属于供应链某一供应商与各户环节之间的服务过程变得愈加复杂，其绩效产生于上下游之间业务链的协调时，将生产供应链的概念引申到服务过程，便出现了所谓的服务供应链（Service Supply Chain, SSC）。服务供应链的概念始于2000年，美国学者 Lisa M. Ellram *et al.* 2004 年在“Journal of Supply Chain Management”上发表了《理解和管理服务供应链》一文[1]。国内关于服务供应链的研究是近几年开始的，主要集中在物业服务、旅游服务和物流服务等领域。正是由于出现较晚，目前尚未有统一的定义，几种定义和代表人物如表 4-1 所示。

**服务供应链的几种定义及代表人物**　　表 4-1

| 定　义 | 定 义 视 角 | 代 表 人 物 |
|---|---|---|
| 服务供应链是产品服务化过程中发生的一系列先后服务活动 | 基于产品服务化角度来定义服务供应链 | Dirk & Steve(2004)[2] |
| 服务供应链是指服务生产中的不同生产主体之间的供应需求关系 | 围绕服务生产过程来定义服务供应链 | Edward. (2000)[3]<br>Akkermans. (2003)[4] |
| 在专业服务中从最早的供应商到最后的客户中发生的信息管理、流程管理、能力管理、服务绩效和资金管理 | 基于服务企业采购服务产品的角度，具有类似生产供应链的特征 | Ellram(2004)[1]<br>金立印(2006)[5] |
| 服务供应链是指服务行业中应用生产供应链的思想管理与服务有关的实体产品 | 在服务行业中应用生产供应链的理论 | Cook(2001)[6]<br>Metters(2004)[7] |
| 服务供应链是接受顾客需求，进行生产转化并再输出到顾客的一种供应链 | 围绕服务生产过程来定义服务供应链 | Scott(2000)[8] |

3. 物流链

物流链（Logistics Chain, LC）是为实现物资的空间位移而由多个移动和暂存的物流环节构成的一个链接网络，其中可包括：港口业务、航运业务、货运代理服务、船舶代理服务、铁路运输业务、公路运输业务及其环节之间的仓储等物流服务所组成的服务价值体系。

从属性来看,物流需求最终归结为衍生性需求,因此,物流链是依附于供应链的一条服务链。当物流服务商介入到供应链上下游的供应商和客户之间的交易时,物流链就延伸为物流服务供应链。物流链上的港口、铁路和公路运营商、装卸公司、船公司、车库、货运代理以及其他各方实体都是基于贸易需求而产生的;如果没有需求,货物运输及对第三方服务商的需求也随之消失。然而,物流服务商介入其中,只在他们能从中获得优势与价值时发生。

物流链对供应链的物流服务活动是按照某种方式来规划和组织的,旨在最大限度地满足供应链上供需方之间货物流通的需求。在物流链的转换过程中,两种经济主体非常活跃:委托人和物流服务提供者。委托人是产品的所有者,即供应链上的供应商或客户。物流服务供应链的提供者则经营和控制转换物流过程中的一个或几个环节,例如运输、配送或仓储。转换过程在某地实施,运输、配送为供应链创造了空间价值;而仓储则创造了供应链的时间价值。

## 二、供应链、服务供应链与物流链之间的关系

生产供应链与服务供应链均属于供应链范畴,因此所对应的理论相同。因此,三种链条的实施过程均存在着价值的传递和增值,因此,生产供应链、服务供应链和物流链是价值链的一种,均属于价值链体系的范畴。

生产供应链与服务供应链的差别在于:生产供应链生产和供应的是产品,通常是有形的,产品在供应链的传递过程中会改变其物理形态;而服务供应链提供的是无形的服务,比如物流服务供应链实现的是物资有效的空间移动,但这并不改变其物理形态。事实上,在供应链上下游之间存在着大量的物流活动,随着全球化生产,生产供应链被拉得很长,致使物流服务变得愈加复杂化。在产品制造企业日益将精力集中于核心企业的情况下,物流业务外包日益成为企业的战略方向,由此产生了大量的物流服务需求。物流服务供应链由专业化、集成化的物流服务企业构成,能够向生产供应链和服务供应链提供物流服务,为其提供增值服务并创造价值。

## 三、港口与供应链的关系

### 1. 港口在供应链中的地位

近年来,随着人们越来越多的认识到港口在国际物流和配送系统中的重要地位,人们开始从供应链的角度来审视港口的功能与作用[9]。

在供应链管理环境下,港口将改变过去那种以己为中心自居,港口之间的竞争越来越演变成为港口所参与的供应链之间的竞争[10-13],港口已成为价值链系统中的一个要素[14],港口将会更关注其在供应链中的角色。港口已不仅是物资交汇的连接点,而且是一个具有积极主动意义的综合运筹和处理物流生成和运动的基地[15]。港口将是供应链上最大的货物集结点,是生产要素的最佳结合点,以及供应链重要的信息中心[16]。港口可以利用其得天独厚的地理优势,优化整条供应链,通过对供应链信息的整合,甚至可以成为整条供应链的领导者和控制者[17]。

但是,由于班轮公司占据强势地位,港口的中心地位有所下降。港口面临着由于班轮公

司航线的调整，或是客户选择其他港口而失去重要客户的风险[18,19]。由此对港口的服务能力提出了更高的要求。

表4-2归纳了不同时期学者和组织对于港口地位的不同观点。总体来看，港口地位呈现出从"中心"的孤立点到作为供应链一部分的转变。这种转变与供应链管理思想的兴起和发展是分不开的。

**对港口地位的不同观点**　　表4-2

| 思想 | 转变 | 主要观点 | 代表学者 |
|---|---|---|---|
| 非供应链思想 | | 装载中心 | Hayut(1981)[20]<br>Notteboom(1997)[21] |
| | | "全球枢纽"、"装载中心"、"区域港口"和"次要港口" | De Monie(1997)[22] |
| | | 货物水陆运输的转换点(第一代港口) | UNCTAD(1992)[23] |
| | | 运输、工业和商业服务中心(第二代港口) | |
| | | 运输与物流中心(第三代港口) | |
| 供应链思想 | 中心<br>↓<br>供应链的一部分 | 供应链的一个重要环节，供应链的一部分，供应链的成员，价值链系统中的一个要素 | Bichou, Gray(2005)[9]<br>真虹(2005)[10]<br>Carbone, De Martino(2003)[11]<br>Song, Panayides(2007)[12]<br>Robinson(2002)[14] |
| | | 国际物流网络和生产供应链(或网格)的枢纽节点 | Wang, Cullinane(2006)[13] |
| | | 具有积极主动意义的综合运筹和处理物流生成和运动的基地 | 孙光圻，刘洋(2005)[15] |
| | | 是供应链上最大的货物集结点，生产要素的最佳结合点，重要的信息中心 | 刘伟(2001)[16] |
| | | 供应链的控制者、集成者 | Robinson(2007)[17] |
| | | 时间和空间的缓冲地 | Notteboom(2007)[24] |

2. 港口在物流服务供应链中的作用

除了作为物流服务供应链上的节点、货物集聚点、要素结合点和信息中心之外，港口在物流服务供应链中发挥以下重要作用：

(1)港口是供应链上物流、信息流和资金流的载体，港口的作业流程决定了供应链上各种流的流向、流速和流量，港口生产作业的效率将严重影响物流服务供应链的顺畅性。

(2)港口的物流功能区别于传统的仓储功能，它不仅可以缩短运输时间，而且还可以使货物改变运输方向，发生质的变化，提高货物附加价值，实现原材料和商品在供应链中的增值。

(3)当港口具备仓储、配送、流通加工等功能时，可以更好地帮助实现物流服务供应链的集成。图4-2显示了具备配送功能的港口在供应链中的作用。可以看出：港口配送功能的实现可以取代供应商或生产商原有的仓储环节，大大简化并缩短供应链流程，从而可以减缓牛鞭效应。

(4)港口包含了物流服务供应链上的多个功能，如为生产提供配送功能，以及物流、信息流功能等,对生产供应链以及物流服务供应链起到了非常积极的作用。

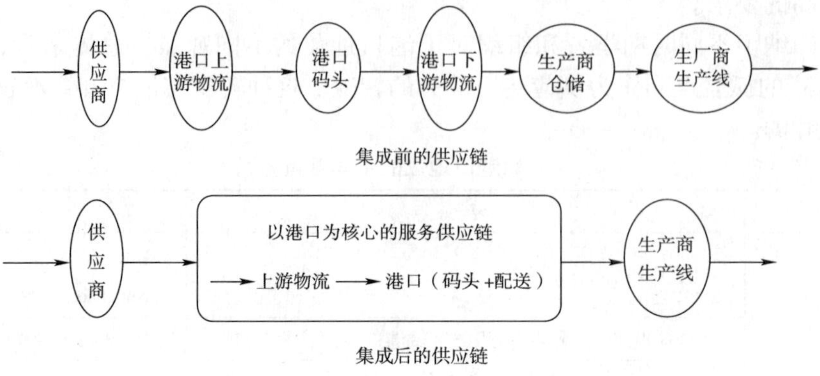


图4-2 集成前后供应链中港口角色的变化

3. 港口对供应链的影响

经济全球化导致同一条供应链上的企业往往位于不同地区甚至是不同国家,由此使得供应链上的物料有可能会多次经过港口。正是这种全球化中的港口地位导致其对供应链的影响明显加大,主要体现在以下方面:

(1)港口对供应链效率的影响。当前,产品生命周期日益缩短,客户对时间的要求越来越高。缩短时间就能缩短产品投入市场的周期,从而提高供应链的效率。船舶或货物在港停留时间的增加很可能就意味着库存量的增加和供应链成本的上升。在零库存、JIT、敏捷制造等理念的驱使下,港口生产作业的效率将对供应链的敏捷性和反应能力产生极大的影响。

(2)港口对供应链成本的影响。港口费用是货物运输费用的重要组成部分,而运输费用又是物流服务供应链成本中比例最高的费用之一。通过实施合理的装卸工艺方案或是使用先进的信息技术,可以减少装卸搬运过程中的不合理现象,减少浪费,降低供应链成本,最终提升供应链的竞争力。

(3)港口对供应链安全的影响。港口是供应链上物流流经的重要节点,港口及其周边集疏运系统的服务质量是供应链货运质量和安全的重要保证。这一切需要先进的设施设备和信息技术以及良好的组织管理等作为保障。

(4)港口对供应链增值的影响。传统港口提供装卸和搬运服务,而现代港口服务领域逐步延伸到诸如仓储、配送、流通加工等物流增值活动领域。此外,由于港口参与物流服务供应链,因此在临港地区集聚生产的优势就十分明显。在港口附近建厂可以极大地缩短物流服务供应链流程,同时还可以对港口腹地实现辐射,带动整个城市的发展。Carbone, De Martino(2003)通过实证研究,发现港口在实现自身增值的同时也使所服务的供应链实现了增值[11]。

(5)港口对供应链牛鞭效应的影响。牛鞭效应是生产供应链所具有的现象,作为物流服务供应链也同样受到牛鞭效应的影响。港口作为物流服务供应链的组成部分,对牛鞭效应存在着双重的影响。一方面,港口参与的物流服务供应链具有多环节的特征,而牛鞭效应会随着供应链传递环节的增加而加剧。因此,港口参与的物流服务供应链会加剧牛鞭效应;另一方面,现代港口往往拥有较为先进的信息技术,港口不仅是货物的集散中心,也是物流服务供应链上的信息交汇地,因而往往成为物流服务供应链上重要的信息中心,使物流服务供应链节点间实现信息共享,从而有利于货物位移过程的无缝对接,进而减少或抑制牛鞭效应。

4. 供应链对港口的影响

港口发展与供应链密不可分。供应链对港口发展的影响体现在四个方面:供应链类型、供应链结构、供应链节点以及港口与供应链的集成程度。

(1)供应链类型对港口的影响。Gereffi, Korzeniewicz, Korzeniewicz(1994)[27]对两种类型的全球供应链(Global Supply Chain,GSC)——供应商驱动型和客户方驱动型供应链进行了区分。客户方驱动型供应链主要存在于消费品生产行业,而供应商驱动型供应链更多的是指半成品生产行业,如石化产品。

从港口发展角度看,客户方驱动型供应链主要和集装箱运输有关,它们倾向于选择大型枢纽港,很少会实现完全的垂直一体化,往往具有更高柔性,对集装箱码头设施的可得性、综合物流和贸易服务的可得性以及港口服务质量(如航班频率、目的港多样性)等因素更为敏感。而供应商驱动型供应链更多涉及散货运输,主要关注大宗原材料的加工活动,对其他因素不太敏感。拥有深水码头但集装箱货运量有限的港口城市对供应商驱动型供应链更有吸引力[28]。表4-3归纳了两种类型的供应链与港口发展的关系。

**不同类型的全球供应链及与港口的关系**　　表4-3

| 对港口和运输的要求 | 客户方驱动型产成品全球供应链 | 供应商驱动型半成品全球供应链 |
|---|---|---|
| 货物类型 | 主要为集装箱,部分为散货和件杂货 | 主要为散货(液体或固体) |
| 货运量 | 不稳定,变化 | 相对稳定 |
| 时间性要求 | 敏感 | 对供应的一致性和规律性敏感 |
| 对港口或码头的选择 | 有变化 | 变化小,固定资产或长期使用的设施数量多 |
| 环保因素 | 有限考虑 | 货物和生产加工都很敏感 |
| 与港口相关业务的垂直整合 | 通常程度低,不包括港口、码头或船舶业务,选择承运人较为灵活 | 程度高,企业通常规模大,拥有自有码头或泊位,拥有或租赁船舶和其他资源 |
| 空间上的水平集群 | 可能,尤其可能在集装箱港口附近形成 | 由于核心企业规模较大,不太可能 |
| 与港口的总体关系 | 工厂与港口交互式发展(集装箱码头发展与集装箱货物生成行业互相促进) | 工厂与企业自有的码头或泊位同步发展(企业在港口附近设址时更看重专业码头甚至是自有码头) |

根据文献[28]整理。

(2)供应链结构对港口的影响。运输需求是派生性需求(derived demand)[14]。港口的货运需求来源于生产供应链节点企业对物流服务供应链的选择,进而对其中的港口所做的选择。

当港口与物流服务供应链的结合比较紧密时,托运人选择港口就与选择物流服务供应链结合起来。企业为了加强核心竞争力,越来越多地选择由外包生产方式,并将生产转移到成本最低的地方,导致国际生产供应链呈现向低成本的发展中国家和地区转移的趋势。这种改变将物流服务供应链延伸到了发展中国家和地区，由此给这些地区的港口带来巨大的发展机遇，同时这些港口也将面临巨大的挑战。

生产供应链核心企业对节点企业的不同选择会导致供应链结构的改变，从而影响客户对物流服务供应链的选择策略，这种情况下，港口失去客户的危险并不仅仅来自于港口基础设施的不足、码头运营不善或是内陆连接的不畅，更多地则来自于客户供应链网络的重新布局而导致的物流服务供应链的改变，新的物流服务供应商建立新的合作关系，进而导致更换港口。

(3)供应链节点对港口的影响。对港口而言，其货主客户通常是供应链上的节点企业。实力强、资金雄厚、产品市场占有率高的供应链节点企业，尤其是供应链的核心企业，往往会给提供物流服务的供应链带来大量货源，因此也就成为港口的重要客户。这类客户往往拥有较高的信息水平，便于实现与物流服务供应链的信息系统集成。拥有此类客户的数量越多，参与物流服务的港口竞争力也会越强。但这些客户通常也会向物流服务供应链及其港口提出更高的要求，如更高的服务水平或更快的交货速度等，他们往往还具备较强的砍价能力。

生产供应链节点企业与物流服务供应链及其港口的合作时间越长，港口越能获得稳定的货源，也越有利于提高生产供应链以及物流服务供应链的稳定性。

(4)港口与物流服务供应链集成程度对港口的影响。集成(integration)是供应链管理的思想。港口与物流服务供应链的集成对港口的发展非常重要。港口与物流服务供应链的集成程度主要体现在港口与客户以及物流服务供应链上各个节点的合作程度和信息共享程度。包括港口在内的参与者通过寻求与物流服务供应链的适当集成可以减少交易总成本并更有效地提供服务。港口与物流服务供应链的集成程度可以通过以下指标进行评价：信息通信技术的使用、港口与物流服务供应链上各个环节的关系、增值服务、客户之间的联系等。

港口参与的物流服务供应链内部的结合度和协调度越高，港口营运绩效往往也会更高。与合作伙伴关系密切、信息共享程度高，则港口绩效也高。

港口与物流服务供应链集成程度还会影响港口的竞争力。港口竞争力不仅受货物吞吐量、港口效率等因素的影响，还取决于港口在物流服务供应链中的定位和导向。物流服务供应链成员间的集成度越高，港口所在物流服务供应链的竞争力也越高。因此，当前港口的竞争力越来越取决于港口参与物流服务供应链的协调。

## 四、港口服务供应链的基本内涵

1. 港口服务供应链的提出

之前，我们已经提到了物流服务供应链的概念，那么，当这一供应链中包含有港口并且以港口为核心时，我们可以称其为港口服务供应链。

当货物采用水路运输时，港口就参与到了物流链活动中，活动开始于接受供应商(发货人)的需求，通过装卸搬运等环节，将产品(货物的位移)输出给客户(收货人)。但物流链并不包含两端的发货人(供应商)和收货人(客户)。当港口不断嵌入到供应链的过程中，将发货人和收货人都纳入供应链中时，便形成了港口服务供应链。

港口服务供应链是指以港口为核心的各类物流服务供应商(包括内陆运输、货运代理、船公司、装卸、海关、检验检疫、仓储、航运金融服务等组织),通过接受发货人和收货人的需求,以系统集成化和协同化为指导思想,以信息技术为手段,将物流服务流程与客户生产流程之间形成无缝链接的网链结构。它是镶嵌在生产供应链各节点客户之间的一条服务供应链。

下面以制造商和分销商之间的物流服务为例,说明港口服务供应链的构成(图4-3)。

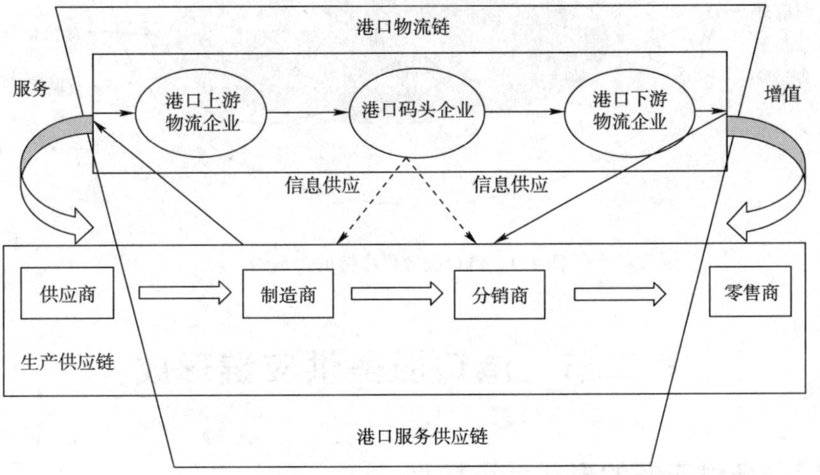


图4-3　港口服务供应链的内涵

港口服务供应链是生产供应链上的一条服务供应链,由港口物流链上的物流服务供应商和生产供应链上下游客户组成。上下游相关企业所形成的紧密合作的服务型企业供应网链结构,以系统集成化和协同化为指导思想,以信息技术为手段,使港口上下游物流服务商以及客户之间形成企业之间超越界限的集成,进而建立一种战略合作伙伴关系,不仅以良好的物流服务满足客户企业需求,为供应链创造价值,同时也提升了港口自身的竞争力。现代港口间的竞争已经演化成一个港口所在物流服务供应链与另一个港口所在物流服务供应链间的竞争。

2. 港口服务供应链与生产供应链、物流链的关系

从物流链角度看,港口是一个物资空间位移的重要节点,是不同运输方式的交接点。从供应链角度看,港口不仅连接了外部的各种流程,而且拥有内部的流程。港口是集合物流服务供应链上不同成员的关键场所之一。港口内部和港口周边的很多组织,如物流链中的海运承运人、陆运承运人、港口经营人、货代、港口代理以及海关等公共组织,生产供应链中的制造企业、供应商等都要进行物流链和供应链的整合。

港口服务供应链是以港口为依托的物流服务链,与物流链上的其他服务商一起链接生产供应链上的供需节点,并为上下游提供物资空间位移的价值服务。

港口服务供应链横跨生产和物流两个环节,集成了物流链与供应链的部分节点与功能,囊括了物流链以及港口所涉及生产供应链上的供需双方。

港口服务供应链在价值链中的地位及与其他链之间的关系见图4-4。

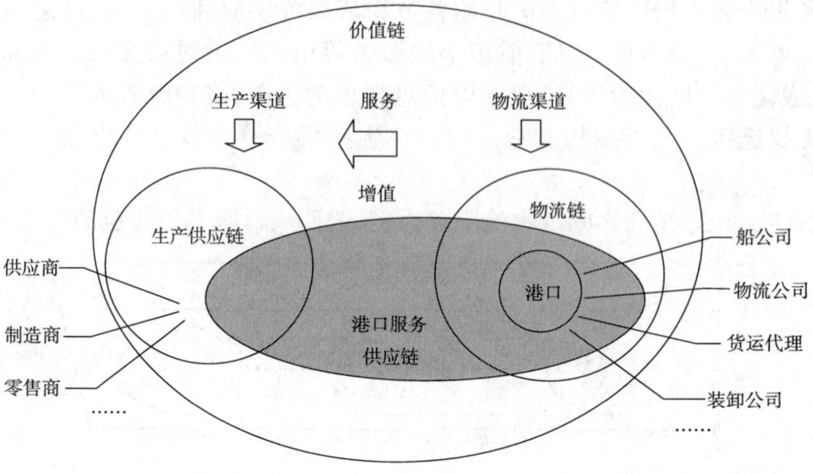


图4-4　港口服务供应链的关系图

# 第二节　港口服务供应链形成

## 一、港口服务供应链的形成动因模型

随着供应链的发展，港口将作为价值链中的一个环节，分配价值给船公司、海关等环节，以实现港口自身及其所在的服务供应链的效益。港口通过两侧的物流服务商（船公司和陆上运输公司等）与世界各地的供应商和客户相连，形成一条集成多种运输方式和物流形态的以港口为核心的服务供应链。

我们可以将港口服务供应链形成的动因分为内在动因（即节点企业自身的原因）和外在动因（非节点企业的其他因素）。下面从内在动因、外在动因和催化剂三个方面分析港口服务供应链的形成原因。

1. 外在动因

（1）社会分工与物流外包。自亚当·斯密提出劳动分工以来，随着生产力的发展，社会分工越来越细，出现了很多新的行业。货物经买卖之后需要运输来提供货物的位移，而提供货物的主体也逐渐由企业自身转变为专业的物流公司，也就是所谓的物流外包。经过港口的货物除了接受港口的服务外，还需要运输、报关、检验等大量物流服务。这就要求港口拓展服务范围，并和与其业务相关联的物流服务提供商进行合作。这种合作正是港口服务供应链形成的基础。

（2）供应链管理思想。供应链管理强调节点企业间的联盟与合作。企业不再是孤立的点，而是链上的一个成员（环节）。企业所追求的不再是自身利益的最大化，而是整个链的利益最大化。这种思想对港口管理产生了深远影响。一方面，港口为生产供应链提供服务，在供应链环境下，港口需要嵌入到生产供应链上下游节点的流程中，另一方面，港口和其前后的很多物流服务组织之间的链接关系构成了以港口为核心的服务供应链。为此，可以引入供应链管理的理念形成物流服务提供商之间的协同管理。

(3)经济的全球化的发展。世界经济进入21世纪之后,全球化趋势愈加凸显,生产供应链的延长导致链接供应链上下游节点之间的物流环节变得愈加复杂,原先可以有1、2家物流服务商完成的物资位移任务现在需要通过越来越多的物流服务商来实现。物流服务供应链的复杂化必然要求对以承担国际贸易关键作用并且处于全球物流关键节点上的港口成为物流链的核心,并以此形成对物流服务供应链的管理。

2. 内在动因

(1)功能互补。虽然港口在沿着物流供应链不断向两端拓展其业务,但限于能力的限制和核心竞争力的考虑,港口往往不可能承担起全部的物流服务,特别是随着经济全球化导致的物流链延长,使得这种可能性愈加困难。因此,为应对客户日益多样化的物流服务需求和对时间要求的不断提高,港口需要与具备其他能力的物流供应商进行合作,建立伙伴关系。其竞争优势并不是企业间有形资产的简单叠加,而是缘于企业间彼此成为物流服务供应链中有价值的环节,以实现技术、品牌的优化重组,达到强强联合、优势互补。

(2)港口客户为降低成本或追求高水平服务的需要。生产供应链上的大型供应商、生产商等节点企业通常有较大的物流需求。为降低物流成本,一些货主企业会与港口签订长期委托合同,以享受费用的优惠,以及更高水平的服务,或是选择在港口所在地或周边区域建厂以便于更好地实现供应链上下游之间的无缝链接。节点企业向港口的集聚使港口服务供应链上的企业关系更为紧密,也由此形成更为牢固的合作关系。

(3)港口间的竞争。随着经济全球化的发展,港口间的竞争日趋激烈,尤其是在港口较为密集的区域,港口间为争夺枢纽港地位展开了激烈竞争。客户自然成为了争夺的焦点。为了吸引客户并提供更为个性化的服务,构建港口参与的物流服务供应链成为港口的一种必然选择,这种密切上下游客户与物流服务商关系的需求有利于港口服务供应链的形成。

3. 催化剂

(1)集装箱化。随着集装箱运输的出现,货物在港装卸时间和运输工具(车、船)在港停留时间大为缩短,港口服务供应链上的物流过程变得更为顺畅。同时,集装箱化可以使各种运输方式间实现方便的联合运输,海铁联运成为了可能,公铁联运也变得更为便捷,使港口与内陆集疏运系统的紧密联系成为可能。

(2)信息技术。信息技术使得企业间的联系更加快捷和便利,也是减少供应链牛鞭效应的关键。采用先进的信息技术可以使港口服务供应链上各节点实现信息共享,也可以对港口服务供应链进行优化和重组,缩短提前期,降低库存水平,提高搬运和运输效率,减少递送时间,提高港口服务供应链整体的竞争力和顾客满意度。随着信息技术的发展及成本的不断降低,上述目标成为可能。

## 二、港口服务供应链的形成过程分析

港口服务供应链的形成过程可以与联合国贸发会议提出的四代港口的划分阶段相对应,形成以下四个阶段。

第一阶段:港口孤立阶段。港口为货物的水上运输提供服务,关注的是装卸、堆存等传统业务,与外部的其他物流服务提供商几乎没有直接的业务关系。港口与供应链上的企业间没有合作,只是非正式、偶尔的服务与被服务的松散关系。港口基本上处于孤立状态。对应第一代港口。

第二阶段:供应链关系导向阶段。这一阶段的特点是港口与供应链的关系密切,而物流价值链上的企业关系松散。随着经济的发展,大批依赖水运的工业向港口集聚,港口业务开始向加工、换装和船舶有关的工商业业务拓展。港口通过让货方,尤其是大的货主在港区内建立货物处理设施,与供应链企业形成了较为密切的关系。由于业务分工的不同,港口与物流服务上间存在着天然的业务联系,但由于港口对它们间合作的关注较少,这种联系是松散的。对应第二代港口。

第三阶段:物流价值链整合阶段。随着国际贸易、集装箱化与多式联运的发展,港口服务开始向物流增值服务发展,港口也开始强调与外部物流服务供应商的合作。信息技术使得组织间的沟通和信息共享变得不再困难。因此,港口与其他物流服务供应商间的业务关系变得密切而稳定,港口日益成为物流价值链的中心,并对物流价值链进行整合。同时,港口与用户的关系也日益紧密。港口日益嵌入到供应链中,并成为其中有核心节点。对应第三代港口。

第四阶段:港口服务供应链形成阶段。随着物流价值链与供应链互动关系的日益紧密,港口服务供应链形成。此时,作为港口客户的供应链上的企业成为了港口服务供应链的成员。港口作为货运量最大,拥有先进信息系统,并且连接物流供应商和供应链的节点自然成为了该链的核心企业。港口服务供应链是一条拉动式供应链,其成员会随着客户需求的变化而发生改变。因此,港口服务供应链始终处于一种动态的稳定中。在这一阶段,港口关注的重点是精益化和敏捷化,港口间的竞争也具有港口服务供应链之间的竞争特点。对应第四代港口。

从以上四个阶段的变化可以看出这样的特点,即港口服务供应链的形成是一个港口影响力在地域上逐渐延伸的过程,即第一阶段港口影响范围只局限于港区,第二阶段港口影响范围拓展到临港产业区,第三阶段港口的影响进一步延伸到包含港口上下游的物流价值链,第四阶段港口的影响将波及相关的其他港口服务供应链。

## 第三节　港口服务供应链结构与特征

### 一、结构

以港口为核心的港口服务供应链的结构往往表现为双扇形。双扇形结构是以信息技术为支撑,并在港口与其他上下游物流服务供应商之间建立起长期而稳定的合作伙伴关系基础上,形成以港口为核心的多条物流服务供应商网络构成的供应链结构。图4-5中:服务供应商包括内陆运输、货运代理、船公司、装卸、报关行、检验检疫、仓储、航运金融等企业。

在这条以港口为核心的服务供应链上,除物流之外,还存在资金流和信息流。资金从客户流向以港口为核心的服务供应商。而信息流存在于港口服务供应链的任意两节点间,并且是双向的。

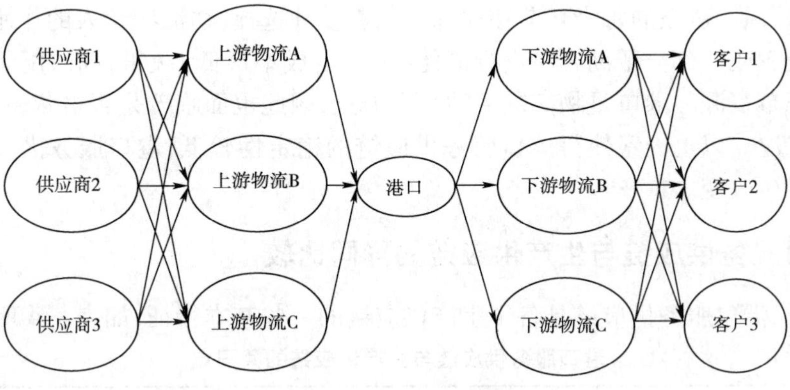


图 4-5　港口服务供应链的网络结构

## 二、特征

由于港口服务的特殊性,港口服务供应链应具有以下特征:

(1)属于服务型供应链。港口主要提供的是货物的装卸服务,实现货物的位移。这种产品是服务,是无形的,生产完也就被消耗完,具有不可储存性。经过港口的货种有件杂货、集装箱货和散货。虽然有些港口只提供单一货种的货物装卸,但还是有较多港口可能会同时提供多种货物的装卸服务。

(2)港口服务供应链的成员众多,包括港口、客户企业和诸多物流服务供应商。涉及的组织类型也很多,有企业和政府机构(海关和检验检疫等),各个组织的特点也有很大不同。因此,集成的难度较大。

(3)核心企业是港口。从港口服务供应链的形成过程可知,港口在其中起到了关键性的作用。港口一端连接了客户,嵌入了生产供应链,一端又连接了诸多物流服务供应商,使港口成为了该供应链上的中间环节。供应链上的核心企业不仅要能够规划协调好上下游的整个业务流程,甚至能充当物流经营人的职责,为客户提供集成的、一站式的全程物流服务。因为港口是大量的物流和信息流的汇集点,因此完全有能力成为该供应链的核心企业。

(4)响应性。港口服务的不可存储的特征决定了港口不可能有提前生产并储存的服务"库存"。因此,港口服务供应链必然是需求驱动的。港口服务需求具有不可预测性和多样性,表现在:服务需求的时间和内容难以预测,不同客户的服务需求差异化程度较大。多变的客户需求要求港口服务具有完全的需求响应性。它直接面向客户需求构建,其活动也是从对客户需求的了解和预测开始的。

(5)服务柔性化。港口作为区域发展的驱动点,扮演着物流中心、商贸服务中心、临港工业中心的角色,其发展联动整个腹地经济。多重性角色使得港口在发展过程中必须实施柔性战略,根据不同环境和对象,调整视角和中心,主动适应环境,并且可以能动性地改变环境。此外,在第三代物流中心的功能基础上,港口功能除了仓储、装卸、流通加工、信息服务和增值功能外,还将增加运输、加工、配送等多种功能。区域化发展使港口功能实现不局限于码头附近区域,甚至不局限于港口城市,而是分散在港口平台网络上的各个节点。根据不同客户需求,可以随时调整功能单元,提供差异化服务。

(6)稳定性较低。一般来说,经过港口的物流链不一定是唯一的,有许多其他物流链可供选择。同时,同一链条的每个环节往往都存在着多种选择,物流经营人的作用就是针对物流价值链的全程或一部分帮助客户进行最佳(不一定成本最低)决策,同时配置好令总体达到最佳的各环节资源。港口是物流链上的一个节点,因此也面临着是否被货主,以及物流经营人选择的状况。以上因素使得港口服务供应链的稳定性较低,港口服务供应链的节点企业比较容易发生改变。

### 三、港口服务供应链与生产供应链的异同比较

总体来看,港口服务供应链具备了生产供应链的一些基本特征,如表4-4所示。

**港口服务供应链与生产供应链的共同点** 表4-4

| 项　目 | 共　同　点 |
|---|---|
| 产生背景 | 由于专业分工和核心竞争力的要求产生,是业务外包的结果 |
| 主要管理内容 | 围绕着供应、计划、物流和需求等开展 |
| 主要管理目标 | 满足客户需求,使系统总成本最小 |
| 主要集成内容 | 业务集成、关系集成、信息集成等 |
| 信息平台作用 | 信息技术和信息共享非常重要 |

然而,由于港口作业的特殊性及港口服务供应链组织的差异性,这类供应链与生产供应链有很大不同。港口服务供应链以服务功能为主导,属于服务型供应链。港口服务供应链和生产供应链的主要区别可以从供应链成员、产品特征、价值创造途径、运营模式、核心企业、物流流向、绩效评价及稳定性等方面来分析,见表4-5。

**港口服务供应链与生产供应链的区别** 表4-5

| 项　目 | 生产供应链 | 港口服务供应链 |
|---|---|---|
| 供应链成员 | 供应商、制造商、分销商、零售商和消费者 | 船公司、货运代理人、港口企业、陆上运输公司、货主等,组织类型和数量更多 |
| 产品特征 | 有形,种类较为单一 | 无形、易逝、劳动密集,种类较多 |
| 价值创造途径 | 生产和加工装配 | 物流服务 |
| 运营模式 | 推进型或拉动型/有效型或反应型 | 完全拉动的反应型供应链 |
| 核心企业 | 制造商或分销商 | 港口 |
| 绩效评价 | 基于产品运作的绩效评价,易操作 | 基于服务的绩效评价,较主观 |
| 稳定性 | 较高 | 相对较弱 |

## 第四节　港口服务供应链管理方式

港口服务供应链的发展方式主要有以下几个方面。

### 一、加强与上下游企业的协调与合作

港口通过与供应链上各成员建立合作伙伴关系,形成利益共同体,实施资源扩展和优势

互补,可以使供应链整体利益最大化和效率最高。实践表明,港口与供应链成员的合作伙伴关系,可以最大程度利用现有资源,提高码头泊位、装卸设备等作业效率,降低船舶和货物在港时间,实现供应链上下游企业之间的无缝链接,提高港口服务供应链的效率。

1. 加强与货主企业的合作

供应链环境下的港口应该从与供应链的被动集成转变为主动构建自身的供应链。开拓货源地,开拓增值服务与深加工服务,通过链上各节点成员间的信息共享、相互沟通协调、共同面对困难、承担业务中的风险,从而解决困难,降低货运过程中的重大事故率,提高货物运抵的及时性、准确性和安全性,提高货主、船公司的满意度,最终降低整条链的成本,使节点成员获得“双赢”。港口可以设立保税区,或是发展临港产业,吸引港口客户企业在港区附近设厂,从而使该企业成为港口服务供应链上较为稳定的客户。如鹿特丹港和壳牌、埃索、科威特石油公司、Nerefeo、Arco、ICI、阿克苏诺贝尔、伊斯特曼等著名石化企业建立了稳定的联盟,构建起港区物流体系,实现了港口经营的腹地空间网络化。这些企业不仅在港区设点,而且相关工业活动也在这些公司集聚,炼油和化工工业公司在港区共雇用了 14000 名左右员工。这些石化公司组成了港口工业园区公司的联盟,同时将原料运进或运出内陆,还在港口工业园区下面共铺设了 1300 公里的管道,成为了鹿特丹港的核心工业——炼油和化工工业基地。

2. 与船公司合作

港口可以出让部分股权,允许班轮公司参股,或是通过码头出租等方式吸引班轮公司更多船舶前来挂靠,以保证对于干、支线喂给与支持。港口也可以就堆场、仓库、保税区、出口监管仓库等股权与船公司合作。还可以双方联手共同提供第三方物流服务或共同开发物流信息平台等。

当今各大港纷纷与大班轮公司建立战略伙伴关系,共同协商航线开辟、基本港挂靠和船期等事宜。实践表明,港口企业与供应链上成员的合作伙伴关系,可以最大程度利用现有资源,提高码头泊位,装卸设备等作业效率,降低船舶和货物在港时间,提高整个供应链的作业效率。

3. 与其他物流节点合作

港口可以通过兼并、并购股权和投资等方式,让渡出部分码头、仓库、堆场给拥有物流链的企业,让其在港区内从事企业物流,扶持和发展一批有实力、能按照国际惯例运作、网络结构合理的物流企业和场站等内陆节点,加速港口服务供应链的网点建设。

港口可以与航运、公路、铁路、管道、航空等运输企业共同构筑物流链,规范物流设施和有关技术装备,对每一个环节实行统一的技术标准和管理标准,推行集装箱标准化运输,实现各种运输方式之间的高效连接,提高港口的集疏运能力。考虑到铁路运输比公路运输更节能,铁路运输对环境的污染比公路运输小很多,长途运输铁路比公路具有明显的价格优势。因此,在港口周围修建完善的铁路网,提高铁路运输在多式联运中的比重,发展快捷便利、安全可靠、手续简便的海铁联运具有价格经济的巨大优势,降低整个供应链的成本。

## 二、供应链成员信息共享

信息共享对于协调供应链起着非常重要的作用,有助于供应链成员制定决策。供应链管理要求成员间高度共享业务计划、预测信息、库存信息、进货情况以及有关协调物流的信息。在港口服务供应链中,以集装箱码头为例,船公司和码头共享船期及到/离港时间、船舶载箱信息及船舶资料,有助于集装箱码头预先进行作业计划,协调码头各种资源;而货主与船公司和港口共享其出口计划、货物资料等信息,有助于船公司进行舱位安排,进行场站及空箱使用等决策。港口根据相关信息做好收箱计划,可优化堆场、门吊等资源作业,从而提高资源利用率,降低货物在供应链中的周转时间。高度共享信息是港口服务供应链运营的基本保证,信息共享程度的高低决定着港口服务供应链的效率。而改善港口信息系统并实现与客户供应链系统以及其他服务供应商系统的对接是信息共享的关键。

### 三、加强供应链前后港口的协调性

供应链上的前后港口不应是孤立的,而是相互关联的。目前,港口网络带的发展非常有利于港口间的协调和互动。港口与港口之间选择合作性博弈,在信息不对称的情况下,在竞争中寻求合作,互惠互利,实现优势互补,避免同行业恶性竞争。可以选择与其他港口建立合作关系(如友好港口关系的建立)或是建立战略伙伴联盟关系来拓展航线,扩大业务范围。一些港口可以通过在其他港口控股的方式吸引其他港口的货物前来中转。

## 第五节　案例分析:港口汽车制造供应链服务

### 一、无服务供应链情况下传统港口物流服务的做法

某港口城市以汽车制造为支柱产业,汽车总装厂在离港口约10多公里处。该厂的汽车零配件有相当部分是通过水路集装箱提供。

原先,汽车零配件采用集装箱水运运至港口的集装箱码头,然后厂方或者第三方物流企业将集装箱运至汽车总装厂,拆箱后将零配件存入工厂仓库,以备装配线需要。这种方式的运作方式如图4-6所示。

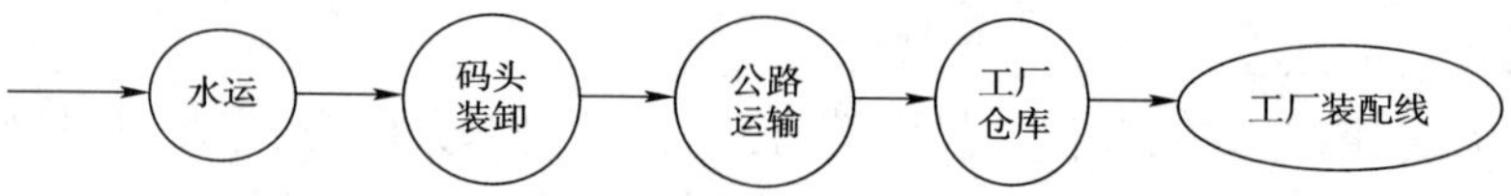


图4-6　无服务供应链情况下传统港口物流服务的做法

显然,采用这种方法,工厂需要设置较大规模的企业仓库,由此增加了企业库存负担,进而增加了企业生产成本。当企业追求零库存的时候,它需要由第三方物流企业提供零配件的配送服务,这种服务要求较高,需要满足:

(1)配送中心设在企业外面,由第三方物流企业承担。

(2)承担配送的第三方物流企业应能够按照汽车总装厂生产节奏的要求,小批量多批次地将零配件直接送达企业装配线上的工位,以实现物流企业与汽车总装企业之间在流程层面上的对接,以达到供应链上下游之间的无缝对接。

(3)承担的物流企业应能够掌控从港口到工厂的整条物流服务供应链,能够按照JIT的要求实施,而不能出现货物配送在节奏上的差错。

为此，港口企业可以担当这一角色，港口企业处于物流服务供应链的关键节点，便于构筑以港口为核心的港口服务供应链，为汽车总装企业提供配送服务。

## 二、基于港口服务供应链的做法

采用港口服务供应链的具体方法如下：

(1)港口企业与汽车总装企业组成供应链的管理模式，这需要港口生产流程与总装厂的生产流程直接对接，形成无缝链接，这种无缝链接可以使港口企业通过访问总装厂的 ERP 系统(企业资源管理系统)直接掌握总装厂的生产线节奏。

(2)为了实现流程级的无缝对接，在港口企业设置汽车零配件的配送中心是必要的。集装箱到码头后，开箱并将汽车零配件按一定规则存放入码头的配送中心，以备按 JIT 的要求向汽车总装厂配送汽车零配件。

(3)港口企业按总装厂的生产计划，确定其配送的时间节点和数量，并事先在配送中心备货。

(4)港口企业的车队或者由第三方的运输企业按照其配送要求从码头配送中心取货，向总装厂配送零配件，这些零配件将直接送至总装厂的生产流水线的相关工位，以满足生产线的作业需要。详见图 4-7。

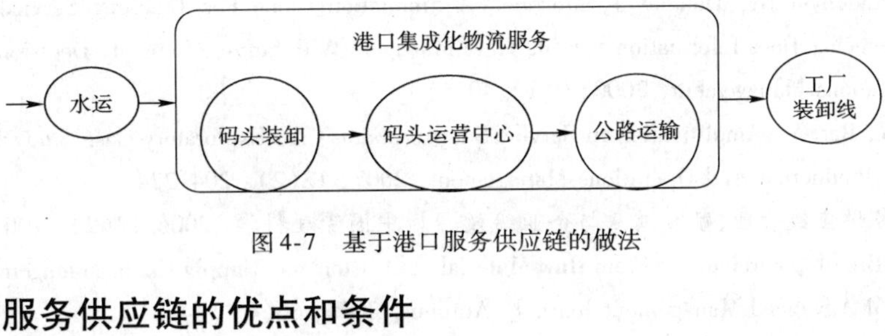


图 4-7　基于港口服务供应链的做法

## 三、港口服务供应链的优点和条件

从该案例可以看出，采用港口服务供应链有以下优点：

(1)由于这条供应链的关键环节是港口，港口主导着这条物流服务供应链，使得港口企业不仅在为客户服务中处于主动地位，而且这一增值服务为港口企业带来了较大经济利益；

(2)由于实现了在流程级的无缝链接，使得物流环节的绩效得到提高，有利于进一步优化跨企业的流程优化，从而使物流成本降到最低；

(3)由于汽车总装厂的信息系统与港口企业的信息系统直接对接，实现汽车零配件需求信息的共享，减少了由于信息不对称所造成的库存和时滞。

当然，组织这样的以港口为核心的港口服务供应链也需要一定的条件，主要有：

(1)港口企业与其客户之间具有彼此信任的联合基础，因为一旦这样做，汽车总装厂在零配件供应物流方面就受到港口企业的制约，如果不满意而另寻企业物流服务商将会非常困难；

(2)港口企业有能力承担这种物流配送服务，而这种服务不同于过去港口企业所做的那些传统物流服务，它需要更为精细的服务安排以及具有配送功能的仓储设施；

(3)港口企业与其被服务的客户在信息化方面能够做到信息共享以及信息一体化，如果两者之间信息系统无法沟通，或者信息化程度相差较大，便难以沟通彼此的联系，事先无缝对接。

## 第六节 本章小结

港口服务供应链是将港口参与的物流链与为之服务的上游供应商(发货人)和下游客户(收货人)整合在一条供应链内,港口在延伸其服务的同时,实现与上下游各环节之间的无缝链接。这种港口服务模式打破了港口原有的业务边界,将其触角深入到客户企业的内部,以达到在流程级别上的直接对接。当然,这种对接将对港口运营管理水平提出更高的要求,需要有高素质的港口管理人员予以实施。但是,这一港口转型是未来港口发展的方向,也是提升港口竞争力的重要体现。

## 参考文献


[1] Ellram L M, Wendy L T, Corey B. Understanding and Managing the Service Supply Chain[J]. Journal of Supply Chain Management, 2004: 17-32

[2] de Waart D, Kremper S. 5 Steps to Service Supply Chain Excellence[J]. Supply Chain Management Review, 2004(1): 28-36

[3] Edward G, Anderson JR, Douglas J, Morrice. A Simulation Game For Teaching Service Oriented Supply Chain Management: Does Information Sharing Help Managers With Service Capacity Decisions? [J]. Production and Operations Management, 2000, 9(1):40-55

[4] Akkermans H, Bart V. Amplification In Service Supply Chains: An Exploratory Case Study From the Telecom Industry[J]. Production And Operations Management, 2003, 12(2): 204-224

[5] 金立印. 服务供应链管理、顾客满意与企业绩效[J]. 中国管理科学, 2006,14(2): 100-106

[6] Cook J S, DeBree K, Feroleto A. From Raw Materials to Customers: Supply Chain Management in the Service Industry. SAM Advanced Management Journal. Autumn, 2001, 66(4): 14-21

[7] Metters R, King-metters K, Pullman M 著,金马译. 服务运营管理[M]. 北京:清华大学出版社,2004,5

[8] Sampson S E. Customer-supplier duality and bi-directional supply chains in service organizations[J]. International Journal of Service Industry Management. Bradford, 2000, 11(4): 348-355

[9] Bichou K, Gray R. A critical review of conventional terminology for classifying seaports[J]. Transportation Research Part A, 2005(39): 75-92

[10] 真虹. 第四代港口的概念及其推行方式[J]. 交通运输工程学报, 2005, 5(4): 90-95

[11] Carbone V, De Martino M. The changing role of ports in supply - chain management[J]. Maritime Policy & Management, 2003, 30(4): 305-320

[12] Song D K, Panayides P M. Global supply chain and port/terminal: integration and competitiveness[C]. International Conference on Logistics, Shipping and Port Management, Taiwan, 2007: 29-30

[13] Wang T F, Cullinane K. The Efficiency of European Container Terminals and Implications for Supply Chain Management[J]. Maritime Economics & Logistics, 2006(8): 82-99

[14] Robinson R. Ports as elements in value-driven chain systems: a new paradigm[J]. Maritime Policy & Management, 2002, 29(3): 241-255

[15] 孙光圻, 刘洋. 现代港口发展趋势与"第四代港口"新概念[J]. 中国港口, 2005(6): 16-17,21

[16] 刘伟. 负起供应链中的使命 发挥21世纪港口新作用[J]. 中国港口, 2001(1): 32-35

[17] Robinson R. Regulating efficiency into port-oriented chain systems: export coal through the Dalrymple Bay

Terminal, Australia[J]. Maritime Policy & Management, 2007, 34(2): 89-106

[18] Slack B. Pawns in the game: Ports in a global transportation system[J]. Growth and Change, 1993, 24: 579-588

[19] Notteboom T, Winkelmans W. Structural changes in logistics: how will port authorities face the challenge? [J]. Maritime Policy Management, 2001, 28(1): 71-89

[20] Hayut Y. Containerisation and the load centre concept[J]. Economic Geography, 1981, 57(2): 160-176

[21] Notteboom T. Concentration and the load center development in the European container port system[J]. Journal of Transport Geography, 1997, 5(2): 99-115

[22] De Monie G. The Future is mega hubs[J]. Cargo Systems, 1997, 24(8): 73-75

[23] UNCTAD, Port Marketing and the Third Generation Port, TD/B C.4/AC. 7/14, UNCTAD, Geneva, 1992, 23

[24] Theo Notteboom. The changing face of the terminal operator business: lessons for the regulator[C]. ACCC Regulatory Conference, Australia: Gold Coast, 2007

[25] 余兴源. 基于全球供应链管理模式的港口功能拓展[J]. 中国港口, 2002(12): 25-26

[26] Langley C J, Morton J, Wereldsma D et al. The State of Logistics Outsourcing—an annual survey of 3PL[R/OL]. [2008-1-22]. www. dhl. com/publish/etc/medialib/g0/downloads/general. Par. 0054. File. tmp/executive_summary_3pl. pdf.

[27] Gereffi G, Korzeniewicz M, Korzeniewicz R P. Introduction: Global commodity chains[C]. Commodity Chains and Global Capitalism, Greenwood Press, 1994: 1-14

[28] Wang J J, Olivier D. China: Inserting Port Cities into Global Supply Chains[DB]. http://www. hku. hk/china/Full_Papers/5C-4. pdf, 2007

[29] Kersten W, Koch J, Schroeder K A. The Position of the Port of Hamburg in the Supply Chain Between China and Europe[DB]. http://202. 113. 23. 173/bbs/upload/The%20Position%20of%20the%20Port%20of%20Hamburg%20in%20the%20Supply%20Chain%20Between%20China%20and%20Europe. pdf, 2006

[30] Nir A. S, Lin K, Liang G S. Port choice behaviour—from the perspective of the shipper[J]. Maritime Policy & Management, 2003, 30(2): 165-173

[31] Beresford A, Herfort R, Lagoudis I, Lalwani C S. Port Selection for integration in Logistics Supply Chain in Europe: a case study of Automobile Transport through Ports[C]. Proceedings of the Logistics Research Network Annual Conference, Edinburgh, 2001: 215-224

[32] Magala M. Opportunity Capture and Growth Strategies for Regional Ports: A Modelling Approach[D]. Australia: Victoria University, 2004: 1-52, 81-108

[33] Lee P D. Port Supply Chains as Social Networks[C]. Service Operations and Logistics, and Informatics, IEEE International Conference, 2006: 1064-1069

[34] Lee T W, Park N K, Lee D W. A simulation study for the logistics planning of a container terminal in view of SCM[J]. Maritime Policy Management, 2003, 30(3): 243-254

[35] Peter V H, Robbins G. Which link, in which chain? Inserting Durban into global automotive supply chains [C]. Ports, Cities, and Global Supply Chains, Aldershot: Ashgate, 2007: 221-232

[36] Paixao A C, Marlow P B. Fourth Generation Ports—A Question of Agility? [J]. International Journal of Physical Distribution and Materials Management, 2003, 33(4): 355-376

[37] Marlow P B, Paixao A C. Measuring Lean Ports Performance[J]. International Journal of Transport Management, 2003(1): 189-202

[38] Bichou K, Gray R. A Logistics and Supply Chain Management Approach to Port Performance Measurement

[J]. Maritime Policy and Management, 2004, 31(1): 47-67

[39] 阳明明. 香港的港口服务型供应链[J]. 中国物流与采购, 2006(10): 56-58

[40] 王玖河,等. 基于Stackelberg模型的港口服务供应链伙伴关系研究[J]. 燕山大学学报, 2006, 30(6): 551-556

[41] Winter Nie, Kellogg D L. How process of operations management view service operations[J]. Production and Operations Management, 1999, 8(3): 339-355

[42] Lee H L. Creating value through supply chain integration[J]. Supply Chain Management Review, 2000, 4(4): 30-37

[43] Sundaram R M, Mehta S G. A comparative study of three different SCM approaches[J]. International Journal of Physical Distribution & Logistics Management, 2002, 32(7): 532-555

[44] Trkman P, Groznik A. Measurement of Supply Chain Integration Benefits[J]. Interdisciplinary Journal of Information, Knowledge and Management, 2006(1): 37-45

[45] Lee C W, Kwon I G, Severance D. Relationship between supply chain performance and degree of linkage among supplier, internal integration and customer[J]. Supply Chain Management: An International Journal, 2007, 12(6): 444-452

[46] Zailani S, Rajagopal P. Supply chain integration and performance: US versus East Asian companies[J]. Supply Chain Management: An International Journal, 2005, 10(5): 379-393

[47] Narasimhan R, Kim S W. Effect of supply chain integration on the relationship between diversification and performance: evidence from Japanese and Korean firms[J]. Journal of Operations Management, 2002(20): 303-323

[48] Narasimhan R, Das A. An Empirical Investigation of the Contribution of Strategic Sourcing to Manufacturing Flexibilities and Performance[J]. Decision Sciences, 1999, 30(3): 683-718

[49] Stevens G. Integrating the supply chain[J]. International Journal of Physical Distribution and Materials Management, 1989, 19: 3-8

[50] 马士华, 林勇, 陈志祥. 供应链管理[M]. 北京:机械工业出版社, 2000

[51] 高洁. 基于第四代港口模式的港口服务供应链集成研究[M]. 上海:上海交通大学出版社,2013.5

[52] 真虹,刘桂云,张婕姝,高洁. 第四代港口及其经营管理模式研究[M]. 上海:上海交通大学出版社, 2010.7

# 第五章 临港经济的一体化发展

临港经济作为一种新兴的现代服务经济发展模式，正逐步成为未来港口城市新的经济增长点，也成为港口实现功能突破、转型升级的重要手段。随着当前我国港口供求关系发生根本变化，促进临港经济一体化发展，将对进一步整合我国港口资源，转变港口发展方式，推动港口产业升级具有重要作用，对提升港口城市对区域经济的辐射带动作用具有重要意义。

## 第一节 临港经济相关概念的界定

### 一、临港经济的定义

临港经济是陆地经济和海洋经济的结合体，具有强烈的外向性，是能产生强有力的经济聚集、辐射和带动效益，促进整个区域经济快速发展的区位优势型经济。现代港口发展始于工业运输服务，兴于临港产业经济。特别是自20世纪60年代起，大量企业向港口及周边城市集聚，逐步形成产业的临港集中化，港口不仅成为工业运输的集散地，还成为临港产业的孵化地。顺应国际产业转移和重化工业向沿海沿江布局的大趋势，依托港口迅速发展的工业逐渐形成临港产业经济带，不仅成为区域经济发展新的增长点，还作为区域经济发展的核心内容推动港口城市实现率先突破。目前，全世界有三分之一以上的人口居住在沿海地区，全球财富的一半以上集中在沿海发达城市。欧洲、美国、日本、新加坡、中国香港、中国台湾等发达国家和地区大多是依托临港经济和进出口贸易迅速实现工业化，进而走上富强之路。

目前，国内学者在研究临港经济时，也将临港经济表述为港口经济，但对此的认识大多比较一致。

罗萍[1]认为，港口经济是以港口为中心、港口城市为载体、综合运输体系为动脉、港口相关产业为支撑、海陆腹地为依托，并实现彼此间相关联系、密切协调、有机结合、共同发展，进而推动区域繁荣的开放型经济；或者是在一定的区域范围内由港航、临港工业、商贸、旅游等相关产业有机结合而成的一种区域经济。

茅伯科[2]认为，港口经济有狭义和广义的区别。狭义的港口经济是指为船舶运输提供的装卸、仓储、驳运、拖带、理货，以及其他各类辅助业务活动，是货主、航运公司和码头业务的结合体。广义的港口经济是在港口所在区域为核心，依赖港口功能所开展的各类相关生产及流通领域的活动。

王海平等[3]认为，港口经济就是以港口为中心，以相关区域和产业为重点的经济形态。包括相关地区生产力布局，发展与港口有关联的有关产业的特色经济等。

李晓靖等[4]认为，港口经济就是以港口为中心，港口城市为载体，综合运输体系为动脉，港口相关产业为支撑，海陆腹地为依托，实现产业和区域彼此间相互联系，密切协调，有机结合，进而推动整个区域经济发展的开放型经济。

苏慧[5]认为，港口经济就是以港口为核心，与港口直接或间接相关联的各产业经济结构密切联系在一起的跨地域、跨行业、多层次的复合型经济。

本文认为临港经济是以港口及临近区域为中心，港口城市为载体，综合运输体系为动脉，港口相关产业为支撑，开展港口资源的开发、利用和管理，发展与港口密切相关的特色经济，进而推动港城互动发展、促进区域经济开放繁荣的优势经济。

从对临港经济概念的界定中可以看出，临港经济的核心就是依港而立，依城而兴，通过港口发挥其聚集和辐射作用，使货物、生产、加工、物流、科技等资源要素实现充分而便捷的交流与配置。因此，港口的资源条件、城市的腹地经济以及联通港口与城市的集散通道是发展临港经济的根本条件，临港产业是发展临港经济的重要支撑，临港经济发展的最终目的是要能够实现区域经济的开发开放和一体化发展。

## 二、临港经济的构成

临港产业作为临港经济发展的载体和重要支撑，泛指依托港口资源优势，在港口及周边地区集中发展的产业集群。从与港口紧密程度来看，广义的临港产业主要包括下列三类内容(图 5-1)：

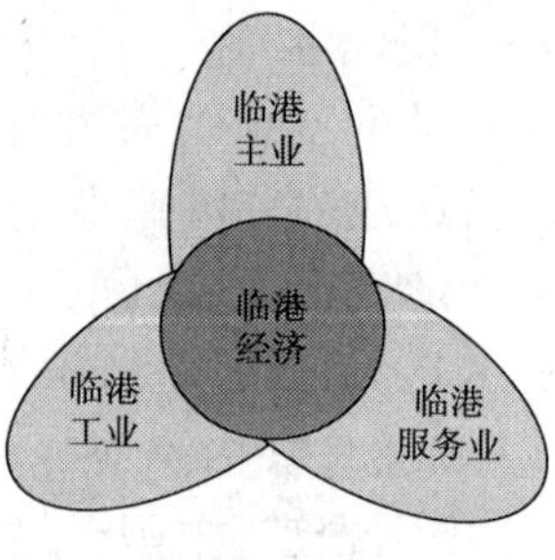


图 5-1　临港经济的构成要素

临港主业，是指临港的直接产业，即港口企业主要经营的装卸业。

临港工业，是指临港布局的工业部门，如造船业、钢铁业、石化业等生产制造部门，广义上包括在港口及周边区域布局的各类工业部门，通常以建设经济开发区、临港工业园区等方式吸引同类工业部门在临港区域集聚。

临港服务业，临港服务业是一个较为宽泛的概念，既包括与临港主业、临港工业有前后向联系的产业部门，如海(河)运业、集疏运业、仓储物流业等生产性服务业，又包括由临港主业、临港工业派生出来的金融、保险、法律、地产、商贸、旅游等非生产性服务业。这些产业部门分布在以港口主业为核心的临港产业链的不同位置，有些产业部门借助建设临港物流园区、临港服务集聚区的形式在临港区域形成地理上的集中，更多产业部门分布在港口城市的各个生产环节中，为临港经济活动的具体项目提供服务。

临港主业、临港工业和临港服务业三位一体构成临港经济的核心内容。对于临港主业、临港工业和临港服务业三者之间的相互关系，临港主业是临港经济的根本，是发展临港工业和临港服务业的重要基石；临港工业是临港经济的抓手，是发展临港主业和临港服务业的关联纽带；临港服务业是临港经济的延伸，是发展临港主业和临港工业的配套保障。

## 三、临港经济的特征

1. 具有开放型、辐射型的特点

临港经济以所在城市的港口为中心，通过港口作为对外经济交往的载体，将港口、腹地的需求同城市产业的发展结合起来，由港口发展逐步辐射到城市发展和区域经济发展等方面。特别是海港,具有明显的开放性,航线较为密集、航运政策自由、海港经济主要面向海外经济发达地区,资源配置功能强、临港产业辐射范围广。

港口城市的发展为临港经济的形成提供了发展空间。港口城市的规模越大,临港经济集聚和发展的可容空间越大,影响力就越强,覆盖范围就越广。特别是对于国际性港口大城市,人流、物流、信息流、技术流、资金流等经济能量的集中和扩散范围远远超过国界,达到前所未有的程度,客观上带动了临港经济向纵深延伸。

2. 具有产业关联性强的特点

临港经济的产业关联性强,一般都是从基础的港口码头业发展起来。随着区域经济的发展以及城市产业结构的转型升级,一些高附加值的产业不断衍生和拓展,临港经济的发展呈现出特色化发展道路。从临港经济的构成要素不难发现,发展到高级阶段的临港经济是集物流、加工、仓储、金融、保险、法律、地产、商贸、旅游等服务要素于一体的综合型经济。如果没有港口及所在城市相关产业的支持,临港经济的发展举步维艰。由于大多数港口均位于海、陆、空三位一体的运输方式的交汇点上,其商品原材料从开采到生产加工、配送,直至废物处理可形成一条物流供应链。通过在临港和附近地区建立加工贸易区、物流园区、服务集聚区等产业实体,为港口进出货物提供包装、分类、组装、金融、商贸等增值服务,不仅成为世界主要港口的发展趋势,对于促进临港经济发展也具有重要作用。

3. 具有促进港城协同发展的特点

以港口为核心的临港经济发展与港口城市发展密切相关。"以港兴城、港为城用、港城相长"一直是世界港口城市发展演变的普遍规律。临港经济将带动港口功能升级转型,从而促进依托港口的城市进一步发展,同时城市的繁荣也将促进临港产业,并进一步增强临港经济核心功能,完善临港经济衍生功能。港口、临港经济与港口城市的演变阶段大概分为四个阶段,见表5-1。

**港城发展阶段特征** 表5-1

| 阶段 | 港城关系 | 临港产业重心 | 城市经济特征 |
|---|---|---|---|
| 一 | 初始联系 | 货物装卸、仓储、运输 | 初级商港型经济 |
| 二 | 相互关联 | 临港工业或港口依存产业 | 港口工业型经济 |
| 三 | 集聚扩散 | 综合物流 | 多元化型经济 |
| 四 | 港城一体 | 金融、贸易 | 港城经济融合 |

## 四、临港经济的发展优势

在世界经济一体化发展的带动下,国际产业链加速延长,专业分工日益精细,国际海运贸易量快速增长,诸多国家和地区都大力发展以港口为核心的临港经济,旨在通过发展临港经济带动港口功能加快完善,实现区域经济整体提升。这主要是因为临港经济与内陆经济相比,有其独有的发展优势。

1. 充分发挥水路运输运量大、运价低的比较优势[6]

水路运输与公路、铁路运输方式相比,具有成本低、污染小、安全经济可靠等优势。水路运输可以实现大批量运输,而且所利用的江、海都是自然资源,占地面积小,不会造成对资源的浪费。从节能减排的角度来看,水路运输能够最大限度地减少能源能耗,降低运输活动对环境的污染。因此,发展临港经济能够充分发挥水路运输运量大、运价低、经济环保的比较优势,以最低的投入获得最大的收益,同时保持对资源环境的生态维护和有效利用。

2. 实现保税、物流、运输、存储功能的有效整合

如果认为港口是发展临港经济的依托和窗口,那港口后方的各类经济开发区、产业园区、物流园区等则是发展临港经济的重要载体。通过在港口后方建设经济开发区、产业园区、物流园区,可以在紧邻港口的区域开展生产、加工、仓储、保税、物流、运输等活动,发挥港口和园区的双重作用,实现货物生产与流通的无缝对接,从而大量降低产品的生产流通成本,增强产品在国内外市场的竞争力。

3. 增强港口对城市的辐射带动作用,促进港城协同发展

临港经济发展依托于港口,港口处于各种运输方式的交汇点,是货物和信息的集散地,对运输有较大依赖的临港产业离不开高效率的港口。但同时,借助临港经济开发区、临港工业园区、临港物流园区等载体的发展,临港经济将促使生产和消费活动在港口及港口所在城市集聚,增强港口对城市经济发展的直接贡献、间接贡献和波及贡献,提高港口对城市发展的辐射带动作用,促进港城融合、协同发展。

## 第二节　临港经济发展的重要诉求

### 一、我国临港经济的发展情况

随着我国对外开放的不断深入,港口作为我国对外经贸联系的窗口和参与国际分工的重要门户,以港口为核心的临港经济逐渐成为港口城市经济发展的主要依托,对区域经济发展发挥了重要作用。

20 世纪 90 年代以前,我国临港经济处于发展的起步阶段,以发挥港口的直接功能为主,即作为水陆联运枢纽,开展港口货物装卸、储运等活动,为港口及周边城市提供物资运输服务。进入 90 年代中后期,在全球经济一体化进程加速发展的带动下,港口功能逐步延伸至临港工业,临港经济进入工业化发展阶段。大规模地接卸海运进出口原料和产品,成为联运枢纽和工业基地,并与港口城市紧密结合。目前,我国沿海和沿江主要港口城市多数仍处于临港经济发展的第二阶段,主要表现在各大港口大力发展前港后厂、前港后工、前港后园的临港经济模式,承担了大量进出口能源、物资的运输和加工活动。在我国沿海和沿江港口城市中,率先实施“以港兴市”发展战略的沿海港口城市,例如上海、天津、青岛、广州等地,已经进入由临港经济第二阶段向第三阶段转变的过程中,打造集物流、资金、信息于一体的资源配置型区域枢纽,形成了我国环渤海、长三角和珠三角的核心都市圈和国际化大都市。通过由临港主业向临港工业、临港服务业的进一步延伸和拓展,临港经济发展的内涵更加丰富、形式更为多样,与港口城市之间的融合度更高。

### 二、我国临港经济发展存在的主要问题

受到体制机制、运营模式、配套服务等方面的限制,我国临港经济的发展成效仍未充分显现,各地打造临港经济的过程中暴露出不少问题,亟待加快妥善解决。这些问题主要包括

如下几个方面：

1. 港区与后方园区的规划建设相分离，产业配置缺乏有效对接

我国临港经济的发展过程中，港区与港区后方的经济开发区、产业园区、物流园区等园区的规划建设、营运管理相割裂相分离。由于港区和港区后方土地分属不同的管理机构，由不同的责任部门负责相应的规划、开发和管理，相互之间缺乏必要的统一协调，造成港区功能与后方园区功能无法形成有效对接。随着城市规模的不断扩大，港区后方的土地资源日益紧缺，但港区后方的产业配置仍欠合理，减弱了港区与临港产业之间的互动效应，抑制了港口与城市经济的互动发展。通常港口城市的港区和岸线开发由当地的交通主管部门负责，港区后方的土地归属于当地的土地资源管理部门管辖，港区附近的保税区等特殊区域又归属于保税区管委会等机构管辖，临港区域的各功能区的分散化管理致使区港无法形成有效对接和互动，严重阻碍了港口功能的拓展和临港产业的发展。

2. 缺少健全合理的资源使用机制，制约港口功能转型升级

岸线资源和土地资源都是不可再生资源。我国在大力发展临港经济的过程中，重项目引进，轻资源规划，往往为了引进大型项目、重点项目，就以牺牲岸线资源和港口土地资源为代价。缺乏对岸线资源和港口土地资源利用的统筹考虑，缺少建立健全合理的进入和退出机制，港口企业或货主企业一旦占有岸线和土地并开始经营，就拥有了长期使用权，政府无法通过相应的退出机制对临港企业进行选择和管理，当港口功能调整、产业规划调整与现有港区布局、产业布局相冲突时，往往难以推进或需要花费更大的代价加以推进，制约了港口功能的转型升级，影响了临港经济的发展进程。

3. 港口企业实行垄断式经营，不利于公平竞争机制的形成

我国各地的港口集团在实行政企分开以前就已经有所发展并形成一定规模。政企分开以后，我国港口企业得到了长足的发展，原来的港口管理部门整合组建新的港口集团，并在当地形成一家独大的垄断局面。例如，实行政企分开以后，各地成立了港务集团，对港口经营管理进行统一调配。由于港务集团垄断式的经营模式，其占据了辖区范围内几乎所有的优良深水岸线，长期缺乏国际知名码头运营商的引入，无法建立公平、公正、公开的竞争环境，码头运营效率得不到有效提升。此外，港口及周边地区的开发建设涉及岸线、土地、道路等多种公共资源，但由于开发主体为港口企业或货主企业而非国家，往往造成重复建设、过度建设等资源浪费，稀缺资源的利用得不到有效监控，无法做到资源效益的最大化。

4. 港口集疏运结构有欠合理，未形成现代化的集疏运体系

集疏运体系是临港经济开发建设的重要环节，是临港区域发挥对港口城市及区域经济辐射带动作用的重要表现。但我国港口集疏运体系建设普遍存在总体结构不尽合理，水水中转比重偏低、公路运量占比过高，局部通道出现严重拥堵，铁路未通至主要集装箱码头等问题。这主要是因为港口和后方的集疏运设施建设同样存在割裂问题，由于缺乏对港口及配套集疏运体系的统一规划建设，无法对港口的集散功能进行有效的优化配置，难以形成现代化的港口集疏运体系。

## 三、临港经济一体化发展的必要性

临港经济一体化是响应区域经济一体化的发展要求，对加快实现区港联动、促进港口城

市转型升级和港城互动融合发展等方面具有重要的推动作用,必须加快实施临港经济一体化发展战略。

1. 临港经济一体化是实现区港联动的落脚点

临港经济一体化是实现区港联动发展、增强政策叠加优势的着力点和落脚点。以系统、统筹的发展理念,改变港区与物流园区、工业园区、保税园区各自为政、产业无法有效衔接的局面。通过建立区港联动运行机制,整合港区的区位优势和港区后方园区的政策优势,将园区特殊政策覆盖到港区,拓展和提升港区、园区功能,有效促进港区与园区的良性互动发展,逐步形成区港一体化格局,增强港口对区域经济的支撑和拉动作用。

2. 临港经济一体化是加快转型升级的突破口

临港经济一体化是加快港口城市转型升级、推动区域协调发展的重要举措和突破口,不仅能够为具有良好区位条件、丰富海洋资源和土地资源的港口城市提供功能升级的有效途径,还能通过打破行政割裂,加强行政资源和自然资源的双重整合,促进政府职能转变,激发市场自我调节能力。因此,尽快推进临港经济一体化发展,将有利于我国沿海沿江港口城市承接产业转移,集聚各种优势发展临港经济。

3. 临港经济一体化是促进港城互动的切入点

临港经济一体化是促进港城互动融合、提升港口辐射带动效应的切入点。港口是带动临港经济发展的龙头,临港经济是港口城市发展的载体,借助"以港带园、以园兴城、港城融合"的发展模式,实施临港经济一体化发展举措,以港兴业、以园促城,通过建设大港口、培养大产业、承载大物流、实现大通关,促进港区、园区、城市成为高度融合的整体,和谐发展,为城市发展培育新的经济增长极。

## 第三节　临港经济一体化内涵及发展形式

### 一、临港经济一体化发展的内涵

临港经济一体化体现了以港口为核心的区域经济协调发展的理念,其本质是协同理论在临港经济发展中的应用。协同学是20世纪70年代发展起来的一门新兴的交叉科学。此理论是由联邦德国斯图加特大学教授、著名物理学家哈肯(Haken)在1971年提出的。1976年,哈肯进一步系统地论述了协同理论,发表了《协同学导论》,著有《高等协同学》等。

协同论认为,千差万别的系统,尽管其属性不同,但在整个环境中,各个系统间存在着相互影响而又相互合作的关系。这一观点与临港经济的发展实际十分贴切。临港经济是多系统的结合体,其中包括港口码头系统、集疏运系统、临港工业系统、临港服务系统等,各个系统之间相互独立又相互联系。要实现临港经济一体化发展,就要发挥不同系统、不同单位之间相互配合协作,各个部门之间相互协调,企业之间良性竞争的作用,避免系统内部的相互干扰和制约等。

在协同论的指导下,临港经济一体化具体表现为以"统一规划、统一开发、统一管理"为原则,打破港区、经济区、工业园区、物流园区相互割裂的发展局面,将港区及后方陆域视作一个整体进行统一规划建设,促进港区与后方经济区、工业园区、物流园区和港口城市之间的融合发展，推动临港区域整体竞争力不断提高的过程。临港经济一体化是一个复合型概念，至少应包括以下几个方面：

(1)临港经济一体化是港区及后方陆域建设协调发展的动态过程，而不是静态的拼合概念。

(2)临港经济一体化实现的前提条件是，港区功能与后方经济区、工业园区、物流园区的功能之间存在某种内在联系，经济区、工业园区、物流园区等临港而设，以港口资源为发展依托，港口是经济区、工业园区、物流园区乃至港口城市对外联系的重要窗口。

(3)临港经济一体化实现的关键是，切实贯彻落实三个"统一"，完善制度设计，强调配套措施，强化临港经济各个独立子系统之间相互联系、相互作用的关系，把握调节系统变化的控制因素，使各个子系统的功能、形式由割裂走向统一，由无序转向有序，形成协同发展的互动局面。

(4)临港经济一体化的目的和结果是，临港资源得到有效整合和利用，临港各个子系统之间形成完整的功能对接，临港经济实现局部利益最大化向整体利益最大化的转变，区域经济效益得到明显提升，区域竞争实力显著增强。

由此，临港经济一体化发展的内涵可以概括为：坚持"统一规划、统一开发、统一管理"的发展原则，通过一体化的制度设计、功能性的机制建立和开放式的环境打造，打破港区和后方陆域开发建设相割裂的局面，发挥临港子系统各自的优势和作用，促进临港经济及内部子系统形成"整体开发、优势互补、功能对接、共谋发展"的良好局面，实现临港资源配置不断优化，经营机制不断健全，发展环境不断完善，竞争实力不断增强和港城协调不断融合的发展过程(图5-2)。

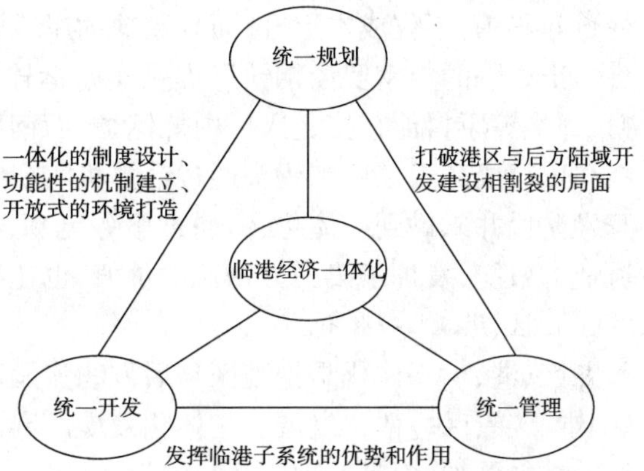


图5-2　临港经济一体化内涵图

## 二、临港经济一体化形式

1. 区港一体化

区港一体化是指港区和后方物流园区(含保税园区)作为整体进行开发建设，形成港区与物流园区的一体化发展。这类港口以通用型港口为主，主要从事集装箱运输，以港区后方的物流园区为依托，采取"前港后园"的模式，港区配置集装箱专用装卸吊具，借助水陆铁联运体系，可实现集装箱门到门运输。物流园区或保税园区可为港口进出货物提供物流服务或保税服务，例如分拨转运、仓储配送、临港加工、信息交易、通关保税等增值服务。欧洲的港口大多实现了区港一体化发展。例如，世界著名的集装箱大港——鹿特丹港实行多元化经营，港口不仅具备装卸运输功能，还包含物流、商贸、工业、信息等功能。鹿特丹港统一由鹿特丹港口管理局管辖，其在紧邻集装箱和普通货物码头的区域建设"配送园区(Distripark)"，以满足班轮公司和物流服务提供者以低成本向客户提供及时服务的需要，借助铁路、公路和内河等集疏运设施和先进的信息和通信技术，使货物方便、快捷地转运到欧洲内陆和海外的目的地。作为园区的土地所有者,鹿特丹港口管理局建设园区为仓储、货物运输等物流企业提供场地;物流园区内,各公司自行或与当地专业公司合伙,按照客户和国家的要求处理货物,并同时提供包装和再包装,对产品本地化、贴标签、测试、实施质量控制、简单装配、分销服务等。区内设有海关现场办公,能够及时处理进出口手续,从而使园区在货物进出中具有一定的自由港性质。正是利用了港口在物流网络中的区位优势,实施区港一体化运作,使得鹿特丹港成为世界著名的集装箱大港和全球领先的港口物流服务供应商。

2. 港工一体化

港工一体化是指港区与后方工业园区(或经济开发区)作为整体进行开发建设,形成港区与工业园区的一体化发展。这类港口大多为工业港,例如专业从事煤炭、矿石、石化、建材等大宗原料运输的港口,以港区后方的临港工业园区为依托,采取"前港后厂"的模式,港区配置适于大宗货物装卸的专业机械,与后方工业园区之间以输送皮带机或输油管道直接相连,通过打造煤炭、矿石、石油化工、建材的港厂无缝供应链,做大做强大宗货物专业物流。例如,上海宝山罗泾二期码头是一座专业的散货码头,实现了码头与钢厂无缝衔接,原料从料场直送高炉,成品从工厂直接装船的全国首创。依照惯例,中国钢铁企业在新建厂房时往往自建码头,不仅成本上升,而且紧缺的岸线资源无法整合利用。罗泾二期码头建设为离码头一街之隔的宝钢罗泾钢铁厂提供实时运输服务。通过3条货物传送带,码头上卸下的矿粉、煤炭等原料能直接送入厂内炼钢炉,而钢厂的成品也能第一时间直接装船起运。生产原料和出厂成品由工厂和码头通过计算机实现统一管理和配送。尽管罗泾码头和宝钢企业在开发阶段并未做到一体化,但通过服务创新,实现了一体化的运作管理,充分体现了现代物流业的效能,发挥了第三方物流的价值,也让码头运营商和工矿企业实现了双赢。

3. 区、港、工一体化

区、港、工一体化是指港区与后方物流园区、工业园区三者作为整体进行开发建设,形成区、港、工三区一体化发展。一体化发展的港区、物流园区和工业园区,并不是简单的多个区域的功能叠加,而是实现"1+1+1"大于3的资源整合和功能升级。这类港口以综合型大港为主,港区与后方的物流园区、工业园区能够实现很好的功能对接,既能通过港区与工业园区之间的输送通道,做到运输供应无缝衔接,为工业企业提供快捷的运输服务,又能发挥物流园区的物流增值功能,并可配合物流园区的实体功能,搭建电子虚拟交易平台,为工业企业和采购商提供集口岸,仓储、加工、配送、保税、信息、交易和金融服务等功能为一体的现代港口物流中心。

## 第四节　临港经济一体化管理和经营模式

### 一、政府一体化管理模式

1. 政府在临港一体化发展中的重要作用

政府是临港经济一体化发展的主导者,对推动临港经济一体化进程起着十分重要的作用,具体表现为:

一是战略规划的制定者。临港区域的经济发展、产业布局等规划内容都由政府来制定和把握，政府要领会国家宏观发展战略精神，高瞻远瞩地提出适合本临港区域经济发展的主导思想和发展重点，既要具备一定的高度，又要符合实际、切实可行。因此，政府在临港一体化发展过程中要充当好“战略家”的角色[7]，要加强临港区域发展的协调和指导，实现临港社会、经济和生态之间的和谐发展。

二是资源分配的均衡者。临港经济一体化发展中，涉及对港口、航道、土地等稀缺资源的利用和分配问题，但是资源是有限的，必须对各种资源进行合理利用，才能使得资源效用最大化，从而保证临港经济一体化的顺利实施。政府掌握着各种资源的分配权，不仅要努力发挥资源的最大价值，同时还必须兼顾涉及资源利用的各方利益，要起到促进区域内部的稳定和协调发展的作用。

三是市场发展的服务者。政府在临港经济一体化的过程中要充当“服务生”的角色[8]。要以打造服务型政府为核心，通过建立区域发展合作协调机制，营造一个成熟、开放的市场经济环境，为临港区域的各类群体和组织提供完善的基础设施条件和政策、信息等公共服务，为外来投资者创造一个宽松便利的投资环境，吸引与临港经济发展有关的企业单位在临港区域加快集聚。

四是发展矛盾的协调者。临港经济一体化发展必然面临各个职能部门在发展思路和行动方针上的不一致，或是相互之间存在矛盾等问题，需要政府能够做好“协调者”的角色，加强职能部门之间的沟通交流，减少利益的摩擦与冲突，利用自身的制度优势，消弭市场、个人和社会在临港经济一体化过程中产生的各类治理失灵现象，出台有针对性的法律规范和公共政策，加强法律的执行和监督力度，有效化解不利于临港经济一体化发展的负面因素。

因此，在临港经济一体化发展过程中，首先要实现政府管理一体化。临港经济发展涉及码头、航道、后方陆域等多个区块的开发、建设和管理。由于不同区块的主管单位各异，在开发建设过程中往往出现功能割裂甚至矛盾的情况，造成资源浪费，对实现一体化发展形成巨大障碍。通过采取政府一体化管理模式，可以及时优化港口功能布局调整、准确制定港口发展定位、增强区域发展产业导向、强化临港产业相关配套设施等措施促进临港经济的发展，同时借助在港口区域建立临港经济开发区、临港保税区、临港物流园区、临港工业园区等方式，促进临港产业的快速发展。

2. 政府一体化管理的运作模式

从世界范围看，临港经济一体化发展势头较好、影响较大的是欧美发达国家的主要沿海港口，例如美国纽约新泽西港、德国亚德港等。欧美发达国家的临港经济政府一体化管理不是简单的临港区域范围内不同职能部门之间开展合作，而是在临港区域的开发初期就确立单一的管理部门，通过单一窗口的对外服务，覆盖临港经济发展过程中所要涉及的所有政府职能。

借鉴欧美发达国家临港经济一体化的有益经验，临港经济的政府一体化管理是指通过设立唯一的临港政府管理机构，对临港辖区范围内的规划、开发、建设和维护进行统一安排和统一管理。该临港政府管理机构内部按职能下设业务部门，行使原有临港各行政机构的主要职责（图5-3）。由此，打破行政界限，实现区域内部的统一协调管理和资源优化配置，最终形成一个行政权责高度统一、自主治理的有机整体。一体化后的政府管理机构，在法律上拥有临港辖区范围内的土地使用权,承担辖区规划建设、法律法规制定、租赁管理、辖区基础设施建造和维护、安全保障、监督管理、信息服务及环境保护等职责。

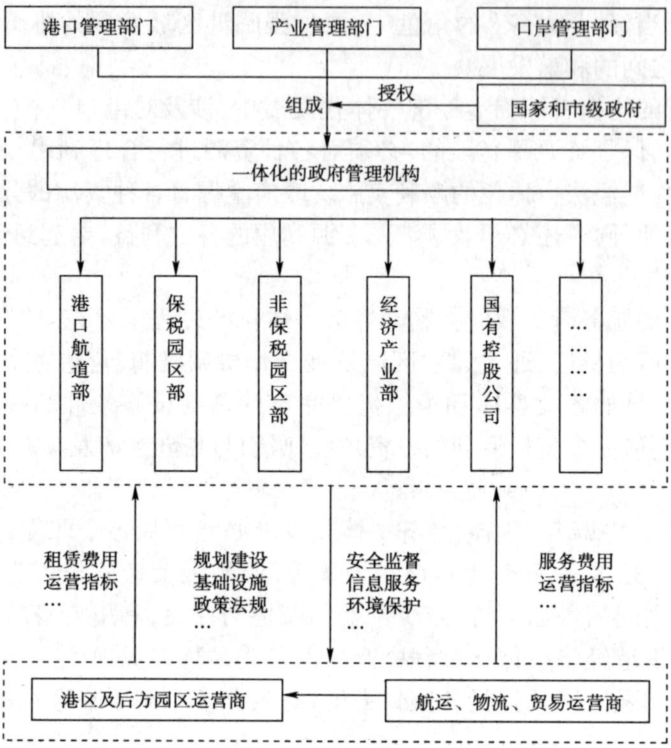


图 5-3　政府一体化管理的运作模式

3. 政府一体化管理的特点

政府一体化管理具有较为鲜明的特点,具体包括如下特点:

一是实现各区块发展的独立性和区域发展整体性的统一。独立性是指临港区域范围内的各个区块根据自身的功能特点和资源的比较优势,按照区域整体的经济布局和分工,开展相应的生产活动,不要出现功能交叉或是一哄而上发展相同的产业;区域发展整体性是指各区块要在区域整体规划的指导下,统一建设基础设施,统一招商引资,统一监督治理,形成功能对接,不搞重复建设,不搞市场分割等。

二是政府一体化管理是以提供跨部门的公共服务为主要职责。临港经济的政府一体化管理主要是为了打破因行政职能划分造成的区域内部行政壁垒,通过建立统一的服务窗口,提供跨部门的公共服务,治理临港区域的公共事务,为临港企业发展营造良好的外部环境,促进临港区域经济一体化,比如统一制定发展规划、统一出台扶持政策、统一提供政务服务,统一开展基础设施建设等。

三是政府一体化管理是以自主治理为管理的基本原则。在临港政府一体化管理中,各个职能部门代替了原来独立的行政管理机构,形式变化但功能保留,每个职能部门的地位是平等的,任何一个职能部门都没有影响临港经济发展的绝对权威,而是要相互合作才能共同推动临港经济的发展。通过自主治理的方式,激发临港政府的主观能动性,加强部门之间的合作联系。

## 二、基于地主港的一体化经营模式

1. 地主港模式的概念和特征

地主港模式就是指政府委托特许经营机构代表国家拥有港区及后方一定范围的土地、岸线及基础设施的产权，对该范围内的土地、岸线、航道等进行统一开发，并以租赁方式把港口码头租给国内外港口经营企业或船公司经营，实行产权和经营权分离，特许经营机构收取一定租金，用于港口建设的滚动发展。

根据“地主港”的概念，我们可以总结出“地主港”模式具有以下特征[9]：

第一，所有权和经营权相分离，建设权和管理权相统一，港口管理高度一体化。“地主港”管理模式要求港口的所有权直接或间接地属于政府管理部门，政府管理部门负责港口的基础设施和相关配套设施的建设，并对港口及港口所属区域（包括特殊经济区域）拥有统一的管辖权，但是不负责港口的经营。港口经营人拥有独立的港口经营权。

第二，港口管理机构不仅拥有港区范围的土地，而且还拥有港区后方一定范围的土地。“地主港”管理模式下的港口管理机构或其委托企业不仅拥有港口岸线的所有权，而且拥有港口后方大片陆域的开发管理权，可以实现港口配套集疏运设施的统一规划及港口后方产业与港口功能的协调发展。

第三，通过收取租金和土地运作等实现港口的滚动开发。“地主港”管理模式主要是解决了港口融资的问题。港口管理机构或特许经营机构通过将港口及港口后方其他资源的使用权进行出租获得港口滚动开发所需的资金，从而实现港口的可持续发展。

2. 基于地主港的一体化运作方式

在地主港模式下，根据经营主体的不同，可以采取两种运作方式：

第一种指港口区域范围内的土地由港口管理机构或政府主导成立的一个公共企业进行规划，委托该特许经营机构代表国家拥有港区及后方一定范围的土地、岸线及基础设施的产权，对该范围内的土地、岸线、航道等进行统一开发，并以租赁方式把港口码头租给国内外港口经营企业或船公司经营；实行产权和经营权分离，特许经营机构收取一定租金，用于港口建设的滚动发展，例如荷兰的鹿特丹、比利时的安特卫普港、美国港口、德国的国有港和北欧四国的瑞典、芬兰、丹麦、挪威的港口等大多采用这样的管理模式。

第二种指由港口管理机构自行按照规划，建设光板码头、库场出租给港口业务经营企业从事经营，收取码头或库场租用费，用于港口建设的滚动发展，例如德国的租赁港、俄罗斯和东欧国家的港口及日本的码头公社的码头等到普遍采用这一管理模式；而码头的设施，例如库场、机械、设备等经营性设施则由经营人自己建设、维护、管理和使用。

从上述两种运作方式可以看出，前者是由公司主导的地主港一体化运作模式；后者则是由政府部门（港口管理机构）主导的地主港一体化运作模式。

3. 国际经验借鉴

基于地主港的一体化经营模式已经成为未来港口管理模式的发展趋势，被世界银行评定为向世界所有港口推荐的主要模式。目前约有100多个世界主要港口逐渐采用了地主港模式下的一体化经营管理方式作为港口管理的基本框架，并获得了成功，为我国实施基于地主港的一体化经营模式提供了丰富的经验。国外主要港口在基于地主港的一体化经营模式方面的如下经验值得借鉴：

一是港口辖区面积大，港口主管部门拥有统一的建设管理权。国外采用基于地主港的一体化经营模式的港口，港口面积都比较大，不仅对岸线拥有所有权，而且对港区后方大范围的临港陆域土地也拥有开发建设权和管理权。港口主管部门拥有对临港陆域的统一开发管理权，从而使港口邻近区域的产业与港口发展相协调，使港口发展与临港产业之间产生良性互动，从而促进港口与城市经济的良性互动发展。同时，从另一方面，国外在基于地主港的一体化经营模式下的港口管理部门拥有对港区后方土地的所有权和开发建设权，可以使港口集疏运设施与港口统一建设，从而可以优化集疏运体系。

二是自由港政策和港口管理的一体化促进港口功能的多元化。港口功能多元化成为港口未来发展的趋势，港口功能不再局限于港口装卸、搬运、短期储存等基本功能，还包含物流功能、工业功能、商贸功能和信息功能等。港口多元化的功能通过自由港的政策不断促使其发展，同时，自由港政策为港口开展新业务，延伸港口功能，提供了平台。港口管理部门拥有统一的管辖权，使自由港政策与港口功能拓展相协调，自由港区域内的产业与港口业务相配套，最大程度地促进港口功能多元化发展，提升港口经济的辐射效应。

三是密切融入城市经济，促进港口收益多元化。国外采用地主港模式的港口收入主要来自于租金，但是租金的来源不仅局限于自港口设施和岸线出租的租金，而且包含与城市经济密切相关的铁路、高速公路、桥梁等各种基础设施的租金，及其他产业的收入。例如，纽约新泽西港务局的海港业务是亏损部门，主要通过其他的业务部门盈利来填补亏空，但是其海港业务创造了 166500 个直接或间接的就业机会，促进了地区经济和社会的发展。

四是法律保障是实施基于地主港的一体化经营模式的前提。建立必要的法律制度规范是有效运营基于地主港的一体化经营模式的前提。对政府来说，一定限度的保证是必要的，如给予投资者经营期的保证、政府收益保证等，为政府保证提供有效的法律依据，防止政府的不当行政干预。另外，通过法律制度的约束，防止民营企业因逐利动机产生的损害或改变公共项目建设经营目标的产生，使国家、社会、投资者的共同利益与责任建立在严格的法律基础之上，确保建设目标的实现。美国的纽约新泽西港在研究筹划之初就将委员会的研究分两部分，法律工作者分析法律问题成为其中重要的一部分。根据法律工作者的建议成立“纽约港区管委会”，在经过不断的协商、修改以后，港区发展委员会起草的“纽约港区管委会协定”得到两州立法机关批准，并于 1921 年 4 月 30 日由两州官员签署生效。该协定确立了港口的范围，并由总统签署了国会两院批准“纽约港区管委会协定”的共同决议案。

4. 国内初步探索

随着我国经济的发展和国际接轨的程度越来越高，基于地主港的一体化经营模式在国内得到了初步应用。一方面，我国许多港口的基础设施建设投资存在着资金缺口，另一方面港口迅速发展所引致的土地增值效应却无偿地被其他企业或个人获得。解决该问题的可行途径是采取基于地主港的一体化经营模式的核心思想。目前我国已经有多个港口采取了类似的一体化经营模式（表 5-2）。尽管港口建设与港口经营相分离，但是其建设和管理权并不属于同一机构。这一做法已经是对传统港口经营管理模式的创新，同样值得关注和借鉴。

国内港口对基于地主港的一体化经营模式的初步探索 表5-2

| | 唐山港 | 嘉兴港 | 青岛董家口港 |
|---|---|---|---|
| 一体化类型 | 由公司主导的地主港一体化运作模式 | 由政府部门主导的地主港一体化运作模式 | 由政府部门主导的地主港一体化运作模式 |
| 管理机构 | 唐山港口投资公司和京唐港股份公司共同负责 | 嘉兴港区管委会 | 董家口港区开发建设指挥部 |
| 港口辖区 | 规划建设5大港池,形成集装箱码头作业区、液体散货作业区、干散货作业区、杂货码头作业区、通用散杂货码头作业区、综合物流区等6大功能区和1个远景预留发展区 | 嘉兴港分为三个港区:乍浦港区、独山港区、海盐港区,下设7个外海货主码头和4个外海公用码头,现拥有生产性码头泊位23个 | 港区规划面积70平方公里、临港产业区规划面积65平方公里,码头岸线长约29公里,泊位数112个,建成后总吞吐量将达到3.7亿吨 |
| 发展原因 | 建设新型港口模式,领先北方港口前进。缓解港口基础建设问题,筹集资金建设港口 | 腹地经济社会发展需要以及对外开放与合作交流的需要 | 青岛港建设国际枢纽港以及东北亚航运中心的需要,以及招商引资、拓宽融资渠道的需要 |
| 采取模式 | 唐山港口投资公司行使经营机构的职责代表政府拥有港区国有土地、海域的行使权和建设开发权,建设完成后,通过向使用单位收取相关费用以便解决建设和维护资金来源问题,实现滚动发展 | 一方面通过围垦造陆,另一方面港口项目的落户、码头的建造,又带动港口建设资金的投入,弥补了单纯依靠国资或政府性投资所面临的投融资渠道的不畅,带动多元化资本进入港口领域 | 政府主导:建立一个权威、高效的运作体制。青岛市委市政府成立了市一级董家口港区开发建设指挥部,主导规划主导开发主导管理;公司市场化运作:通过开展土地、资本和项目运作搭建起港口市场化运作平台,实现政府与企业的双赢 |

(1)突出政府在港口建设中的作用。和世界上现有的基于地主港的一体化经营模式有所不同,中国的一些港口采用了以政府为主导,企业市场化运作的经营模式。这种模式的优势主要体现在:首先,政府虽然不再作为港口经营和管理的单位,但是可以凭借其所掌握的资源和社会影响力,吸引国内外企业参与到港口建设中来。其次,在建设中实现政府与企业的互动,通过政策的引导以及一些行政手段,有效地加快港口建设的进度和步伐。第三,在企业的生产经营中,政府及时了解企业遇到的困难和瓶颈,通过调整既有政策、拓宽企业融资渠道以及开展配套工程的建设,解决问题排除隐患。同时利用政府的管理功能,有效抑制企业间无序的竞争,实现港口市场化的良性发展。

(2)提高港口建设的宏观性和前瞻性。基于地主港的一体化经营模式是市场化的必然结果,但是港口的社会效益同市场化是一对固有矛盾,如何解决企业在港口建设中盲目发展是基于地主港的一体化经营模式能否有效实施的关键所在。中国沿海港口在对基于地主港的一体化经营模式的探索过程中,为增强港口对于国家经济的影响力,要求企业在建设前必须了解港口在国家规划中的定位,将港口建设和经营同港区长远发展相结合,科学制定港区发展定位,为港口产业升级预留空间。同时,认真研究地方临港产业发展策略和布局,从战略层面解决港口开发建设又好又快发展,全力建设有内涵、有视野、有目标、有未来的新型港口。

(3)新岸线采用基于地主港的一体化经营新模式。我国目前的港口管理体制已经形成了复杂的利益结构，旧有岸线上不同利益相关部门之间相互交织，若采用基于地主港的一体化经营模式，要求规划、建设、管理高度一体化，势必将原来的利益平衡打破，进行重新整合，实施难度较大。而新岸线开发采用基于地主港的一体化经营模式，不对已有的利益格局产生冲突，有利于港口一体化经营的推进。

## 三、多元化的投融资模式

由于国情差异，世界主要临港经济一体化发展的投融资政策和方式不尽相同，但大多奉行投资主体、融资渠道的多元化原则。根据投资主体的不同，主要有三种投融资模式：一种是临港设施全部由政府负责投资建设，二是临港设施由私营企业投资建设，三是临港设施由政府和企业共同参与投资建设。随着临港经济一体化的深入推进，投融资方式将发挥越来越重要的作用。

1. 出租码头泊位和后方陆域

作为地主港模式的核心内容之一，灵活的投融资模式具有较强的优势。在地主港模式下，把港口投资区分为公用性基础设施投资和经营性设施投资，分别由政府和企业投资。公用性基础设施（航道、锚地、防波堤、公路、铁路、供水电、岸线）以及港区后方一定范围的土地，由政府或委托特许经营机构代表国家拥有港区岸线及后方一定范围土地等基础设施的产权，对该范围内的土地、岸线、航道等进行统一开发，并以租赁方式租给国内外港口经营企业或船舶公司经营，实行产权和经营权分开，政府或特许经营机构代表国家收到一定租金，用于港口建设的滚动发展及维护。这种投融资模式目前在世界上使用得较多，如德国、荷兰、日本、美国等。绝大多数的美国集装箱港口主要采取出售码头承租权的经营模式，即由政府的职能部门（港务局）负责集装箱码头投资建设，由船公司或专业的码头经营企业向港务局租用码头进行经营，租期一般为25年，而码头上的装卸桥、吊机等机械设备则通常由码头的实际经营者配置[10]。荷兰、德国等欧洲的集装箱码头也主要采用出租码头的方式。在汉堡，民营的码头公司向政府租用码头岸线及其后方陆域土地使用权，负责对装卸机械、场地、仓库、港区道路、港内铁路等码头上经营设施的投资和经营，租期一般为30年。鹿特丹港口行政部门受市政厅委托，负责码头建造，再向社会租赁，租赁企业负责修建装卸设施、车房和雇佣工人等，现有80公里岸线的码头已全部租赁出去，既保证了港口利益，还方便了客户，促进了港口发展。

2. 引进国际知名码头运营商、贸易商和物流服务商

国际知名码头运营商、贸易商和物流服务商在全球主要港口进行战略布点。这些企业对港口的选择将在一定程度上影响货流走向、港口吞吐量和临港产业。加大招商引资力度，采取特许经营的方式，配套各种优惠政策吸引国内外的投资者合资建港、独资建港，重点吸引大型集装箱班轮公司、大型码头营运商、大型现代物流企业和大型货主企业等多元投资主体参与临港建设和经营，进一步丰富临港经济投资结构。例如，通过让航运公司共同参股投资建设，以稳定其与航运公司或航运联盟之间的合作关系，加密远洋航线、中转航线，兴办一批与港口运输密切关联的临港工业项目，确保其在同一区域竞争中的优势。引进国际知名码头运营商、贸易商和物流服务商共同投资经营临港产业，对于临港经济一体化发展有较为明显的好处：首先，码头或临港各类园区的投资中加入了码头运营商、贸易商或物流商的股

权，使得临港产业经营者减少了码头、园区、通道等基础设施建设的初始投资；其次，码头运营商、贸易商和物流商凭借自身的特殊身份和业务专长，能够对临港经济一体化起到多方面的促进作用，例如码头运营商将提高码头运营效率、降低码头操作成本；贸易商将为临港园区提供产业项目，一方面保障了港口货源集中，另一方面提高了码头与后方园区之间的功能对接；而物流服务商尤其是航运公司，在考虑本地区的航线布局时，会将参与投资的港口作为干线港进行重点布局。

3. 上下游行业间重组联合取得外部资金注入

临港经济一体化发展的重点就是要将临港区域范围内的各个子系统作为一个整体来看待。这就意味着，临港经济的竞争不再局限于某一码头或某一工业园区、物流园区，而是整个临港产业链之间的竞争。这对港口企业而言，是一次难得的发展机遇。借助上下游行业间的重组联合，取得外部资金注入临港经济建设，不仅能够有效解决临港经济开发建设的资金难题，还可以通过整合上下游产业资源，促进港口企业由单一的码头运营商向综合的港口物流服务供应商转变，实现由传统港口企业向现代综合物流集团的转型升级。

此外，在临港经济一体化发展中，除了创新探索新的投融资模式，还要制定出台相应的扶持政策，为临港产业投融资提供保障。尤其作为临港经济核心的港口业是一个资本密集型产业，为调动企业投资港口基础设施建设积极性，应研究提供低息、贴息贷款，采用发行债券、发行股票并上市流通、债权转股权、企业设备投资可抵免所得税等方式[11]，增强临港经济投资企业的融资能力。允许临港产业，包括码头、园区、通道等设施项目在建设和改造中对新增土地的管理、使用和经营，通过和地方政府协商，采用土地置换等方式解决资金投入的问题。

## 第五节　案例分析

世界先进大港都十分注重港口及周边区域设施功能的整体开发和协调发展。借助一体化的发展理念，带动临港经济和城市经济快速发展，迅速提升城市在区域范围的地位。

### 一、美国纽约新泽西港

纽约新泽西港是北美东海岸的首要海港，是纽约/新泽西地区经济生活的重要组成部分。纽约新泽西港位于美国东北部纽约州东南沿海哈德逊河口东西两岸，在长岛西端的上纽约湾内，濒临大西洋的西北侧，由纽约、新泽西、纽瓦克三个部分组成，分属纽约和新泽西两个州的辖区[12]。纽约新泽西港的快速发展得益于其独特的管理体制和灵活的经营方式。通过强强联合的方式，纽约新泽西港充分发挥了各港区的比较优势，形成统一的竞争实体，在与其他港口的竞争中取得了先发优势，确立了世界集装箱枢纽港的重要地位。其在临港经济一体化发展方面的重要举措主要表现在以下几个方面。

1. 独树一帜的管理体制

纽约新泽西港发展的第一步就是成立公共的管理机构，即纽约新泽西港务局。这是经美国国会批准的机构，由纽约和新泽西州政府于 1921 年 4 月 30 日联合成立。港务局所辖的范围是以纽约自由女神像为中心，半径为 25 英里的区域，共约 1500 平方英里（图 5-4）。

港务局的主要职责包括:参与港口的规划和航道疏浚、港口码头建设与维护、公共基础设施的统一建造及维护、港口信息系统建设、港口安全和港口区域内的经济建设,但不参与码头的日常性业务经营活动。具体还包括:满足纽约和新泽西两州的企业、居民和游客对运输基础设施的急迫需要;提供最高质量、最高效率的运输和港口货运设施及服务,使人员和货物得以在区域内流动,提供通往美国其他地区及通向世界的通道,加强纽约/新泽西大都会地区的经济竞争能力等。

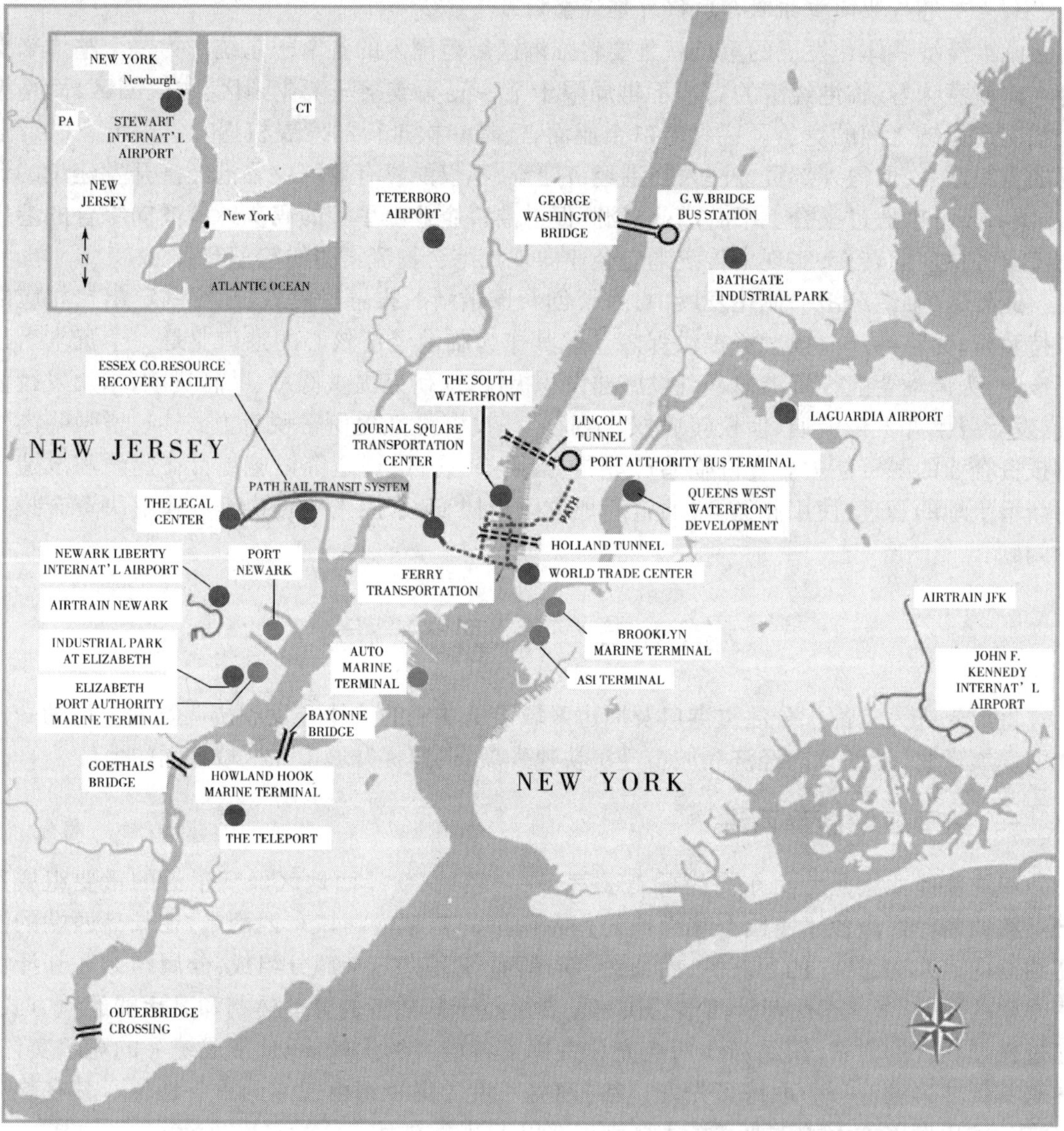


图片来源:纽约新泽西港务局官方网站。

图 5-4　纽约新泽西港务局辖区范围图

纽约新泽西港务局的日常经营管理由管理委员会来主持。管理委员会由 12 名委员组成,两个州的州长经州参议院批准各任 6 名委员。12 名委员作为公共官员,不受薪,任期为

6年,其任期相互交叉。州长保留对该州任命的委员的行动进行否决的权利。港务局只能从事两个州授权从事的业务和项目。管理委员会任命一位执行总裁负责执行该机构的政策以及日常管理。港务局的主要运输和贸易业务是航空(负责管理纽约/新泽西地区的机场设施,包括约翰·肯尼迪国际机场、纽瓦克国际机场、拉瓜迪亚机场、泰特波勒机场和曼哈顿市中心直升机场);海港和商业(包括工业开发园区、滨水地区再开发等商业活动);隧道、桥梁和车站;跨哈德逊河轻轨系统(PATH)等。

2. 自给自足的经营方式

纽约新泽西港务局是一个自营自治,财政自主的机构,没有任何州或地方当局税收的支持,也没有征税的权力,主要依靠港口设施的用户带来的收入,如桥梁和隧道的通行费、对机场和海港用户的收费、轻轨系统的车票费、办公楼、消费服务及零售商店的租金等。纽约新泽西港口群建设都是由港务局通过销售债券的方式筹集建设资金,不依赖于州政府的预算,也不对地区纳税人增加负担。由于港务局没有股东也没有征税权,其收入主要是债券的销售和运输设施中征收的使用费和租金,例如桥梁和隧道通过费、捷运的车资、办公室租金和航空站、码头的使用收费、顾问服务和零售商销售收入。所有的收入扣除折旧、贷款、公债的本息以及其他开支后都归港务局所有,用于港口发展或兴办公共福利事业。港务局的收入也不必交纳给州政府,具有自主经营自负盈亏的特点。

3. 实施“地主港”模式

纽约新泽西港务局采用“地主港”模式,从尽量提高效率和改善服务的角度出发,将码头及设施建成后,作为“地主”将设施租赁给有专业技能的私营公司去具体经营,既能发挥私营企业的经营优势,又可以保证港务局的收入相对稳定,使港务局把精力和财务集中在港口发展和市场开发上。港务局本身不能经营码头装卸业务,码头实行招租经营。港务局主要将码头出租给各大船公司负责经营(一般由港务局与各家船公司签订25至30年的租约),港务局主要收取码头的租赁管理费用,但船公司除了调度安排挂靠码头的班轮航线外,一般也不直接经营码头装卸业务,而是委托给专门的码头公司去管理。但码头公司又没有直接雇佣码头工人的权力,码头上的每个就业岗位及其待遇都控制在码头工会手中,码头公司要使用多少工人及支付他们多少薪水,均需经过码头工会的同意。这样的体制能够较为充分地发挥船公司、码头公司等企业在市场竞争中的经营活力,促进港口在基础设施、经营设施、投资营运和管理方面的互动良性发展,并保证码头工人享有优厚的生活待遇。

4. 区港一体化规划建设

素有寸金之地称号的纽约和新泽西港地区,多年来一直推行“港口用地倡议规划”,其中心内容就是根据纽约和新泽西经济开发当局(简称NJEDA)统一制定的发展规划,充分利用集装箱码头附近的报废旧厂房和旧机场土地,或者在海边填土造地,建成拥有铁路和公路交通运输网络配套的集装箱仓储和配送中心,同时建设商场、商务中心、商住两用公寓、娱乐中心和海洋乐园,以吸引来自世界各地的远洋承运人、托运人和国际贸易商,同时又最大化减少占用绿化土地,避免破坏生态环境。早在2005年,美国纽约新泽西港规划开发当局就确定在港口周边地区10多个地点建设集装箱贸易仓储和配送中心(图5-5),同时开发娱乐游览胜地和美国海岸警卫队设施,最大化降低开发成本和创新土地年收益,不仅铁路和公路交通运输网络发达,而且靠近集装箱码头和市区,工作和生活条件相当便利。

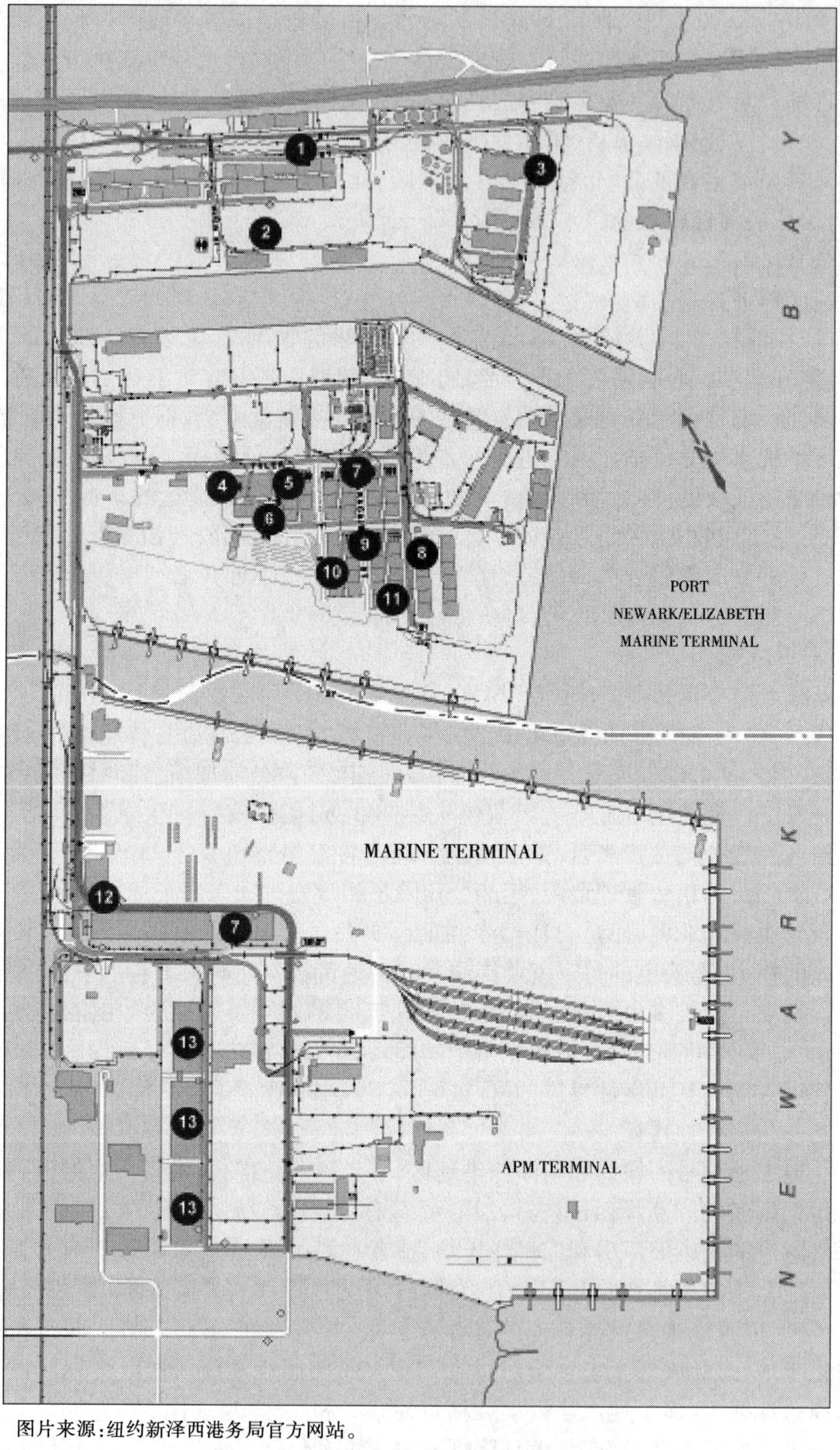


图片来源:纽约新泽西港务局官方网站。

图 5-5　纽约新泽西港现有物流分拨和仓储设施

注:1 ~13 号表示物流分拨和仓储设施点。

值得注意的是，美国纽约/新泽西港仓储和配送中心尽管实行电子化信息管理，高度透明，但是经营特色并非千篇一律，而是各有其专长和功能，如干散货、散杂货、设备、日用品、冷藏货、危险品、液化气以及门到门服务、拼箱服务、增值服务等，根据协议规定，这些都将准时安全送达收货人，从而吸引更多来自国内外的进出口贸易客户。凡是在纽约/新泽西等美国东海岸港口附近选择仓储配送中心的远洋承运人和托运人，将进入美国贸易快车道，且供应链效率高、速度快、成本低。

## 二、德国亚德威廉港

2002 年，全球集装箱班轮市场尚处于上一轮周期的低谷之时，德国两个相邻的联邦州——下萨克森州和不来梅州共同启动了亚德港深水集装箱码头建设项目。这一号称“过去 50 年以来德国西北部最大的一个基础设施项目”，总投资高达 9.5 亿欧元，由欧洲最大的码头运营商欧门集团（EUROGATE）运营，一期工程 1000 米海岸线于 2012 年 8 月竣工并开港，其余工程 725 米海岸线将于 2013 年 8 月完成，这使得亚德港再度吸引了全球贸易与航运业关注的目光。亚德港是德国唯一一个码头水深达到 18 米的深水港，具备位于德国西北部下萨克森州的亚德湾内、距公海航道仅 23 海里的区位优势，以及不必候潮即可进出港口及靠泊的天然条件，无疑使这里成为建设全球最新一代集装箱深水港的最佳选择。

1. 一体化的规划建设

与众多欧洲港口不同，亚德港港区位于人口密集的城区以外，用地范围可以不受周边现有设施的限制，码头规划能够充分体现科学合理的原则。它融合码头作业和现代物流的功能，实现港区、物流园区和临港产业园区的一体化规划建设。

港区建设包括 130 公顷的集装箱码头，码头纵深达到 650 米，岸线全长 1725 米，海平面以下水深 18 米，吃水 16.5 米以下的船舶进出港不受潮汐影响，泊位可供停靠 4 艘超大型船舶，靠泊船长可达 430 米，配置 6 条轨道的多式联运站，16 座集装箱岸桥，68 台集装箱跨运车，设计目标年集装箱吞吐能力达到 270 万标箱（图 5-6）。

图片来源：德国威廉哈芬亚德港官方网站，http://cn.jadeweserport.de/chn/index.php

图 5-6 德国亚德威廉港规划图

在码头前沿作业区的后方，与码头区域仅一墙之隔，亚德港通过围堰吹填，形成 160 公顷的码头陆域，建设港口物流园区，为等待装船或刚到港的货物提供临港存储、最终加工、集货、及时配送等服务。关检设施、高速公路进出口、海铁联运场站和冷库一应俱全。通过便捷的高速公路、货运铁路和支线运输网络，与欧洲经济区相连接。其中，A29 号高速公路直接与欧洲公路网相连，该条高速公路的终点直接位于物流园区的入口处；物流园区内建有一座16轨道的铁路编组站,码头与物流园区可通过高效的铁路网与欧洲大陆紧密相连(图5-7)。

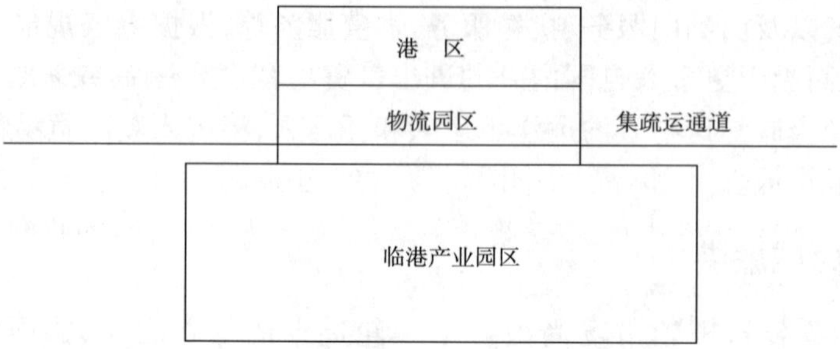


图5-7　德国亚德威廉港临港产业布局图

2. 实施"地主港"模式

亚德港实行所有权和经营权相分离,建设权和管理权相统一的管理模式,即采用"地主港"模式。亚德港的所有权、建设权和管理权归属于港务管理部门。港务管理部门对亚德港的运营管理确立发展目标,将各类服务商、港务长、船东以及运营商等合作伙伴联成网络。为了保障亚德港的高效运营,与相关企业单位达成必要的规定和协议。协议条款包括:安装统一的、现代化的结算和价格系统,提供环保的、有竞争力的船舶垃圾清理服务,海事服务,如集装箱船的补给供应协调,制订有效的运营方针和规范港口相关行业的服务等。

亚德港的日常经营由欧洲知名的码头运营商——欧门集团(Eurogate Group)负责。欧门集团是由汉堡传统的码头公司EuroKai与不来梅物流集团(BLG)于1999年9月共同出资成立,总部设在德国汉莎同盟城市不来梅,现已成为欧洲最大的集装箱码头物流集团。与意大利的Contship公司共同经营着地中海地区、欧洲北部沿岸以及大西洋海岸大量内陆交通条件优越的港口,能够提供包括集装箱转运以及所有与集装箱有关的诸如停放、保养以及维修等服务。

考虑到港口建设对动植物、土地、水分布等生态环境的破坏,亚德港港务管理部门通过代偿措施的执行进行弥补和平衡。弗里斯兰—维特蒙德—威廉哈芬区域环保基金会在维特蒙德地区照管两块总面积约65公顷的土地。除了农业用途以外,其中的部分土地将被退耕并任由其自然生长。代偿措施对动植物群落的影响效果将由一个检测器详实地记录下来,并将根据变化做出适当的调整。

## 三、韩国釜山港

釜山是韩国的第一大港,釜山港位于韩国东南沿海,东南濒朝鲜海峡,西临洛东江,与日本对马岛相峙,起着连接太平洋和亚洲大陆的关卡作用。港区分布在釜山湾西北岸,因被山和岛屿环绕,港内水面平静且潮水的涨落差较小。为了加快提升釜山港在东北亚区域的枢纽地位,韩国政府采取一元化管理、多元化经营等方面,迅速增强釜山港的整体竞争实力。其在临港经济一体化发展方面的重要举措主要表现在:

1. 港口实现一元化管理

釜山港码头及水面管理统一由釜山港湾公社负责,港口管理的一元化得以实现,有利于釜山港湾公社积极参与集装箱码头及港口腹地物流园区事业的开发,是釜山港今后更好发展的一个转机。为促进港口基础设施建设,韩国政府给予各种政策支持。韩国港口设施原属于国营组织形式经营,为了提升经营绩效,建立东北亚货物转运及物流中心的枢纽地位,政府通过立法程序成立了釜山港务局,并赋予其港口经营权。该港务局属于非政府机构组织,不直接从事装卸生产业务,但可以运用市场手段进行投融资招商或采取财务借贷方式扩充或改良港口设施,以提升港口竞争力。1997 年成立的釜山新港公司是由三星集团、CSX 环球码头公司、现代重工集团和韩进集团等参股投资建造,全面负责釜山新港的规划建设,其中民间投资达 4.9803 万亿韩元,占总投资的 54.4%。近年来,韩国政府和釜山方面通过各种方式和措施,促进港口基础设施建设,其最终目标是在 2020 年前把釜山港建设成为东北亚国际航运及物流中心。

2. 提高港口管理当局自主管理权

2006 年 9 月 11 日,韩国国会通过了港口管理修订法案。该港口管理修订法案于 2007 年 4 月生效。该法案高于原来的港口管理法,将允许釜山港务局扩大其经营业务范围。修订法案调整了对港务局不能管理水域设施的规定,将水域管理权从政府转移到港务局,还规定港务局可对外国港口的发展与建设进行投资。随着修订法案的通过,釜山港务局的自主管理权范围得到扩大,能够更加有效地管理港口业务,提升港口管理水平,并借助釜山战略平台的建立,促进釜山港成为东北亚枢纽港。

## 第六节　本 章 小 结

临港经济是一种新兴的现代服务经济发展模式。以一体化的发展理念来指导临港经济建设已经成为港口实现功能突破、转型升级的重要手段。从世界先进大港的发展经验来看,临港经济一体化思想贯穿于港口及周边区域的发展建设始终。因此,借助政府一体化管理模式、基于地主港的一体化经营模式以及多元化的投融资模式,加快促进临港经济一体化发展,从而进一步整合我国港口资源,转变港口发展方式,推动港口产业升级,提升港口城市对区域经济的辐射带动作用。

### 参 考 文 献


[1] 罗萍. 我国港口经济与临港产业集群的发展思考[J]. 港口经济,2011(4):27-30

[2] 茅伯科. 关于港口空间[J]. 中国港口,2005(4):11-13

[3] 王海平,刘秉镰. 现代化港口城市的内涵与特征——兼论港口经济[J]. 港口经济,2000(创刊号):9-13

[4] 李晓靖,李英. 港口经济的作用及其现代港口的特征[J]. 商场现代化,2007(4):341-342

[5] 苏慧. 青岛港口经济与区域经济联动发展研究[D]. 青岛:中国海洋大学,2006

[6] 临港经济引领港口转型升级[N]. 中国交通报,2011-3-8(006)

[7] 熊玉梅. 区域经济一体化背景下的地方政府管理创新[J]. 新西部,2008(20):122

[8] 李金龙,王宝元. 地方政府管理体制:区域经济一体化发展的重要制度瓶颈[J]. 财经理论与实践(双月刊),2007,28(145):120-123

[9] 真虹,等. 在国际航运发展综合试验区实施“地主港”模式和“境内关外”政策的研究[R]. 上海:上海

国际航运研究中心,2010

[10] 杨铮,刘娟娟.我国港口投融资趋势与策略分析[J].商业文化(学术版),2007(6):258-259

[11] 陈晨.我国港口投融资政策的思考[J].港口经济,2003(4):19-20

[12] 张露露.港口多元化经营实践经验借鉴研究[J].港口科技动态,2006(2):13-15

[13] 王春艳,王洪涛.国际金融危机对我国临港经济的影响及对策分析[J].中国经贸导刊,2011(5):83-84

[14] 李佳.基于区域经济发展临港物流园区建设研究[D].北京:北京交通大学,2008

[15] 罗萍.我国港口经济与临港产业集群的发展趋势[J].综合运输,2010(12):4-7

[16] 彭翠红.关于港口投融资体制和政策问题的探索[J].中国港口,2004(5):5-8

[17] 王晓惠.世界主要港口投融资政策分析[J].中国水运,2005(1):46-47

[18] 邹红亮,周中朝.地方政府间行政一体化视角下的区域经济发展研究[J].广东工业大学学报(社会科学版),2008,8(1):49-52

[19] 孟庆民.区域经济一体化的概念与机制[J].开发研究,2001(2):47-49

[20] 杨家其,陆华.我国港口物流园区的运作模式研究[J].武汉理工大学学报(社会科学版),2003,16(3):47-49

# 第六章　绿色生态港口

## 第一节　港口与城市生态环境的共生关系

港口是城市社会经济发展的重要因素，随着全球经济一体化的发展，社会经济发展对港口资源的需求变得愈加迫切，城市社会经济的发展离不开港口。与此同时，围绕港口所发生的一切活动亦会不可避免地对环境和城市生活产生直接或间接的影响，这些直接或间接的影响又会反作用于港口乃至城市社会经济。港口与城市环境、社会发展组成了一个共生系统，在这个共生系统中三个共生单元相互依存，在“绿色生态”共生模式下，三者可以实现良性循环发展。

### 一、港口对城市生态环境的影响

同一般工业企业的生产过程相比，港口生产业务十分复杂，港口服务对象较多，且变化因素也较多，因此港口对城市环境污染的影响往往较一般工业企业更为严重。港口对城市生态环境的影响主要表现在不可再生资源的占用和消耗、空气污染、噪声污染、水体海洋环境污染等几个方面（图 6-1）。

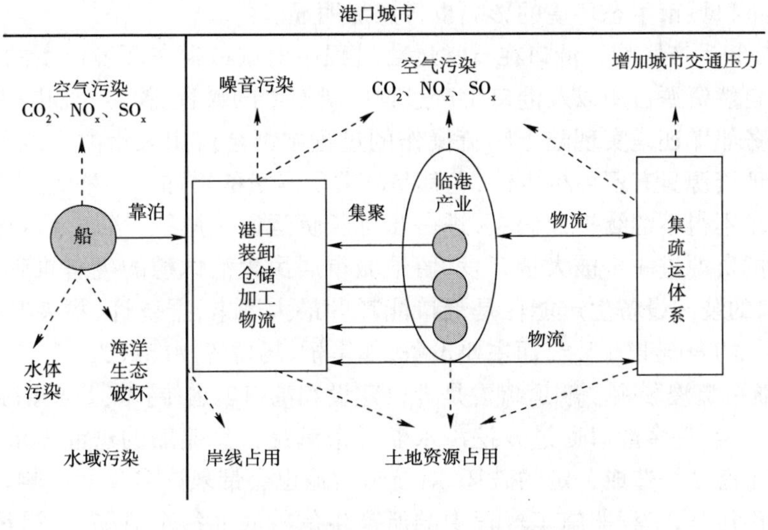


图 6-1　港口对城市所产生的负面影响

港口对城市生态环境的影响可以从两个维度进行分析，即横向维度和纵向维度。所谓纵向维度影响即港口对城市生态环境的影响贯穿于港口建设、运行、发展、扩建的整个生命周期；而横向维度影响即以港口为核心所产生的不同区域不同层次的影响。

1. 纵向维度

港口对城市生态环境的影响从港口建设开始一直贯穿至其运营以及扩建、迁移的整个生命周期,并且一直循环下去。其中,影响最为显著的当属港口生产运营阶段。港口生产运营过程从船舶靠泊到码头装卸作业、陆上物流操作再到航道疏浚等都会对城市生态环境产生一定的影响。

(1)船舶靠泊作业。船舶是港口对城市生态环境的重要影响源之一。船舶靠泊对港口的影响主要表现在三个方面:一是由于不规范操作或其他原因导致船舶在靠近港口时出现安全隐患而引起石油泄漏、危险货物散落或者遗漏等,这些污染物排放至港区附近海域会对海域的水体质量、水生物的生存环境产生极大的挑战和影响;二是船舶在港口停靠以及在靠近港口航行时由于燃料的使用会产生二氧化硫、一氧化碳、氮氧化物以及悬浮颗粒等,从而污染港口城市周边的空气环境;三是船舶靠港操作时会排放废水、污水、废弃物、生活垃圾等,例如载运有毒、含腐蚀性货物的船舶有时会排放洗舱水和其他废弃物,到港船舶可能排放压舱、洗舱等含油污水,在港船舶清倒生活垃圾及食品废弃物等,这些都会对海洋环境产生影响。

船舶航行中消耗燃料所产生的二氧化硫、一氧化碳、氮氧化物以及悬浮颗粒等空气污染物对港口城市的生态环境影响非常明显。据统计,在全世界由于燃料消耗所产生的空气污染物排放中,海上航行船舶所产生的空气污染物排放量占到了4%。其中船舶航行或挂靠港口时产生的二氧化碳、氮氧化物和二氧化硫的排放量分别占全球这些空气污染物放量的3% ~4%、10% ~15%和4% ~9%。而船舶产生的污染物(主要是硫氧化物和氮氧化物)中大概70% ~80%是在离陆地400公里以内的范围内所产生,只有很小一部分比例是在远洋航行时产生[1]。与此同时,随着船舶不断向大型化发展,在港装卸时间将延长,船舶空气污染物的排放对港口城市生态环境的影响也将愈加明显。

(2)港口装卸生产影响。港口在日常运营过程中对城市生态环境产生的影响主要表现在不可再生的自然资源占用以及港口生产过程中所产生的噪音、粉尘、气味和空气污染。港口无论是在服务船舶还是实现陆上物流操作的过程中都会占用大量的岸线和土地资源,而这些岸线和土地资源具有不可再生性,尤其是随着贸易量的增加和船舶大型化的发展,港口为满足生产需求不得不继续扩建码头,进一步延长货运码头岸线,增加港口作业用地,使得本就十分有限的资源进一步被大量开发,留给城市居民生活休憩的生态景观岸线被大量占用。此外,港口的装卸设备生产能耗是港口能耗的最大因素,据统计,集装箱码头的生产用能占港口总能耗的80%以上[11],而主要设备,如岸桥、场桥等用能最大。

(3)港口航道疏浚影响。航道疏浚是港口建设和港口航道维护的重要措施,尤其是随着船舶大型化的发展,许多港口通过开挖深水航道来满足大型船舶的进港需求。然而航道疏浚也会对水生生态系统造成一定的破坏,对航道运输也会带来许多负面影响,例如疏挖过程中所产生的噪声污染,工程船施工过程中的所产生的舱底油污水泄漏、生活污水排放、空气污染物排放等污染。更为特殊的是,在疏挖过程中污染底泥层物质扰动和扩散加剧,使得在外界因素作用下容易将沉积在航道底泥中的营养盐、污染物释放出来引起水域环境富营养化,影响水生生物生存环境,而且对维护性的疏浚弃土处理也会影响生态环境,当疏浚规模相当大时港口将不得不腾出更大的地方容纳弃土而占用资源。

2. 横向维度

港口对城市生态环境的影响不仅局限于港区范围内的生产、生活活动，还会影响到临港周围生产活动以及远离港口的中心城市的生产、生活活动。从影响的辐射区域范围来看，港口对城市生态环境的影响可以分为三个层次，即直接影响、间接影响和波及影响(图6-2)。直接影响即港口本身的生产作业活动对城市生态环境的影响，即在纵向维度中提到的各种影响。

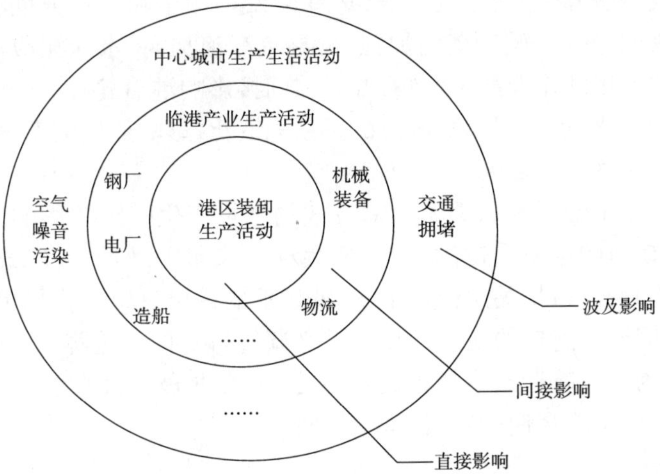


图6-2　港口对城市生态环境的横向维度影响

间接影响主要是在港口生产活动中，随着港口规模扩大，港口集聚效应凸显，吸引了诸如钢厂、电厂、装备制造、物流等依托港口的临港产业在港口后方集聚，而往往需要依托港口发展的产业都是原料运输的大户，同时也是高能耗大户，因此临港产业集聚后虽然可带来集聚的经济效益，但同时将使得周边的生态环境受到极为严重的影响。

虽然随着港口和城市的发展，港口逐渐外迁远离中心城区，但港口的生产运作依然会波及影响到中心城区的生态生活环境。尤其是在港口外迁后，港口与城市距离增加，两地间人和物的运输需求亦随之增加，连接城市和港口之间道路的交通压力也相应加大，交通拥堵对城市生活也会带来不同程度的负面影响。而且随着运输需求增加汽车尾气产生的空气污染会严重影响城市的空气环境质量。Kathleen Bailey[2]对美国在2007年各种运输方式所产生的二氧化碳排放量进行测算研究后得出，小汽车和轻型卡车所产生的二氧化碳排放量占全部排放量的54%，是产生温室效应的罪魁祸首(图6-3)。

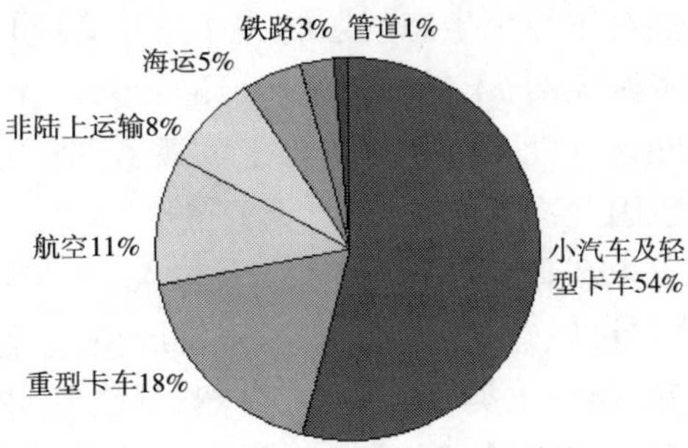


数据来源：Kathleen Bailey. Sustainable Port Communities. 1st Hemispheric Convention on Port Environmental Protection, USA, 2009.

图6-3　2007年美国各种运输方式产生二氧化碳排放量所占比重

## 二、城市生态环境对港口的反作用

城市生态环境对港口运营的反作用主要体现在两个方面,即对港航业安全、经济生产的影响和海上运输贸易格局的影响。某些环境因素的变化会对港口的可持续发展和运转产生一定程度的副作用。

1. 对港航安全、经济生产的影响

若全球气候继续变暖,海平面持续上升,风暴潮发生频率和破坏强度将不断加大,从而对海岸情势产生重大的影响。风暴潮的加强,将导致海浪加高,水深相应加大,这些变化会对港口的设计和港口的正常作业产生影响,并且将间接影响港口建设、运营和维护成本。随着潮汐波推进方式的变化,也将引起潮汐流的一系列变化,影响船舶的安全入港。

2. 对海上贸易运输格局的影响

气候变化会对产品供给格局和交通运输方式的选择产生一定的影响,而这些影响会波及到港口。例如,铁矿石的主要出口国巴西、澳大利亚和印度,如果港口城市在某个时间内发生洪水等自然灾害时,港口将关闭作业生产,铁矿石的进出口贸易格局也可能发生一定的调整和变化,在同一区域内港口的功能地位也随之调整与变化。随着气候变暖,北极有可能成为下一个中东,成为国际航运最为繁忙的海域之一,在北极航线发展成熟后,原本发展滞后的北冰洋沿岸港口也可能会迎来发展"春天"。

# 第二节　绿色生态港口的内涵及特征

港口在快速发展为全球贸易提供服务的同时也产生了对资源的过度开发以及环境污染等问题,使经济、社会、资源环境三者之间的矛盾愈加突出。在能源危机加剧的当今社会,加快转变经济发展方式,建设绿色生态港口成为未来发展的方向和趋势,绿色生态港口建设已成为解决港口发展过程中所遇问题的关键。

## 一、绿色生态港口的内涵

人们对于绿色生态问题的关注是从20世纪60年代开始,尤其是在20世纪90年代,随着各国资源耗竭、人口增长过快、环境污染、生态破坏等问题日益突出,各国开始寻求在不损害生态和谐和社会公平的基础上实现经济、社会、环境资源之间的一种平衡发展,绿色生态的概念也因此而产生。

绿色生态理念以人与自然、人与人、人与社会和谐共生、良性循环、全面发展、持续繁荣为基本宗旨,以建立可持续的经济发展模式、健康合理的消费模式及和睦和谐的人际关系为主要内涵,倡导人类在遵循人、自然、社会和谐发展这一客观规律的基础上追求物质与精神财富的创造和积累。它亦是人类对传统文明形态特别是工业文明形态深刻反思的成果,是人类文明形态和文明发展理念、道路和模式的重大进步。

而港口是世界经济增长的重要推动力,同时也是主要的污染源头和耗能单位。因此,如何协调处理好港口与城市生态环境的关系,既能发挥港口的经济效益,又能避免对生态环境的破坏,保证城市生活质量,使其成为城市真正的绿色生态港口将是目前乃至未来一段时间的重大课题。

对于绿色生态港口的研究,业内学者、专家给出的定义和侧重略有不同。刘翠莲、郁斟兰[3]将绿色港口解释为在环境影响和经济利益之间取得一个可以接受的平衡,该平衡一定是基于对环境消费和经济利益的正确判断的基础上,同时不允许有无法挽回的环境改变发生。徐伯海[4]认为绿色港口是在环境影响和经济利益之间获得良好平衡的可持续发展港口。何迎、鞠美庭[5]认为绿色港口是港口的经济、社会发展不超过自然系统的承载力的港口。张树奎,鲁子爱[6]将港口环境资源的生态性定义为对港口环境资源各指标测算结果与港口环境资源规划目标的差距,差距越大生态性越好,差距越小说明越接近规划目标生态型越好。杨海星[7]认为绿色港口即生态港口,关键是在经济效益与环境保护之间寻求一个平衡点,也就是港口的经济、社会发展不超过自然系统的承载能力,这个可以接受的平衡点一定是建立在对经济利益与环境消费的正确判断基础之上,同时还需满足没有无法挽回的环境损害的存在的要求。刘南南[8]将生态港定义为能做到生态友好、资源节约、经济发展、社会进步的可持续发展港口,从生态学的角度来说,港口的扩张带来的经济发展、生态环境负面影响不会超过资源的更新补给能力和速度、自然系统的承载能力,同时在其研究中给出生态港口群定义,认为生态港口群是港口所在城市有着良性互动、内部分工明确合理、注重与生态协调的港口群体系统。通过对绿色生态港口的定义比较可以发现,对于绿色生态港口的认识主要基于港口的发展要与自然环境和经济利益实现和谐发展。

本文认为"绿色生态港口"是一种"港口—人—自然"和谐相处的生态环境理念,在综合考虑生态环境和资源效率的基础上,在不出现无法挽回的环境改变的前提下,使港口在生产过程中对生态环境的负作用最小、资源利用效率最高,实现环境影响和经济效益之间的和谐可持续发展。绿色生态港口的核心是节能、减排、环保、集约和高效,从而使港口实现可持续发展。

"绿色生态港口"具有以下特点:

1. 绿色生态理念及活动贯穿港口的整个生命周期

港口从建设到生产运营再到扩建的整个生命周期都会对环境产生影响,绿色生态港口需要将绿色生态理念贯穿于港口的整个生命周期。

2. 绿色生态港口的行为主体包括政府及港口供应链上的全体成员

在绿色生态港口的发展过程中,政府的作用不可小觑,地方政府乃至港口管理当局在推动港口实现绿色生态的发展过程中具有不可替代的统筹作用。绿色生态港口的实现不仅是靠某个企业或仅靠企业的道德和责任就能主动实现的,它具有显著地跨地区和跨行业特性,需要政府的法规约束和政策支持。

此外,随着港口逐渐融入供应链,成为供应链上的重要一环,港口的发展便与港口供应链上、下游产业紧密相关,而绿色生态的理念也需要贯穿至整个港口供应链,港口与上下游企业需要实现绿色生态的协同发展。

3. 绿色生态港口是一个涵盖范围较广且不断发展的概念

港口是人类活动的产物,它本身具有非自然性。"绿色生态港口"是一个发展中的概念。随着港口功能的拓展和绿色生态概念的进一步延伸,绿色生态港口的概念和内涵也在不断发展的。而且绿色生态港口不能仅仅具体到某个时期、某个特定港口的局部地区,而应扩展到更大的环境来考虑。

4. 绿色生态港口的最终目标是实现可持续发展

传统港口活动的主导目的是实现社会效益和经济利益,满足社会运输需求、实现企业盈利或扩大市场占有。而绿色生态港口在经济利益的目标外,需要融入生态学的理念,追求节约资源、保护环境等公共社会属性目标。在这一目标的指导下,港口供应链上各企业在战略管理和生产过程中,在满足物流、运输等需求的同时,要注重保持自然生态平衡和保护自然资源。所以,实现绿色生态港口即实现经济利益、社会利益和环境利益的统一,也即可持续发展的目标。

## 二、绿色生态港口的特征

1. 绿色生态港口是低碳、清洁、环保型港口

根据生态经济学的理论,港口的实质是一个生态经济系统。绿色生态港口最基本和最外在的表现即港口与周边环境的和谐发展,港区表现出清洁的生产运营环境,良好的空气、水域环境质量,合理的绿化,合理的生态格局等良好的生态特性。绿色生态港口在生活活动和生产活动中所消耗的能源、原料及其废弃料不会对生态环境带来过大的负担,不会对港区周边及系统外部区域产生不可承受的环境污染。绿色生态港口需要在建设、生产运营过程中通过技术创新和流程优化等措施来缓解生产中所产生的粉尘、噪音、废气、污水等问题,同时,绿色生态港口的装卸设备选型、工艺流程及辅助生产设施都将是节能型设备,从而使港口的能耗小、污染少,是真正意义上的"环境友好型"港口。

2. 绿色生态港口是资源集约、高效利用型港口

任何生态经济系统都具有有限性特点,即他们所含的自然资源是有限的。虽然有些自然资源是可再生资源,使用后依靠系统本身的功能还可以使之再生,但它的再生能力是有限的,因此,整个港口生态系统的承载力是有限的。在生态理论中,绿色生态港口不仅要实现"环境友好型",更要达到"资源节约型",能够在有限的资源下提高资源的利用效率,达到物尽其用的效果。一般而言,绿色生态港口都拥有合理的资源利用体系、高效的投入产出系统和合理的发展定位,并且可以高效、循环或多层次利用能源和资源达到"循环共生"的模式。

3. 绿色生态港口是可持续发展的港口

"可持续发展"一词有两层含义:"可持续"即针对资源和环境,能够保持或延长资源的生产使用性和资源基础的完整性,使自然资源能够永远为人类所利用,不因其耗竭而影响后代人的生产与生活;而"发展"则主要从经济增长的方面进行考量,其目标在于产值、利润的增长以及物质财富的增加。

绿色生态港口最本质的特征和最核心的内涵即港口在发展过程中可实现经济、社会、环境三者和谐、可持续的发展。港口可持续发展即商业战略和活动能够满足目前和未来的港口以及企业需求,同时能够保护并且实现人类和自然资源的可持续性,在符合经济发展的前提下能够满足港口环境的承载力。港口可持续发展体现了3P(Profit,Planet,People)和3ES(Economy,Environment,Social Equity)之间的平衡。绿色生态港口是以可持续发展为指导思想,合理配置资源,不因眼前的利益而用"掠夺"的方式促进港口获得的暂时繁荣,也不为自

身的发展而破坏区域的生态环境，保证港口发展的健康、协调、持续。

满足港口资源环境的承载力是港口可持续发展最根本的要求。所谓港口资源环境的承载力是指在一定时期和一定范围内，港口资源在合理利用、优化配置的前提下对社会经济发展的最大支撑能力，也即港口环境资源的最大开发容量。港口环境承载力的主体是港口资源，客体是社会责任、生态环境和经济发展，通过社会、经济、环境三个客体之间的相互制约相互影响的作用来实现主体港口资源的合理分配和协调（图6-4）。

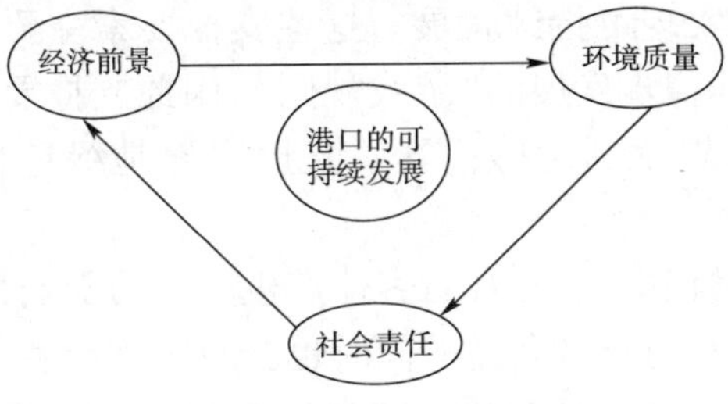


图6-4　港口可持续发展示意图

## 第三节　绿色生态港口系统的构建

### 一、绿色生态港口系统的总体架构

系统是由各要素相互作用而组成的，要素是系统存在的基础。绿色生态港口是一个经济系统，该系统主要由主体要素、客体要素和支撑要素所组成。

1. 主体要素

主体要素主要由绿色生态港口中参与活动的各利益主体所构成，根据不同主体要素所代表的利益群体和其在系统中所发挥作用的不同，可以将主体要素大致分为两类，即以政府为代表的公共主体和以企业为代表的市场主体。

（1）公共主体。生态经济本身具有十分明显的公共性，而且由于绿色生态港口建设短期内对港口开发、生产经营的成本有较大的影响，因此政府的作用就显得尤为重要，这也决定了政府作为公共主体在绿色港口生态系统中所发挥的作用是不可替代的。政府之所以成为绿色生态港口的主体还在于其特殊的经济职能和地位，即它处于信息优势地位，特别是在政策信息方面处于绝对垄断地位（垄断了政策的制定、解释、控制和绿色生态港口发展目标的制定规划与引导），同时政府还具有较强的协调能力和监督与奖惩权利。绿色生态港口系统中主要的公共主体包括地方政府、港口行政管理部门、环保管理机构等。

（2）市场主体。市场主体是实现港口系统绿色生态化发展的微观实施主体，其活动直接与港口资源发生关系，其利用港口资源产生经济效益，并需要为了维护港口系统的可持续发展而协调处理好经济效益和生态环境资源之间的关系。绿色生态港口系统的市场主体主要包括码头运营企业、船舶运输企业、物流企业、货代、船代，甚至广义的绿色生态港口系统的市场主体还包括港口周边的临港产业集群。

2. 客体要素

绿色生态港口系统的客体要素主要是港口生态环境中的各种自然资源。客体要素和主体要素相互作用,主体要素对客体要素的作用会产生客体要素对主体要素的反作用,而客体要素是绿色生态港口系统发展的基础。绿色港口生态系统中的客体要素具有明显的不可再生性和多样性,其中主要包括岸线资源、土地资源、能源资源、空气、水体等。

3. 支撑要素

在绿色生态港口系统中,由于主体要素在对客体要素作用的过程中会产生污染等负面影响,因此绿色生态港口系统中需要有支撑要素存在来制约市场主体对客体要素的负面作用,保障绿色生态港口系统实现可持续发展。这些支撑要素主要是保证系统中各要素相互作用过程中能够向系统目标稳步发展的"游戏规则",因此支撑要素主要是由公共主体要素所制定出来的政策、法律、规章制度等内容。支撑要素是绿色生态港口系统发展的重要保障。

在主体对客体的作用过程中,必然会对客体产生一定的影响,这些影响中既包括积极正面的影响,当然在市场主体获得经济利益的同时也会对客体产生一定的负面影响。

仅从港区的角度来看,系统中对客体直接产生影响作用的源头主要包括:远洋船舶、港务船舶、装卸机械、水平运输机械以及铁路机车等,这些船舶、设备甚至是港区污染的主要污染源,通过对客体的作用而产生诸如粉尘、噪音、废气、污水、生活垃圾、油类污染、海岸沿线情势变化等污染和影响。直接作用源在港口系统各要素相互作用下所产生影响的机理如图6-5所示。

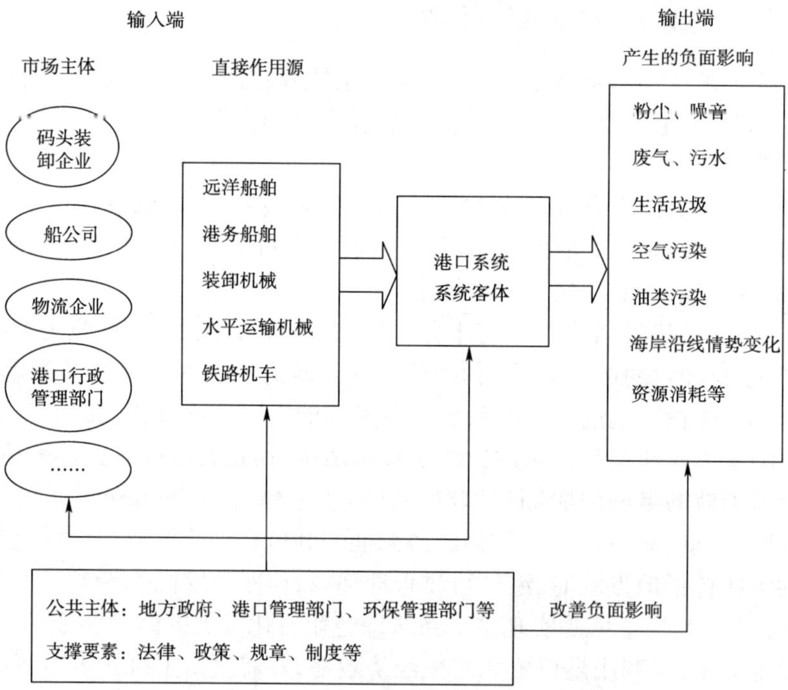


图6-5 港口系统各要素相互作用下产生影响的机理图

从直接作用源对港口系统产生的各类负面影响来看,绿色生态港口系统的构建应从绿色能源的使用、采取防污染措施、土地集约化使用、港口集疏运体系优化以及绿色生态港口管理体系建立等方面进行着手,通过建立绿色物流、清洁生产、生态监督与保障系统、生态安全和管理系统等措施，来达到港区及临近区域的资源可持续利用，提升港区社会、经济和环境综合效益的目的。在这个过程中公共主体和市场主体是绿色生态港口系统良性发展的有力推动者。

## 二、绿色能源的使用

在港口运营所产生的负面影响中，造成空气污染所涉及的市场主体和直接污染源都是最多的，空气污染问题是港口目前面临的最为严峻的挑战之一。而缓解该问题的重要手段和措施即采取绿色、清洁的能源。

1. 港区机械油改电、油改气项目的推广应用

能源结构的高碳化对港口低碳发展带来了较大挑战。据统计资料显示，中国能源消耗以煤炭为主，大约占总量的70%，石油和天然气次之[12]，虽然水电、风电等新能源的利用量逐渐增长，但所占比较仍旧较小。对于港口来说，其对石化燃料的依赖度十分高，较少利用一些可再生清洁资源和新能源。煤炭、石化燃料是产生大量 $CO_2$ 的源头。而绿色生态港口要改变这种不合理的能源结构。目前，港口机械油改电和油改气项目是能源结构优化的重要途径。优先采用全电力或液化天然气（LNG）等清洁能源作为动力源的工艺技术和装卸搬运设备，设计预留相应的电源及充电桩是绿色生态港口发展的重要举措。同时，通过采用变频调速、自动化系统控制技术，减少电能损耗，提高电能回馈、储能回用等节能技术的研究与应用，使码头装卸工艺系统各环节能力匹配，提高装卸效率、降低能耗。

目前，中国沿海许多港口都在进行港口机械的"油改电"和"油改气"计划，这些清洁能源的使用在节能减排方面产生了明显的效果。例如，目前广州港在全港范围内实施的港口大型机械"油改电"改造计划已经为社会节约燃油费用4500万元，减少消耗8283吨标准煤，减排20000吨二氧化碳、200吨二氧化硫、160吨氮氧化物[13]。青岛港自主研发的轮胎吊"油改电"项目使作业机械单箱能耗下降40%以上，单箱运行成本节省70%以上，并基本实现废气零排放[14]。

2. 岸电技术的推广应用

传统模式下，船舶停靠港口必须一天24小时采用船舶辅机发电以满足船舶用电的需求，保持加热、通风、冷却等运作。辅机在工作中会燃烧大量的油料，产生大量温室气体排放，同时会24小时不间断地产生噪声。岸电技术是将由船舶自身消耗柴油供电的方式转变为通过岸上港口当地的电网向船舶提供电力。由于通过岸上统一的电网供电，船舶的发动机组便可关闭，船舶靠岸所产生的废气排放量几乎为零，减轻向周围大气环境排放氮化物和硫化物等所造成的污染。同时船舶产生的噪音也大为降低，显著改善船员的生活环境。对于船公司而言，由于柴油消耗量减少，船舶运营成本降低，对于码头运营企业而言，可以增加港口运营收益，改善港口生态环境质量。

目前，岸电技术已经在全球范围内得到推广应用，例如欧洲荷兰、英国等多个国家的港口已经开始设计配套建设码头船舶岸电设施并预留建设岸电设施空间和容量。中国连云港也积极推进该项技术的使用，研发并启用了全球第一套高压变频数字化船用岸电系统，该系统以"一个接口、高压上船、船港分离、不间断供电"为特点，使用高压变频数字化船用岸电系统给船舶供电，昼夜24小时耗电费用仅为船舶原来使用燃油费用的七成，可为船舶节省燃

油费用三成。而连云港岸电系统的使用在节能减排方面的效果也非常明显,港口每年可减少二氧化碳排量119179吨,硫化物2077吨,氮氧化物2825吨[15](表6-1)。

中国部分沿海港口建设绿色生态港口的措施及效果　　表6-1

| 港　口 | 措　施 | 效　果 |
|---|---|---|
| 连云港 | 自主研发船舶岸电技术 | 港口每年可减少二氧化碳排量119179吨,硫化物2077吨,氮氧化物2825吨 |
| 上海 | 轮胎式集装箱门式起重机"油改电" | 与柴油发电相比,能源单耗下降47%以上,成本降低72%以上 |
| 青岛 | 集装箱轮胎吊"油改电"项目的改造,共改造了130个箱区和106台集装箱轮胎吊 | 节约能源成本7668万元,减少二氧化碳排放45901吨。改造后的轮胎吊单箱能耗下降40%以上,单箱运行成本节省70%以上,并基本实现了废气零排放 |
| 天津 | 集装箱码头场桥"油改电"项目 | 每年节省企业成本资金477多万元,减少$CO_2$排放2230吨 |
| 宁波 | 宁波港龙门吊车"油改电"项目 | 节能已超6000吨标煤,减排废气2400吨,减排温室气体二氧化碳2.16万吨,节支超1800万元 |
| 盐田 | 龙门吊"油改电" | 每台每吊节约燃油成本80%,噪音从110分贝减少到60分贝,减少废气排放达95%,年减少二氧化碳排放50000吨 |
|  | 拖车采用LNG"油改气" | 一氧化碳排放量降低99%。碳氢化合物排放量降低83%,颗粒悬浮物降低90% |

数据来源:参考文献[14]、[15]、[17]~[19],经作者整理。

3. 其他清洁能源的使用

除LNG外,部分港口还将乙醇以及木屑颗粒等可再生资源清洁能源作为港口机械的动力源。例如巴西桑托斯港集装箱码头已投入58辆乙醇动力车,二氧化碳的排放量也因此减少了73%[16]。

## 三、防污染措施

绿色生态港口需要有完善的防污染措施和先进的防污染技术来有效控制污染源污染物的排放,尤其应从主要的污染类型噪音污染、粉尘污染、污水污染等角度建立起完善的防污染措施体系。

1. 噪声污染防治

港口环境噪声是影响港口生态环境的重要因素。按照人机工程学的理论,当人所处的噪声超过一定限值时就会对作业效率产生明显影响,容易造成操作失误,引发安全事故。绿色生态港口不仅要保证在生产运营中所产生的噪音不会影响周边居民或办公人员的生活和生产活动,而且要保障有较高的安全性,降低港口作业的事故发生率,因此对于绿色生态港口而言噪音污染防治措施十分重要。

首先要加大声源治理力度,应用选择低噪声的港口机械,对声源进行控制是降低港口施工噪声的重要措施。而对于必须要使用的高噪声设备要采取加装消声器和隔声罩等措施,尽量降低噪声强度。另外可在港区内设置噪声屏障,充分利用港口生产区域与其他区域之间的缓冲带，建设绿化带，隔离生产与船舶噪声。同时要加强对噪声污染的监测，根据《噪声环境质量标准》[9]，将港口区域声环境划分为三类环境功能区，依据标准在船舶噪声污染源强、港口生产区域边界以及噪声影响的敏感目标处设置监测点，监测港区环境噪声。

2. 污水防治

船舶与港口产生的海域污染物主要指在港口产生或者由港口接收的各类污水，包括船舶油污水、船舶生活污水、油罐区产生的含油污水、有毒有害污水、煤炭和矿石堆场的雨污水等。随着港口生产规模扩大，进出港船舶、港口吞吐量快速扩张，港口产生或接收的污染物也会不断增加，尤其是从从事油品、煤炭、矿石等运输的作业区以及大型客轮等产生的典型污水将显著增多。

根据港口污水的种类，污水防治应从加强船舶航行安全和应急反应能力、提高污水接收处理能力、强化污水排放监测等方面有效开展。保证港口的污水接收与处理设施能力要与港口装卸作业量的增长相适应是港口污水防治的基础。此外，需要建立港口工业工业废水集中处理设施，将工业废水通过专用管道送往污水厂集中处理，并修建污水深度处理装置与管道以及废物回收利用生产装置，在主要生产设备上加装节水设施与污水处理与回用设施。通过建设干散货堆场雨污水应急系统，在堆场配备防雨、防水、防渗漏、防流失的设施，防止货损，减少污水生成量。同时需要加强监测，定期调查监测污水处理设备的利用效率、处理水量，以及进出水的水质，加强污染物排放跟踪和船舶污染监测，发现超标及违章排放污水的情况及时进行公告处理。提高船舶安全航行水平，船舶运载油类、干散货及其他危险化学品时，应当采取防止溢流、渗漏等措施，加强溢油等应急反应体系建设。港口部门要创造条件将排污口设置在深海，实行废物离岸排放。严禁在没有授权的情况下私自排放压压载水，严禁直接排放未经处理的洗舱水，船舶不得私自进行涉及污染性货物的过驳作业和船舱的清洗作业。

3. 粉尘防治

港口粉尘在大气环境中的扩散迁移是沿海城市大气总悬浮物污染的主要成分之一，尤其是煤炭、铁矿石等干散货在装卸过程中的尘源是港口粉尘的主要构成体。港口粉尘污染会极大的影响附近居民的生活环境、港口工作环境和周围生态环境。在港口建设初期的位置选址上，尤其是沿江港口，要选择位于城市全年主导风向的下风侧，减少由于风力作用使得港口粉尘扩散至人口居住密集的城市中心区域。从技术上来看，要加强防风网、筒仓、煤炭防尘自动管理系统在干散货港口的应用，加强散货堆场管理，对散货堆场采取洒水设施防风、防晒、防高温设施，降低硫磺、铁矿石等干散货产生的粉尘污染。通过合理论证在港口区域建设固定或流动除尘设施，闸口以及主要道路路面配备降速设施，限制港口运输车辆机械在港口生产区域的行驶速度，降低运输车辆机械产生的粉尘污染。

## 四、岸线、土地资源节约化使用

绿色生态港口是一个资源节约型的港口，尤其是岸线和土地资源，它们不仅是港口进行生产活动最根本的要素，也是不具有可再生性的资源，因此合理开发土地和岸线资源，坚持统筹规划、深水深用、紧凑布置、因地制宜、集约发展，实现两类资源合理、有序利用是绿色生态港口的另一重要标志。

港口资源集约利用有两个主要途径。从不同港口、不同企业的角度来看，为了实现资源的最大化利用可在相邻的不同港口间进行资源整合，从而实现两个港口间资源共享，避免恶性竞争和资源的过度开发。从某个港口自身出发来看，要实现资源的集约化发展就要实现革命性的转变，提高单位资源内的生产率，尤其是在贸易量越来越大，船型也逐渐向大型化发展的趋势下，提高不可再生的码头岸线资源和土地资源的利用率。

1. 港口资源整合

港口对于城市经济带动作用非常明显，因此沿海港口城市对于港口的发展支持力度也十分的大，然而在各城市或国家支持本地港口发展的同时，会出现大量码头利用率低和重复建设的问题。所谓港口资源整合，即基于港口资源的稀缺性，通过市场方式或行政手段对资源交叉明显、港口间竞争激烈的港口群内的资源进行挖掘、合并、转移、重组，使港口资源的二次配置带来更大的效益，突显港口的核心竞争力，促进区域内港口健康协调可持续发展。其中，既包括针对港口群内不同港口间同类资源的横向整合，也包括港口与港口供应链上下游产业领域的纵向整合。

通过港口资源整合有利于各港口发挥各自的资源优势，避免重复建设和恶性竞争，有利于协调码头能力资源（尤其是岸线资源和土地资源），既可以节约大量资金的投入，又可节约大量社会成本，使港口向集约化方向发展。在过去几十年中，港口间已开始通过不同模式来实现资源整合，例如全球码头运营商的出现优化了全球不同码头之间的资源配置，纽约和新泽西两个港口之间的横向整合，以及中国沿海港口之间的整合等。

2. 港口资源的集约利用

除了在不同港口间实现资源的优化配置，以达到港口节约利用的目的外，绿色生态港口自身需要提高土地、岸线等资源的利用率，实现集约化发展，改善资源浪费问题。总的来看，港口资源的浪费可以分为两类，分别是“量”的浪费和“质”浪费。所谓“量”的浪费主要是港口在建设发展过程中为了盲目求大，会存在过度占用、开发土地和岸线资源的问题，部分土地和岸线资源会存在闲置现象；所谓“质”的浪费主要是指港口资源的利用效率低。针对以上两个问题，绿色港口应从以下几个方面进行改善：

（1）促进产业集聚，提高资源使用门槛。按照“产业集聚、布局集中、用地集约”的原则，通过将临港产业集中布置的方式，提高公共资源的共享度。严格审批港区、临港产业对于岸线和土地资源的使用，根据资源集约化原则做好港区岸线和用地规划。

（2）稳步推进资源使用制度改革。完善土地资源和岸线资源的有偿使用制度和有偿使用形式，并且引入市场机制来使资源分配使用合理化，加大资源的储备，例如预留生活、生态景观岸线，有限储备和盘活闲置、空闲和低效利用的土地等。

（3）技术创新提高单位资源的生产效率。由于土地和岸线资源具有不可再生性，因此通过技术提高单位资源的生产率和利用率是绿色生态港口未来发展的重要方向和目标。新加坡港务局提出的“下一代集装箱码头（The Next Generation Container Port，NGCP）”计划不仅是港口应对大型船舶在技术方面的重要突破，也是对在单位资源下提高港口生产能力和效率的一个重要突破。曾有设计团队应对这一计划提出了双层立体自动化码头的设计方案，该方案打破了传统“平面码头”的模式，可以在有限的土地资源和岸线下实现生产能力的翻倍增长，提高了土地和岸线资源的利用率和劳动生产率，体现出绿色生态港口在经济效益和生态环境和谐发展的理念。

## 五、港口集疏运体系的优化

优化完善港口集疏运体系是绿色生态港口发展的另一个重要方面。长期以来，公路运输门到门的优势得到充分发挥，全球主要港口公路所占集疏运比重长期占据主导地位。随着物流量的增加，公路穿过城市运至港口必然会增加城市交通量，导致城市公共交通拥堵，噪音及环境污染情况严重，因此引导货流从公路转向更为清洁经济的铁路和水路运输方式是实现港口可持续发展的重要举措。

港口集疏运体系的优化和完善需要大量的资金投入，尤其是在尚未形成成熟的运输市场情况下，更需要发挥政府的指导和推动作用，积极培育清洁运输市场，扶持相关企业发展，同时要完善内河、铁路等清洁运输方式基础设施网络。尤其是内河运输，由于各个地区内河网络资源十分发达，是良好的天然资源，而且内河运输的发展不会占据有限的陆地资源，因此内河运输应该在未来港口集疏运体系中占据绝对的地位。以欧洲大陆为例，可用于航运的内河水道长度达2.9万公里，沿途有超过400个重要的港口和码头，然而就目前的现状来看，欧盟国家只有7%的货物是通过内河航道运输，公路和铁路的集疏运量分别占78%和15%，内河运输发挥的作用明显不足[20]（表6-2）。

**近几年主要港口集疏运体系结构比较**　　表6-2

| 港　口 | 年　份 | 公　路 | 铁　路 | 水　路 |
|---|---|---|---|---|
| 纽约新泽西港 | 2006年 | 87% | 11% | 2% |
| | 2011年 | 83.73% | 13.27% | 3% |
| 汉堡港 | 2005年 | 68% | 30% | 2% |
| | 2010年 | 53.22% | 37.44% | 9.34% |
| 鹿特丹港 | 2006年 | 69% | 13% | 18% |
| | 2011年 | 56% | 11.2% | 32.8% |
| 上海港 | 2005年 | 84.10% | 0.34% | 15.56% |
| | 2010年 | 74.1% | 0.3% | 25.7% |

数据来源：真虹，赵楠. 全球港口发展报告(2012)[M]. 上海：浦江出版社，2013。

## 六、绿色生态港口管理体系的建立

构建绿色生态港口管理体系是绿色生态港口发展的保障条件，通过建立完善的组织管理制度才能实现绿色生态港口的持续发展。所谓环境管理体系是一个“框架”结构，通过连续不断地对企业或部门的生产活动进行控制，实现环境管理的目标，从而不断提升企业的环境绩效水平。绿色生态港口在发展过程中需要有专门的组织机构根据绿色生态港口管理体系来评估港口的各项工作对环境造成的显著影响，从而便于管理机构发现潜在的污染源，从源头上控制港口作业活动对生态环境的影响。绿色生态港口管理体系可以使港口环境管理活动从计划、制造、检查一直到行动和政府资金支持都有环保政策的支持。

赵琼[10]在研究中提出了港口环境管理体系的框架，该体系中包含了六个层次，分别为目标层、管理组织层、实施层、反馈层和环境评价指标体系、环境管理工具(图6-6)。

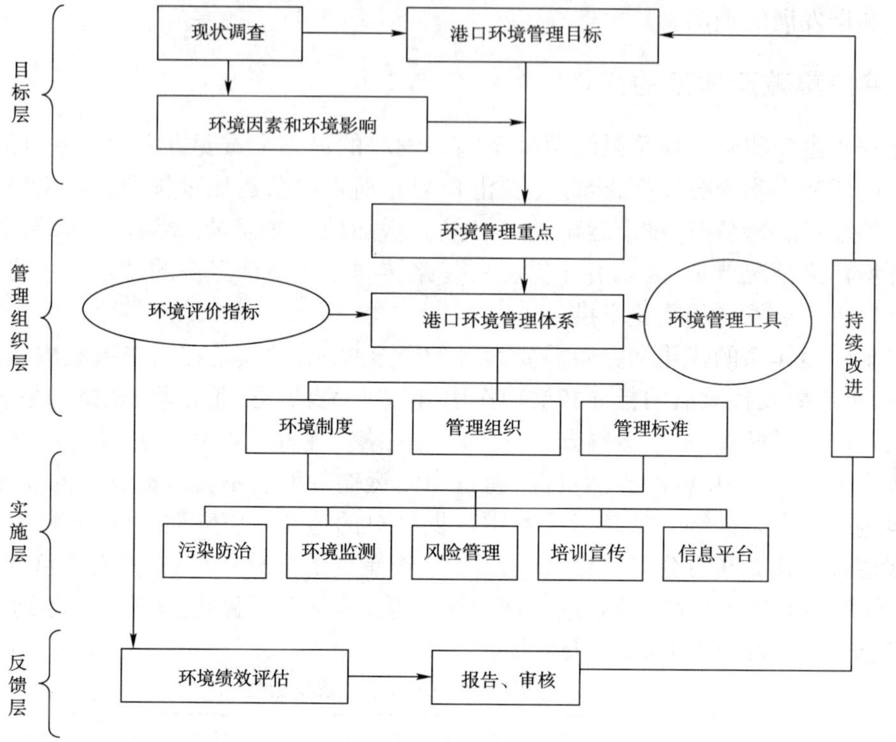


图6-6 港口环境管理体系

在港口环境管理体系中,管理组织层、实施层是该体系框架非常重要的组成部分。管理组织层需要建立国际公约、国家和地区的相关环保法律和法规以及港口内部为防治污染、保护生态环境制定的规章制度,例如《海洋环境保护法》、《港口法》等等。实施层中建立完善的生态环境监测网络体系也十分重要,其价值在于为港口环境管理工作提供定量依据,包括海水水质监测、港口生产区域地表水水质监测、港口周边邻近区域大气质量监测、港口噪声监测等环境监测体系,以及对土地、岸线资源使用情况的监测,对船舶运行、港口作业事故的监测以及相关的应急预案等。另外要加强反馈层建立环境监测后的公告制度,根据相关的法律体系,对违反体系中内容的活动予以公告,并形成反馈回路,有利于下一步环保工作更好的开展。

## 第四节 绿色生态港口发展的措施及建议

建设绿色生态港口除了要拥有使用绿色能源、采取防污染措施、土地岸线资源的集约化使用、港口集疏运体系优化以及港口环境管理体系等五个构建绿色生态港口系统的必须要素外,还可以通过技术创新、信息技术、经济等手段促进港口实现可持续发展。

### 一、充分利用信息技术手段有效减少能源消耗

信息化建设是港口可持续发展重要的推动力,因此绿色生态港口的打造要充分利用信息技术和信息平台。推广港口智能调度系统和办公无纸化作业,建立港口绿色信息系统,坚

持管理技术信息化、控制技术智能化、位移技术高效化和环保技术绿色化的发展模式，以现代的数码、定位信息和网络技术为支撑，推进数字化港口建设进程，以信息技术提升改造传统港口产业高耗能的模式。

通过建立信息网络、实现港区内成员以及港口作业的信息和数据共享，使生产调度、运输组织更为合理，充分利用港口场存、车辆和装卸设备，提高装卸效率，减少船舶在港停时，间接减少能耗。通过信息手段，优化港区布局，使港口作业有的放矢，减少不合理作业和机械的无效率运行。例如通过建立运输网络信息平台，减少集卡放空等资源无故耗费现象等。

## 二、充分利用技术创新手段优化港口生产设备和技术

加强港口绿色技术的研究开发，为清洁生产提供技术上的保证，这也是实现绿色生态港口的重要前提。只有持续不断地推进以技术创新为核心的技术进步，港口才能不断地增强市场竞争力，改善港区生态环境。从可持续发展的角度分析，一方面企业技术进步可以实现对资源的替代，技术、知识作为重要的资源投入减轻了企业发展对自然资源的过度依赖；另一方面通过绿色技术的大量应用，减少了企业生产中污染物、废弃物的排放，有利于人类生存环境改善。因此加强绿色技术的创新和进步，是港口市场主体节能降耗、提高生产效率、实现资源可持续利用的根本途径。

绿色技术的创新包括绿色工艺技术创新和绿色设备技术创新。绿色工艺创新主要是研究、开发和采用对生态环境无害化或者低污染的生产工艺和操作技术，例如青岛港设计创新集卡的“最优路径”，减少水平运输机械的运输里程，宁波港采用“一拖双挂”运输模式，减少对机车的使用等，这些工艺和技术的创新都间接地减少了污染源以及能源的消耗。绿色设备技术创新就是要加快生产设备的更新改造，提高企业技术装备水平，实现生产设备的绿色化，因此强制淘汰落后的生产工艺与设备是建设绿色生态港口非常重要的一项内容。

## 三、充分利用经济手段引导绿色节能模式发展

政府在绿色生态港口的建设中具有非常重要的作用，而政府对于港口生态环境可持续发展的引导，除了通过法律、法规等手段进行行政约束外，还可以通过经济手段给予引导，其中包含经济奖励措施和经济惩罚措施。

*1. 经济奖励措施*

经济奖励措施是政府对于符合绿色生态发展的生产作业模式或技术应用模式给予资金支持或以优惠或折扣的形式减少企业生产作业的支出成本。例如，欧美等港口通过港口费折减鼓励清洁船舶的发展，尤其是由国际港口协会设计的船舶环境指数(ESI)已被越来越多的港口和船舶所应用，截止到 2012 年 10 月，已有 1442 艘船注册了 ESI 系统，19 个港口提供了相应的奖励措施[16]，而中国港口目前对于挂靠船舶燃料的使用尚无限制，为了实现港口的可持续发展，中国港口也应加入到鼓励清洁能源船舶发展的计划中。此外，新加坡港在 2013 年年初实施缩短船舶在港时间的奖励计划，在港停留时间越短，船舶享受的船舶使费优惠幅度越大，此举措有利于增加船舶离港的主动性，减少因船舶滞留港口而产生的一系列环境污染。经济奖励是对绿色环保生产模式的一种鼓励措施，通过降低运营成本，吸引更多的企业推广应用清洁能源、采用高效的作业模式。

2. 经济惩罚措施

经济惩罚措施即对不清洁、不高效的作业方式和能源使用征收一定的惩罚性费用,从而引导企业将目前的运作模式向更为环保的模式转变。目前经济惩罚措施主要有排污收费、排污权交易、碳排放交易等。例如,欧洲部分港口为了引导货物有公路转向水路和铁路等更为清洁的运输方式运输,对公路运输征收了相对较高的碳排放税,而征收来的碳排放税用于补贴水路和铁路的运输。虽然经济惩罚对实现港口的生态性有一定作用,但由于其主要作用于末端治理,而末端治理行为是一种非常不经济的选择,在某种程度上也会降低企业的环保积极性。因此,经济惩罚措施应配合其他手段共同使用,而且应循序渐进的推进。

## 第五节　绿色生态港口发展的案例分析——纽约新泽西港

西方发达国家港口的绿色生态建设已经进入到实质性阶段(表6-3)。尤其是美国,由于邻近社区和环保民间团体的压力,美国联邦政府和各州政府的环保机构必须对港口的环境保护做出明确的、可以量化的指标来改善目标并强制执行相关措施。美国港口一直受到来自监管部门对环保的严格检查和审查。现在港口自身也要求自己管理环保,环保意识已经融入企业运作管理过程之中。

在众多绿色生态港口的建设中,纽约新泽西港的环保措施相对比较完善和成熟,其绿色生态环保措施覆盖了从地方政府管理到企业自身日常运营中的监控、防范和治理,从建立完善的环境保护法律体系到利用经济的激励奖励措施,从技术创新到环保理念的建立,形成了绿色生态港口发展的完善的体系。

1. 参加有利于环保的国际公约

2012 年美国环保署已经确定将实施防污染公约附则六(MARPOL Annex VI)中对于北美碳排放控制区(ECA)内船舶挂靠的要求。其中对挂靠的船舶要求其使用燃料的含硫量不得超过1%($m/m$),港口国控制当局将要求船舶提供包括燃料交付记录、燃料样品、燃料变更记录等等,对于船公司而言这项计划的实施无疑是一项巨大挑战,但长期来看将是一个必然趋势,对于港口环保而言无疑是一个具有非常积极作用的国际公约,而纽约新泽西港也位于北美碳排放的控制区。

2. 完善的港口环境管理体系

纽约新泽西港务局通过建立港口环境管理体系(Environmental Management System, EMS)评估港口各项工作对环境造成的显著性影响,考核环境保护工作水平,对纽约新泽西港务局危险源的识别、港口污染活动、资源节约流程诊断等十分有益,也便于纽约新泽西港务局及时采取措施调整港口生产行为。该体系主要采用 ISO 14001 标准的规范作为指导标准,这是一个比较全面系统,综合了环境和组织目标的评估方法。纽约—新泽西港已经在公用泊位、船舶补给区、航道疏浚以及码头操作等领域采用了 EMS 管理体系。

3. 全面的日常运营监控

纽约新泽西港将绿色生态的管理和监控贯穿于整个作业过程。通过“油改电”、“油改气”等技术推进港口装卸机械电气化,缩小柴油动力的装卸机械作业量,减少港区内机械作业的废气排放和等待车辆的能源消耗。通过对港区大门的改进和新堆场设备的引进,减少卡车的滞留和道路拥堵,减少废气排放。对航道疏浚的淤泥严格进行化学分析,最大限度地维护生态系统的平衡,对淤泥不进行随意抛弃处理,避免二次污染环境。严格规范压载水的排放,确保外在水域的生物种类不进入该港的淡水水域。改造港务船舶主引擎,严格控制船舶进港速度,减少船舶对港口环境影响。

**国外港口推进绿色环保的部分举措及产生效果**　　表6-3

| 港口 | 典型举措 | 目标与效果 |
|---|---|---|
| 纽约新泽西 | 推行“卡车替代计划”,替代636辆1994年的卡车换为清洁能源的车辆;<br>建立港口环境管理体系进行绿色港口建设;<br>推进港口装卸机械电气化,缩小柴油动力的装卸机械作业量;<br>对疏浚区域生态状况的勘测和记录,最大限度地维护生态系统的平衡;<br>船舶进出港口速度控制;<br>加入船舶环境指数(ESI),奖励清洁船舶挂靠等 | 卡车替代计划减少了118吨氮氧化物,14吨PM2.5,1675吨二氧化碳;港区空气质量和生态环境得到改善 |
| 休斯敦 | 环保清洁能源机械更新替代;<br>集装箱中转站安装暴雨雨水处理装置;<br>斥资350万美元激励运营商更新卡车;<br>得到美国联邦环保局、州环保局的拨款资助港口环保教育和环保科研 | 港区每月有害废料的排放量低于30加仑,港口单位作业废弃的排放量降低5吨,集装箱码头水域中的金属含量标准化 |
| 长滩 | 推出“绿色港口政策”,解决港口经济增长及规模扩大过程中产生的环境影响;<br>实施港内设备升级、运输车队换代;<br>制定包括空气、水质、土壤等40个项目环保方案;<br>实施绿旗计划,鼓励更多的远洋货轮在港区内,以低于时速40海里航行,一旦有船舶在港区内以20或40海里时速航行,港务局将给予船公司或船公司码头费折扣;<br>加入船舶环境指数(ESI),奖励清洁船舶挂靠 | 在未来5年之中把颗粒污染物至少减少47%,其中硫化物至少减少52%,氰化物减少至少45%。2009年“绿色旗空气品质”计划,因船舶减速慢驶而减少碳排放污染物2000吨。环保因素纳入了港口几乎所有的设施的设计、施工过程中 |
| 伦敦 | 强制执行水生物保护、作业污染防治等环保要求 | 保护海洋环境 |
| 悉尼 | 绿色理念融入长期发展过程中,针对港区水体、空气、噪声、生态、垃圾、货物管理、教育培训等方面制定相应的“绿色港口指南”(Green Port Guidelines) | 对绿色生态港口的发展方向有指导作用 |
| 鹿特丹 | 加入船舶环境指数(ESI),奖励清洁船舶挂靠;<br>通过与码头运营商签订合同,要求码头运营商提高水路集疏运比例,降低港区碳排放水平;<br>“里吉盟地区空气质量行动项目”(Rijnmond Regional Air Quality Action Programe) | 集疏运体系得到优化,港口空气环境得到改善 |
| 日本港口 | 日本国土交通省港湾局制订了《港口温室气体排放消减计划方案》和《港口温室气体消减对策示例集》,温室气体消减计划的评定主要针对二氧化碳的检测,对排放量的计算测量、管理和评价;<br>采用岸上供电设施;<br>通过绿化和改造建筑物外装饰灯措施来改善景观 | 减少港口作业的废气排放,降低集装箱码头对大都市的环境污染 |

资料来源:参考文献[16]、[21],经作者整理。

4. 不断优化的集疏运体系结构

通过政府支持措施，修建高速铁路，改造水上碍航设施，鼓励发展污染少、效率高的自装卸驳船直接转运内陆货物，从而逐渐提高铁路和水路在集疏运中所占比例，优化集疏运体系结构，提高集疏运效率。

5. 经济奖励措施鼓励环保作业模式

美国纽约新泽西港自2005年推出“卡车替代计划”，政府投入700万美元来对1993年以上的老旧卡车进行更新替换。此外，美国政府通过降低对环保车辆的融资贷款利息并建立资助资金对环保卡车项目给予支持，在政府给予资金资助的情况下购入新能源环保卡车，实际购入价格仅需车辆售价的75%，对于企业而言既可以减少未来在能源方面的投入又可减少港口对空气的污染。

美国纽约新泽西港也采用ESI指数，并斥资487.5万美元对达到ESI指数20分以上的船舶给予资金奖励，预测将有近500艘船舶参与到该计划中去，该计划的实施可帮助纽约新泽西港每年减少182.2吨氮氧化物、38.3吨的悬浮颗粒物和264.1吨的硫氧化物排放到空气中[16]。

6. 加强环保技术研究及环保意识树立

为了缓解交通运输业对环境的持续压力和提高港口的竞争效率，纽约新泽西港务局每年投入巨资加强环境保护和环境友好技术的研究。此外，纽约新泽西港务局也非常重视员工环保意识的提高，进行不同类型的环保专业培训。

## 第六节　本章小结

港口在快速发展为全球贸易提供服务的同时也产生了对资源的过度开发以及环境污染等问题，使经济、社会、资源环境三者之间的矛盾愈加突出。在能源危机加剧的当今社会，加快转变经济发展方式，建设绿色生态港口成为未来发展的方向和趋势，绿色生态港口建设已成为解决港口发展过程中所遇问题的关键。

“绿色生态港口”是一种“港口—人—自然”和谐相处的生态环境理念，并且随着港口功能的拓展和绿色生态概念的进一步延伸，绿色生态港口的概念和内涵也将随之不断发展。绿色生态港口需要将绿色生态理念贯穿于港口的整个生命周期以及整个港口供应链，港口与供应链上下游企业需要实现绿色生态的协同发展。绿色生态港口发展的最终目标是实现港口经济利益、社会利益和环境利益的三者协调发展，实现港口城市的可持续发展。

绿色生态港口系统由主体要素、客体要素和支撑要素三者组成，各要素在系统中所发挥的作用和功能各不相同。在绿色生态港口系统的构建过程中，要加大绿色清洁能源的使用，建立完善的防污染措施和绿色生态港口管理体系，合理开发土地和岸线资源，提高单位资源内的生产效率，优化港口集疏运体系。同时，要充分应用信息技术、经济政策等手段，优化港口生产设备和作业技术流程，有效较少港口生产过程中的能源消耗，引导绿色节能模式发展。

# 参考文献


[1] Uwe Breitling. Sustainable Shipping and Port Development. 5th Regional EST Forum in Asia Bangkok, Thailand,2010

[2] Kathleen Bailey. Sustainable Port Communities. 1st Hemispheric Convention on Port Environmental Protection,USA, 2009

[3] 刘翠莲,郁斢兰.论我国绿色港口建设.[J] 武汉理工大学学报(社会科学版),2011 第 24 卷第 3 期

[4] 徐伯海.绿色港口的规划与布局[J].中国水运,2007(4):12-13

[5] 何迎,鞠美庭,邵超峰.天津绿色港口环境规划思路探讨[J].环境保护,2007(18):69-71

[6] 张树奎,鲁子爱. 港口环境资源的生态性评价方法研究[J].江苏科技大学学报,2010 第 24 卷第 2 期

[7] 杨海星.生态型港口建设评价研究.[D]大连海事大学,2011

[8] 刘南南. 基于 DPSIR 的辽宁省生态港口群评估体系研究.[D]大连海事大学,2010

[9]中华人民共和国环境保护部. 声环境质量标准.[S] 2008

[10] 赵琼,鞠美庭,陈书雪,贝新宇. 港口环境管理体系研究[J].中国资源综合利用,2009(04)

[11] 王曦. 港口节能减排现状及措施浅谈[J]. 大科技, 2010(11)

[12] 中国煤炭新闻网. 2012 年中国能源行业十大展望[EB/OL]. http://www.cwestc.com/newshtml/2012-1-12/229489.shtml, 2012-01-12

[13] 全杰,赵琳琳,陈翔,林霞虹. 新型城市化发展要让经济环境双赢[EB/OL]. http://gzdaily.dayoo.com/html/2012-03/10/content_1637776.htm,2012-03-10

[14] 中国低碳经济网. 树立标杆典范,节能减排英雄榜盛大发布[EB/OL]. http://business.sohu.com/20100518/n272196774.shtml, 2010-05-18

[15] 国际船舶网. 连云港船用岸电系统脱颖而出[EB/OL]. http://www.eworldship.com/html/2012/ManufacturingMarket_0208/43768.html,2012-02-08

[16] 真虹,赵楠. 全球港口发展报告(2011)[R].上海国际航运研究中心,2012

[17] 中国水运报. 低碳交通运输——水运发展峰会特别报道[EB/OL]. http://www.chida.org/news/View.asp? ID=2341&t=2,2011-08-23

[18] 中国水运报. 天津港:资源节约型、环境友好型转型加速[EB/OL]. http://info.jctrans.com/news/hyxw/20136241937922.shtml, 2013-06-24

[19] 中国宁波网. 宁波港使用绿色能源节能减排构建绿色港口[EB/OL]. http://news.cnnb.com.cn/system/2010/07/16/006602021.shtml, 2010-07-16

[20] 联合国新闻. 欧洲经委会呼吁增加使用环保的内河航道[EB/OL]. http://www.cnss.com.cn/html/2012/hysczhgc_1015/81434.html, 2012-10-15

[21] 真虹,赵楠.全球港口发展报告(2012)[M]. 上海:浦江出版社,2013

[22] M. A. Pesquera, J. R. Ruiz. Sustainable development strategies for cities and ports[M]. Geneva:United Nations,1996

[23] 王贵生.现代城市绿色生态环境建设[J].研究与探讨,2007,(8)

[24] 王淑瑞,王远渊.我国绿色生态港口建设现状及对策[J].航运经济与管理,2013,36(3)

[25] 姚伟静,林少倍.试论港口城市的可持续发展[J].中国港口,1998,(4)

[26] 章雁.绿色生态理念下港口建设与国际航运中心发展述评[J].工业技术经济,2012,(11)

[27] 吴鹏华.绿色生态港口建设初探[J].海洋环境科学,2009,28(3)

[28] 姚荣,陈晓峰,张娜.绿色生态港口简析[J].人民长江,2003,34(5)

[29] 汪应洛,王能民,孙林岩.绿色供应链管理的基本原理[J].中国工程科学,2003,5(11)

[30] 张亚冬,崔凯杰,彭士涛.港口环境承载力概念及其影响因素初探[J].水道港口,2008,29(5)

[31] 金汉信,霍炎.港口发展的生态位理论研究[J].南京财经大学学报,2008,(2)

[32] 贺培青.港口岸线资源开发的绿色评价研究[D].上海海事大学,2007

[33] 赵云君,李红兵.从传统发展模式到绿色生态模式——现代企业经济可持续发展之路[J].生态经济,2004,(5)

[34] 耿宏兵,袁壮兵.澳门:资源稀缺条件下的绿色生态环境改善策略研究[J].国际城市规划,2011,(5)

[35] 庞燕,王忠伟,汪洪波.低碳经济环境下钢铁制造业绿色供应链管理模型研究[J].企业经济,2011,(2)

# 第七章　智 慧 港 口

粗放式的港口发展模式已经无法适应社会经济的发展需要。在世界重要城市纷纷提出打造智慧城市的同时，建设智慧化港口已经引起业界的高度关注。以高度自动化、高度信息化以及人员的高度知识化为代表的智慧港口将成为引领未来港口发展的又一重要趋势。我国多数沿海港口已经步入智能港口的探索发展阶段，此时提出建设智慧港口的发展理念，将为我国港口加快实现与国际先进港口的对接赢得先机。

## 第一节　“智慧”港口的概念

### 一、港口信息化的发展历程

从世界范围来看，各国主要港口先后经历信息港、数字港、智能港的发展阶段，并逐步向智慧港升级转变（图7-1）。欧美、日韩等国的港口信息化建设起步较早、成效显著。例如，美国港口利用智能卡口和射频识别技术，为其港口物流发展实现供应链透明、货运安全、国际反恐等提供了有力保障。埃及的新杜姆亚特港（Damietta）已宣布建成地中海区域的首个智能港口。

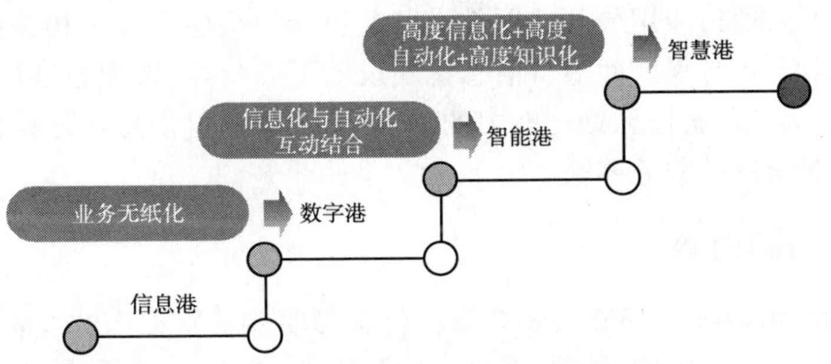


图7-1　港口信息化发展历程

我国港口信息化建设始于20世纪80年代，首先引进美国、日本以及欧洲港口集装箱码头管理信息系统，通过自主改进使生产系统适应本土生产需要。20世纪90年代末期，我国主要沿海大港通过引进技术自主建成了EDI运营中心，为之后我国港口吞吐量持续增长奠定了基础，也为之后口岸一站式服务的发展起到了极大的促进作用。21世纪初，我国大部分港口开通互联网站，相继实现普通信息查询、单个流程办理直至整体业务一站式办理等功能，结合EDI服务实现了口岸各部门网上联合办公。同期，我国沿海大港自主研发的生产业务系统已投入到各自年吞吐量过百万标箱的码头运营中，完全替代了当初由国外引进的生产系统。2005年前后，我国各大港口陆续建成了港口光缆基础网络，并将GPS、GIS、RFID等最新信息技术应用到码头生产中,实现了港口生产全过程、全方位实时监控。目前,我国沿海主要港口,例如上海、宁波、天津、青岛、深圳等,由于先于其他港口在信息化方面开展探索,已经基本实现码头生产、管理的信息化,调度、监管的视频化等。并且,随着物联网技术的推广应用,我国多个港口已将"建设以信息化港口为目标"升级为"建设以智能化港口为目标"的发展战略。交通运输部在"十一五"规划中将"智能港口"列为我国现代港口建设的目标及发展方向,到了"十二五"规划,已经着手全面部署智能港口建设,加大智能港口建设的投资力度,积极推动智能港口(及智能口岸)建设。

我国港口信息化建设与国外相比仍然存在较大差距,究其原因主要有以下三个方面:一是国外信息技术科研水平、发展水平领先于国内。由于欧美国家普遍在最前沿的信息技术科研领域投入巨大资金,且十分重视产学研结合,因此最新的最实用的科研成果都会及时投入到港口生产业务中来。二是加入世界贸易组织之前的中国,与世界各国的贸易往来还处于初级阶段,港口吞吐量占世界比重较小,已有的港口信息技术仍能满足当时的港口货运量增长需求。三是当时国内各地港口企业或港务局仅把信息技术看作是作业生产的辅助工具,未开展系统的、宏观的信息技术战略规划,未积极主动进行深入的产学研合作。进入新世纪后,各大港口面对吞吐量井喷式的增长,在国家相关部委的大力支持下,陆续启动了关键信息技术建设项目,通过引进国外技术与依靠自身力量自主研发双管齐下,到目前为止以物联网技术为代表的相关信息技术水平已经接近国际领先水平。

纵观国内外港口信息化建设,始终围绕的两个核心就是业务流程信息化建设与码头生产信息化建设。其中,业务流程信息化建设主要解决口岸各部门(涉及港口企业、监管部门、运输企业、货主企业以及银行保险企业等其他部门)之间业务办理的全过程联网,港口企业内部管理的全过程联网。码头生产信息化建设主要实现港口作业计划编制合理、生产执行自动、监督预警智能,通过应用最新的硬件设备并更新码头生产系统相关业务模块,使码头生产更高效、更安全、更环保。而港口信息化建设的下一阶段,即智慧港口的建设将在进一步改造业务流程、提升码头信息处理能力的基础上,实现港口信息化建设新的突破和变革,为港口相关企业带来新的服务体验。

## 二、智慧港口的内涵

"智慧"一词的出现源于IBM公司首席执行官彭明盛首次提出的"智慧地球"概念。通过将感应器嵌入和装备到电网、铁路、桥梁、隧道、公路、建筑、供水系统、大坝、油气管道等各种物体中,实现物体与物体之间的相互连接、沟通和对话,将智能系统融入到生活的各个方面,例如打造智慧电力、智慧医疗、智慧城市、智慧交通、智慧供应链、智慧银行等,实现人类社会与物理系统的整合。打造"智慧地球"的核心在于物联网、云计算、大数据等现代信息技术在人类生活中的广泛应用。

由此引申而来的"智慧港(The Intelligence of Port,IOP)",也被称之为"智能港"。由于目前智能港在国内仍属于前沿议题,学者对智能港的界定较少,主要集中在如下表述:

谢文宁等[1,2]认为,智能港口系统是将互联网技术(WEB)、全球定位系统(GPS)、移动通信技术(GMS)、无线通信技术(WAP)、地理信息系统(GIS)、无线射频识别技术(RFID)、实时监控系统(AIS)、自动化装卸设备、物流搬运机器人(AGV)等先进的信息技术和自动化技术综合应用于整个港口物料作业、运输服务及港口管理等各个方面,建立一种在港口服务范围内全方位发挥作用的实时、准确、高效、优质的港口物流服务体系。

王宇等[3]认为,智能港口是基于现代电子信息技术、面向港口运输的服务系统,其突出特点是以信息的收集、处理、发布、交换、分析、利用为主线,为港口服务参与者提供多样性的信息服务。

本文认为智能港是将物联网、传感网、云计算、大数据等技术手段与互联网技术、全球定位系统、移动通信技术、无线通信技术、地理信息系统、无线射频识别技术、实时监控系统、自动化装卸设备、物流搬运机器人等信息技术和自动化技术相结合,综合应用于整个港口装卸设备、船舶、集装箱、车辆、仪表等物体,以及装卸作业、物料作业、运输服务等各个作业环节,使港口装备、船货信息、物流资源和港口管理得到广泛的互通互联,实现港口智能化识别、定位、跟踪、监控和管理,建立一种在港口服务范围内全方位发挥作用的实时、准确、敏捷、高效、智能的港口物流服务体系。在此定义下的“智慧港”侧重信息化、智能化技术在港口物流服务体系中的应用,更具有“智能港”的特性。

本文在此提出的“智慧港口(Smart Port)”与上述表述有所区别。以“Smart Port”为标识的“智慧港口”是不局限于信息化、自动化和智能化的港口,而是更为宽泛的综合性概念,是相对于传统机械化港口而言的一类智慧型港口。具体来看,“智慧港口”是对信息化、自动化、网络化、智能化、柔性化的综合阐述,最重要的是加入了人的思维、才能和想法(图7-2)。“智慧港口”不仅是一种新的信息技术和解决方案,更是一种新的理念和发展模式。“智慧港口”是从整个港口服务供应链的角度出发,是对以港口为核心的物流服务供应链的整体创新。“智慧港口”基于物联网技术感知、互联的特征,对港口服务供应链运行核心系统的透彻感知,广泛连接和深度计算港口服务供应链在运行过程中产生的各项关键信息,结合人脑的智慧、判断与分析,使物与物、物与人、人与人实现互联互通,形成信息化、网络化、柔性化的现代智慧港口。因此,我们可以这样定义,“智慧港口”是以知识智能为导向,以先进的信息化技术和自动化技术为基础,具有广泛的网络覆盖性和高度柔性化的现代港口。

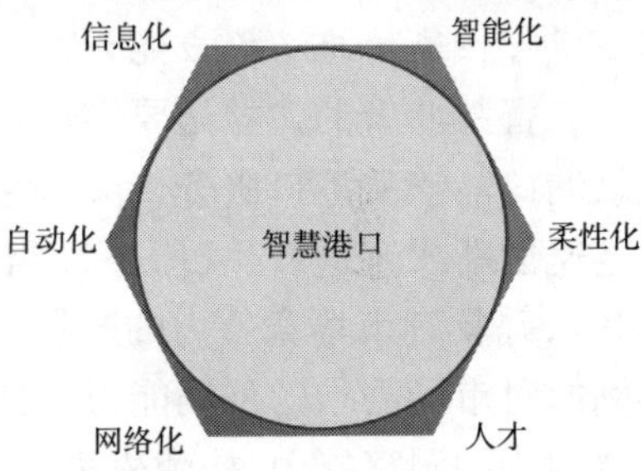

图7-2 智慧港口概念图

## 三、智慧港口的特征

智慧港口具备六大特征,具体表现为:高度信息化、高度自动化、广泛互联、快速响应、知识服务水平较高以及精细化管理。

1. 高度信息化

智慧港口具有高度信息化的特点,主要体现在港口服务供应链上的信息集成和共享,物联网的全覆盖,货物的“智慧化”。智慧港口广泛采用物联网、云计算、人工智能、数据挖掘、知识管理等技术工具,实现对港口运行状态的自动、实时、全面透彻的感知,帮助港口、船公司、物流公司、车队、管理部门等港口相关单位或个人实时跟踪、了解货物的动态信息,不仅有助于提高港口的运行效率和服务质量,还强调将港口视作物流服务供应链上的一个节点。通过建立开放、整合、协同的港口信息化架构,改变传统行业分割、相对封闭的信息化架构弊端,实现信息资源的实时共享和系统决策最优,发挥港口信息化的整体效能。

2. 高度自动化

实现高度自动化是智慧港口的重要表现之一。利用自动化控制技术,可以及时掌握和了解港口运行的实时情况,减少货物积压和船舶压港现象,提高港口运转效率。例如,汉堡港是欧洲规模最大、最现代化的集装箱港,自动化、机械化程度很高,码头采用最先进的装卸设备和货物管理系统,具有高效的装卸能力,所有作业均符合最新的国际安全规范。码头上采用的无人自动导向车既确保了最高的装卸效率,又维持了最低的运营成本。火车、卡车和支线集装箱船都可以在码头安全、快捷地运进和运出集装箱,大大缩短了航运公司的船期。码头货物系统和海关系统集成一体,通关快速简便。汉堡港口管理当局还采用 GPS 实时监控系统对进出港的非引航船舶和引航船舶情况、船舶装卸及码头仓储作业情况、航标动态等进行全天候安全监控,及时掌握全港安全动态信息。

3. 广泛的互联

受益于物联网技术、无线网络技术、云计算等现代技术手段在智慧港口的应用,港口以及以港口为核心的物流服务供应链中涉及的物、人之间将产生物与物、人与物、人与人之间全面的互通互联,使得港口及其供应链活动形成一张复杂的巨系统网络。宽带泛在网络作为智慧港口的"神经网络",极大地增强了智慧港口作为自适应系统的信息获取、实时反馈、随时随地智能服务的能力。通过人的"智慧"参与,将进一步提升技术手段对管理决策的支持作用,推动智慧港口实现智能融合和随时、随地、随需、随意的应用,促进智慧港口各个关键系统和谐高效运行。

4. 快速的市场响应能力

智慧港口的建立是要实现对以港口为核心的物流服务供应链的整体创新。这就要求智慧港口能够从港口服务供应链系统中把握与其自身实力相称的、现实的、潜在的市场机会,迅速创新或改进产品(服务)、组织生产,快速提供符合客户特定要求(例如品质、规格、实效等),并具有市场竞争力的产品(服务)的一种整体能力。这种能力包括对环境的分析能力,例如对市场需求的预测能力、对市场现状的感知能力、对竞争环境的分析能力以及对技术创新趋势的洞察能力,构建先进生产工艺过程的能力,产品服务的迅速创新能力,企业管理组织的能力等。

5. 较高的知识服务水平

"智慧港口"与"智能港口"最大的区别体现在,"智慧港口"更突出"人"在港口发展和港口管理中所起的关键作用。智慧港口不仅仅是在物联网技术背景下,现代信息技术和自动化技术应用于港口行业的集成概念,其实质应该是管理理念、管理手段的创新。这就要求智慧港口不仅拥有智慧的系统,还必须拥有同样智慧的人员。港口员工需要具备更高的受教育程度和知识水平,能够以持续创新的视角和理念来对待运作模式的革新,构建有利于创新涌现的制度环境,注重员工的参与和融合,以实现智慧技术高度集成、智慧产业高端发展、智慧服务高效便捷为目标,完成从信息港口到智能港口,向智慧港口的跃升。

6. 精细的港口管理模式

管理模式是港口运行的核心工程。智慧港口则对港口管理的要求更高,必须能够将战略目标细化、落实到经营的各个环节。这就要求智慧港口企业采取精细化的管理模式,将管理责任具体化、明确化，每一个管理者都要做到尽职尽责，发现问题及时纠正、及时处理，重视客户视角的服务设计和提供，注重管理方式的规范性和创新性有机结合，能够最大限度地减少管理所占用的资源和降低管理成本，强调通过政府、企业、市场、社会各方力量的协同参与实现智慧港口的价值塑造，从而将港口企业的战略规划切实贯彻到每个环节并发挥作用，提升智慧港口的整体竞争实力。

## 四、打造智慧港口的意义

打造智慧港口是实现港口现代化建设、促进港口向第四代港口转型升级的重要途径，具有较为广泛和实际的意义。

1. 有利于提升港口服务效率和服务水平

智慧港口是对先进信息技术和自动化技术的有效结合，能够对港口各个作业环节进行深度感知，建立以港口为核心的物流服务网络，增强网络各个节点之间的无缝衔接和实时的信息跟踪服务，推进港口物流服务的可视化和智能化，提升港口服务效率和服务水平，增强港口对临港区域和腹地经济的支撑带动作用。

2. 有利于促进港口经营管理模式转变

智慧港口的建设将改变传统的港口管理理念和管理模式，以智能化、自动化运作代替人力劳动，以精细化管理代替粗放经营，一方面提高港口设施技术水平、进一步释放生产作业能力，另一方面优化港口经营管理方式，有效提升港口专业化、规模化水平，推进港口功能结构调整。

3. 有利于加强港口集疏运体系建设

智慧港口要求港区与后方园区、与港口腹地之间能够形成通达的集疏运网络，以适应港口高效的运作模式。因此，打造智慧港口的同时，可以加强港区与疏港公路、疏港铁路以及支线运输之间的联动发展，推进综合性、一体化的集疏运体系建设，促进水水中转、江海联运、海铁联运等联运模式的发展，提高内陆场站建设和运营效率。

4. 有利于拓展临港物流增值服务

智慧港口要求能够及时响应客户需求，能够提供柔性化和个性化的生产、服务，对市场需求变化有较强的感知能力和适应能力。这对拓展临港物流增值服务具有较好的推动作用，特别是国际中转、国际分拨、国际配送、保税加工等派生性的物流服务，能够促进港口迅速扩大国际市场份额，提升在区域范围的影响力。

5. 有利于推动绿色生态港口发展

智慧港口在建设过程中将加快推动港口码头设施的技术改造，更加注重提高港口节能减排的能力，增强港口对再生能源的利用，提高码头资源的综合利用率和循环利用率，降低港口码头对生态环境和人文环境的影响。

6. 有利于增强港口综合监管能力

智慧港口将港口信息技术、自动化技术和管理人员的智慧相结合，能够做到实时、动态、准确地感知港口经营活动，尤其对危险品货物、重大件货物、旅客运输等特殊活动进行动态监管和危险预警，有助于提升港口经营人对港口作业的管控能力，增强港口应对突发事件和紧急事情的能力。

# 第二节　智慧港口的发展情况

## 一、国外智慧港口的发展现状

自1994年起，由智能交通国际组织发起的智能交通系统世界大会首次提出智能交通系统（Intelligent Transport Systems，简称ITS）的概念以来，智能交通系统称为交通运输领域的前沿科学。它将先进的信息技术、数据通信传输技术、电子控制技术及计算机处理等技术综合运用于整个交通运输管理体系，通过对交通信息的实时采集、传输和处理，建立起一种实时、准确、高效的综合运输管理体系，从而使交通设施得以充分利用，提高交通效率和安全，减少交通系统对环境的冲击，最终使交通运输服务和管理智能化。

得益于智能交通系统概念的普及以及智能交通系统应用的推广，港口作为社会交通大系统的重要组成部分，智能港口系统的研究和应用得到了广泛重视并取得了明显进展。近年来，随着信息技术和自动化技术在港口生产系统中的深层次应用，人们逐渐意识到，港口业务人员的知识水平也在港口生产和管理中起着同等重要的作用。因而，欧洲主要大港如鹿特丹港、汉堡港、安特卫普港等除了注重推行信息化和自动化的码头作业，建设发达的港口物流信息系统，还重视提升港口人力资源素质，营造开放的港口物流环境，实行灵活的港口管理模式，提供柔性的港口物流服务，使得港口由“智能”向“智慧”跃升。

1. 欧美港口引领智慧发展

欧美港口一直是世界港口技术的领导者。全世界投入正常运行的自动化集装箱码头中，以釜山、汉堡（ALTENWERDER码头）、鹿特丹（EUROMAX码头）和美国朴茨茅斯港为代表的欧美集装箱港口占据了绝对优势。

1993年，世界上第一个自动化集装箱码头在荷兰鹿特丹港投入运行，此后，欧洲集装箱码头公司（ECT）旗下的新型全自动集装箱码头EUROMAX问世。EUROMAX是欧洲最先进的码头之一，其设计均以高水平操作为原则，码头采用德国DEMATIC公司的DYNACORE导航软件对自动导引车进行导航和控制；采用美国NAVIS公司的信息自动化软件对码头进行管理；码头内大部分设备均以电能推动，大大减少使用石化燃料，有助于保护环境；码头新增的处理能力更能配合客户的需求，码头连接铁路运输的多式联运网络，为货物往来欧洲内陆腹地提供理想的选择。此外，鹿特丹港务局一贯重视信息化建设，搭建多个信息服务平台，为收发货人、船公司、码头企业等港口相关单位提供港口物流信息共享服务。例如，港口信息交换平台PORTBASE是鹿特丹港务局和阿姆斯特丹港务局2009年合并双方平台而成，该平台与荷兰海关的SAGITTA系统相连，服务于港航物流业的信息共享，由港口工业协会和双方港务局及航运企业共同建设运营。SHIPINFO系统是鹿特丹港务局免费使用的ROYALDIRKZWAGER公司的服务，包含了鹿特丹港域的所有进港、在港和离港船舶的动态信息，注册者可以通过此系统获得约10万远洋船舶的基础信息。

德国汉堡港同样是智慧港口发展中的先驱。汉堡港HHLA公司旗下的ALTENWERDER集装箱码头（简称CTA）是当前世界设施最先进的集装箱码头之一（图7-3）。码头的高自动化、先进技术装备和创新性的电子数据处理保证了高效的大型集装箱货轮装卸工作。

CTA 码头岸线长 1400 米，布置 4 个泊位，泊位水深达到 16.7 米，拥有 15 座集装箱桥吊，2100 个冷藏插头。今后，HHLA 还将在 CTA 码头建造更多的泊位，为集装箱提供更多运营、储藏空间，最终将其发展成为一个年处理能力达到 300 个标准箱的现代化高效集装箱码头。码头采用了最先进的装卸设备和货物管理系统，集装箱调运全部由电脑自动调控，港区作业采用自动导向车完成货物从码头到储存仓的转运，自动化程度高，装卸效率高，并且所有作业均符合最新的国际安全标准(图 7-4)。CTA 码头的另一大特点在于将码头的货物管理系统和海关系统集于一体，使得 CTA 集装箱码头成为汉堡港第一个在保税港区之外，但以保税港区形式运作的码头，通关快速简便。发达的集疏运网络为在汉堡港装卸的货物提供铁路、公路、水运等多种联运方案。

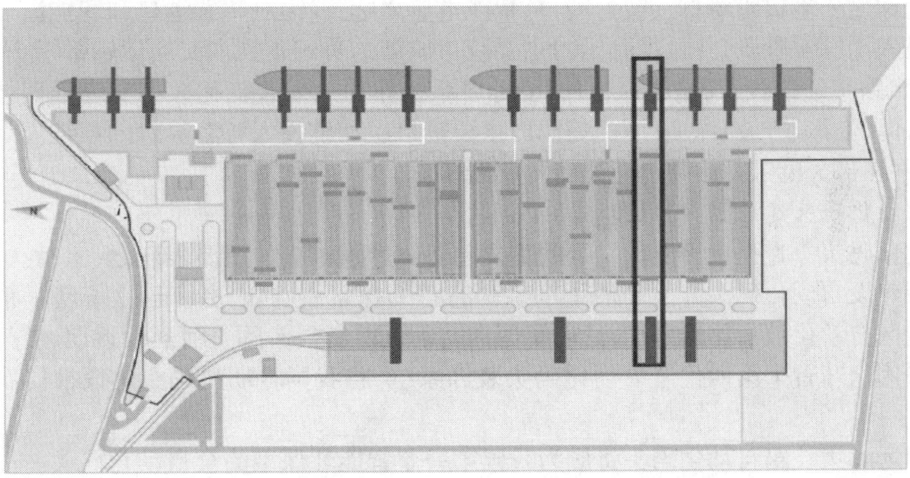

图片来源：CTA

图 7-3　汉堡港自动化集装箱码头平面图

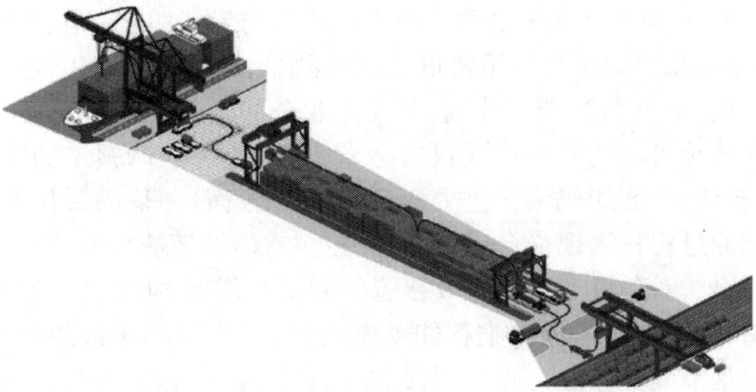

图片来源：CTA

图 7-4　自动化系统的工作原理

2. 亚洲港口加大探索力度

尽管亚洲港口在智慧港口发展方面落后于欧美大港，但是正逐步加大对智慧港口建设的探索力度，釜山港就是其中的代表性港口。2004 年底，韩国政府推出“智能集装箱”计划。这项被称为“RFID 海运物流”的项目，在“智能集装箱”上安装有智能 RFID 和传感器。这些集装箱从釜山港口运往美国西海岸和欧洲主要港口的途中,借助运输安全系统软件的监控,后台管理人员可以实时得到各种信息,以此加强韩国和其他国家进行国际贸易的高效性和安全性。2009 年,釜山港为第一级和第二级码头配置了无人驾驶系统,这项 RFID 技术使得整个流程几乎完全自动化运行。当一辆卡车进入码头正门的时候,RFID 读写器就会自动识别卡车的货运信息并引导它驶向指定的货物区域。无人驾驶起重机采用 RFID 技术核实了信息的正确性之后再次把集装箱装载到指定地点。作为首个全功能的无人驾驶货运系统,该系统实现了成本的削减和劳动时间的减少,提升了港口作业效率。

## 二、国内智慧港口的发展现状

在全球主要港口纷纷打造智慧港口、智能港口之际,我国对智慧港口和智能港口系统的建设也进入了探索阶段,并且得到国内主要港口城市的普遍重视。交通运输部于 2005 年出台《公路水路交通科技发展战略》,将智能港口系统作为未来智能化数字交通管理技术的主要研究方向,上海、宁波、深圳、厦门等国内主要港口也相继投入智慧港口的系统规划和功能建设中,并在部分港区开始智能化运行的实践探索。

1. 自动化码头建设渐入佳境

自动化码头一直是世界港口发展的重要趋势和智慧港口的重要表现之一。我国沿海诸多港口在建设自动化码头方面开展了一系列有益的探索。例如,上海建立了基于精准配送的罗泾港区自动化散货物流系统,开创了国内自动化散货码头的先河。而近期,厦门远海码头提出采用全球首个第四代全自动化码头装卸系统,将我国自动化码头建设推向新的更高台阶。

厦门远海集装箱自动化码头将成为我国第一个智能环保型的全自动化码头。厦门远海集装箱自动化码头工程分为三期建设,一期工程对位于厦门海沧保税港区的 14 号泊位及部分 15 号泊位进行改造。厦门远海码头一改自动化码头堆场垂直布置的常规,首次应用码头后方集装箱堆场与岸线平行布置方式,设计通过能力为 78 ~ 91 万 TEU/年,其吞吐能力相比传统码头将提升 20% ~ 40%。该全自动化码头在码头前沿船舶装卸作业采用双小车集装箱岸桥,后方堆场作业采用自动化集装箱轨道吊,中间水平运输采用锂电池驱动的自动导引小车(AGV),整个作业流程实行智能化控制,现场作业全程无人参与。

待厦门远海集装箱自动化码头正式投入运营后,将成为全球领先的国内第一个商业运行的全自动化、零排放、全智能码头。主要表现在三个方面:一是码头作业全程自动化。厦门远海码头现场作业过程将实现全自动化,中央控制室能够智能地完成集装箱堆放计划、船舶配载计划、调度计划,对各设备进行高效智能的调度和管理,从安全、效率和能耗等指标分析确立最佳作业路径,对堆场箱位实施智能动态管理,提高堆场场地的利用率,大幅提升码头的管理水平。二是节能环保能力强。通过技术改造,码头的集装箱搬运装置从传统码头水平运输大量应用内燃机驱动改为电驱动,自动导引小车首次采用锂电池驱动,综合碳排量可以减少 14%,使得整个码头系统相比传统码头节能 25% 以上。三是智能操作实现无缝衔接。自动导引小车与双小车岸桥的门架小车一起使用,使自动导引小车与自动化轨道吊以及岸桥主小车之间不需相互等待,提高了作业效率和设备利用率,缓解了拥堵问题。

2. 电子标签技术引领国际标准

电子标签(Radio Frequency Identification,简称 RFID)技术已经成为一项先进的自动识别和数据采集技术，被公认为21世纪世界十大重要技术之一。对于打造智慧港口而言，能够提供精细化的管理和可信赖的服务，是衡量其竞争实力的重要指标。电子标签技术应用于港口物流领域，能够帮助货主企业实时掌控物流各个节点的运行状态，提高物流运作的透明度和安全性，以缩短货主企业的生产和销售周期、减少物流成本。

由上海港务集团团队设计研发的集装箱电子标签系统（图7-5），即《ISO18186：货物集装箱—RFID货运标签系统》已经经过国际标准化组织（ISO）投票通过并颁布，成为物流、物联网领域第一个由中国专家发起并主导的国际标准。该项技术以全程追踪集装箱相关信息为目的，能够实时记录集装箱运输中的箱、货、流信息，以及相关的安全信息，结合全球网络环境，利用无线射频识别、无线数据通信等技术，构建一个集装箱监控网络，实现集装箱物流全程实时在线监控，以提高集装箱物流全程的透明度和安全性（图7-6）。目前，集装箱电子标签技术已应用在中国上海—加拿大温哥华集装箱航线上，借助“中加集装箱运输全程实时在线监控系统”对中加集装箱物流供应链进行全程运输跟踪，信息传递准确率达到100%。此外，日本、俄罗斯、马来西亚、泰国等相关行业也都采用了该项技术，未来该项技术将会受到更多的关注和应用普及。

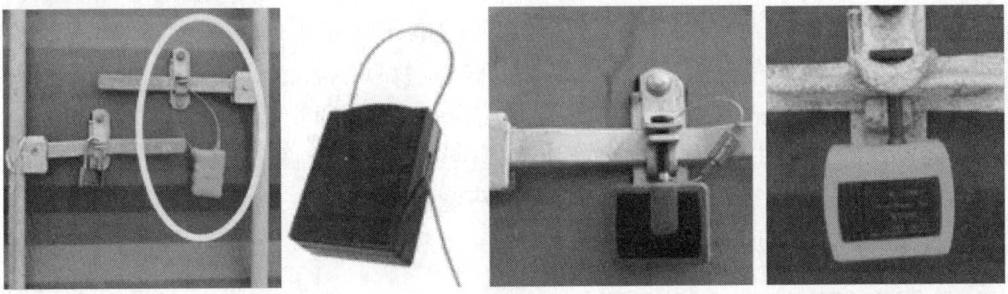

图片来源：包起帆，上海国际航运研究中心举办的论坛，2012。

图7-5　集装箱电子标签图

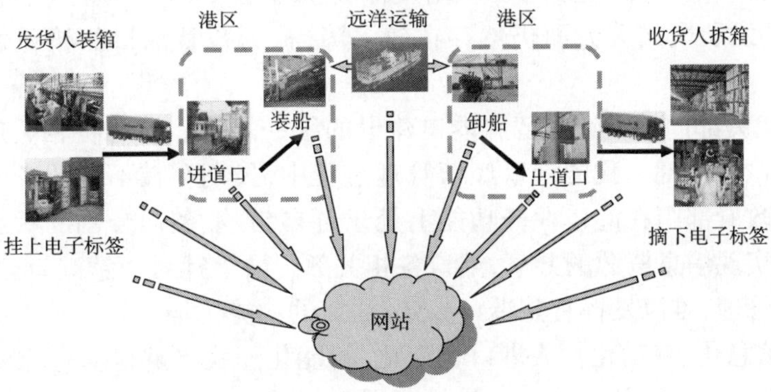


图片来源：包起帆，上海国际航运研究中心举办的论坛，2012。

图7-6　集装箱电子标签使用模式

3. *物联网、云计算助力智慧港口*

智慧港口的一大特征就是要实现港口运营的高度信息化。随着物联网、云计算等现代信息技术的发展，智慧港口建设迎来了重要的发展机遇。港口以物联网和云计算技术为基础，将自动化数据采集技术、无线通信技术、数据库技术、计算机模拟优化技术融入港口生产,全面提升港口物流效率。

物联网技术在港口生产和管理的主要模式为:在生产和管理的环节使用RFID及其他传感器技术,实现通关货物、车辆数据的快速自动采集;随后通过网络传输,汇集港口传感器采集的数据和其他部门以及周边企事业单位的信息,形成区域性的数据中心;再根据海关对货物、车辆通行的控制需求,结合云计算平台对数据进行分析,从而实现港口生产和监管的全网络、全透明、全过程管理,最终实现为企业提供一个高效、快捷、安全、环保、低成本的良好港口物流服务环境,为区域的安全生产、物流管理、环境保护、政府决策提供支持。

云计算技术与港口物流相结合,则产生了"物流云"[4]。"物流云"是将物流环节中的货代、卡车公司、仓库、码头等提供物流能力的企业连接在一起,同时将使用物流服务的制造业、零售企业也连在一起,通过云计算技术、物联网技术、优化与智能分析技术以及移动技术等,将供应链中的每个环节紧密衔接,提供物流运作管理服务、供应链可视化服务、关联方门户服务、供应链协同网络服务、智慧物流移动服务。

目前,国内福建、浙江、广东、江苏、山东等较多沿海港口已经就物联网、云计算等信息技术在港口物流领域的应用进行了前期探索。例如,青岛港和加拿大中心港建立基于物联网技术的集装箱班轮航线合作,共同推进两港之间的电子标签示范线建设;福建省积极构建"物联港"和"云计算"服务框架,以智慧港口为核心、物联网技术为支撑、快速路网为纽带、现代物流园区为枢纽,依托福建交通物流公共信息平台、交通物流云计算平台、交通物流人车路一体化平台的软硬件资源,为物流产业链提供全程的物流服务;虎门港依托"云计算"平台发展港口信息产业,以智慧的采集环境、技术环境、应用系统三大部分,打破港口处理数据一直沿用的孤岛模式,将所有数据联通,形成统一的服务系统。

## 三、我国智慧港口的建设瓶颈

我国在打造智慧港口的过程中,在规划设计、发展认识、硬件设施、平台建设、规范保障、安全风险、产业链发展模式等方面仍然存在较多障碍,为智慧港口的快速发展带来了一定难度。

(1)港口各相关部门缺乏针对智慧港口建设的统一规划。港口各相关部门的一体化运作是打造智慧港口的关键。我国港口经营管理过程中,长期存在不同业务分属不同部门管辖的情况。由于政府部门在港口业务功能上处于各自为政、条块分割的状态,不同机构、不同部门之间无法实现信息资源的共享,港口各相关部门缺乏针对智慧港口建设的统一组织、统一规划和协调管理,难以发挥智慧港口高效、便捷的功能优势。

(2)以港口信息化、自动化代表港口智慧化、智能化。我国港口信息化建设自"十五"开始迈入快速发展阶段,全国各主要港口纷纷开展电子政务、电子商务的建设应用,并通过搭建港口综合信息平台增强相关部门之间的联动发展。因而,有人认为实现上述平台的搭建就是实现了港口智慧化和智能化。事实上,信息化和自动化只是打造智慧港口的基础,智慧港口不仅要实现高度的信息化和高度的自动化,还要实现高度的知识化,如果不能做到三者的统一发展和协调发展,那么打造智慧港口只能停留在实现信息采集、信息加工的数字港口的初级阶段。

(3)港口物流设施及装备水平与智慧港口的要求相距甚远。尽管目前我国沿海地区已经涌现一大批现代化的海港，例如上海、天津、宁波、广州、厦门、大连等，港区装备水平基本达到世界先进的水平，但是不少港口仍然存在码头前方装卸与后方堆存、集散方式之间存在不协调的问题。例如码头后方堆存能力偏小，无法适应大量中转货物在此集中、储存、分拨，港区没有实现与疏港公路、疏港铁路的无缝衔接，无法做到进出港区货物快速集散，并且港口物流信息管理和技术手段较为落后，导致物流作业效率不高，不利于实现港区各功能之间的联动感知。

(4)服务于智慧港口的综合信息平台建设仍显不足。近年来我国港口信息化建设已经取得了长足进步，主要港口基本实现计算机信息处理代替传统的人工数据处理方式，包括计算机数据采集、数据录入、数据处理、数据传输、信息打印、信息加工等功能。然而，大多数港口的信息化建设仍处于信息处理阶段，尚未做到通过搭建统一的综合信息平台，利用单一服务窗口来实现港口相关部门的信息集成和互联，再借助仿真技术、数据挖掘等分析工具，为港口的生产、经营、管理决策提供数据支撑。

(5)缺乏与智慧港口建设相适应的制度规范保障。智慧港口建设涉及诸多新技术在港口领域的全新应用，必须有与之相适应的法律制度加以规范。并且，由于港口与港口之间、港口与相关企业单位之间存在着信息标准差异的问题，例如各地港口管理信息系统的发展水平不一、采用的技术标准迥异、设备的标识编码规则不同、数据报文的格式各异等，需要建立配套的规范标准来保障系统之间的互联。因而，智慧港口对港口制度、标准的规范性有了更高要求。

(6)大批量信息处理为智慧港口发展带来安全隐患。智慧港口建设以物联网技术为重要依托。物联网技术的应用使得港区内部的物与物、物与人、人与人实现更好的互联，但同时物联网技术的应用会导致海量信息的产生，可能引发因为重要信息泄露而面临的安全风险。如何在保证信息安全的前提下，最大限度地发挥智慧港口在信息开发利用上的优势，是智慧港口建设面临的一大挑战。

(7)智慧港口建设需要港口物流产业链转变运作模式。港口是社会系统的一个组成部分，与之相联系的包括船公司、贸易商、物流企业、管理部门等共同构成港口物流产业链。智慧港口的建设不应只对港口码头本身的发展有利，还应该让整条港口物流产业链上的各个成员单位受惠。由于智慧港口在建设规模、资本投入、技术创新等方面将达到前所未有的高度，因而与之相配套的港口物流产业链必须在合作模式、利益博弈等方面做出新的调整，以适应智慧港口的发展进程，并促进产业链上的成员单位实现良性互动发展。

## 第三节 智慧港口的构建

### 一、智慧港口构建的核心技术

智慧港口最核心的元素是港口生产运营中涉及的大量数据。这些数据将被以下几类单位或部门使用：一是港口企业的业务部门，例如营运操作部门需要根据相关数据进行生产计划安排、资源配置以及最优方案决策等；人事部门需要相关数据进行员工绩效考核、薪酬给付以及人员储备等。二是口岸监管单位，例如海关需要相关数据安排查验或进行关区进出口额统计等,海事部门需要相关数据进行航道临时管制或扣押相关可疑船舶等,检验检疫部门需要相关数据来决定对哪些重点货物进行检验检疫处理。三是船公司、船代、货代、货主或第三方物流企业,船公司需要根据挂靠港提供的装卸箱量、港口效率、港口压港情况、天气等基础数据制定船期表,货代、货主或第三方物流企业需要及时获取货物的动态信息。四是其他使用方,例如高校科研院所需要借助港口生产数据进行生产优化研究,国家或地方统计局需要获取港口生产吞吐量进行国民经济统计等。可以看到,数据是智慧港口运营的核心。针对港口数据采集、识别、处理、交换以及二次处理的技术成为构建智慧港口的核心技术。

1. 信息采集与识别

信息采集与识别技术通过中间件或者接口(包括硬件和软件接口)将数据传输给后台处理计算机,由计算机对所采集到的数据进行处理或者加工,最终形成对口岸各部门有用的信息。常用的智能识别技术主要有:射频识别(RFID)、生物识别、视频识别、无线定位测量等[5]。

射频识别技术(RFID):是一种非接触式的自动识别技术,通过射频信号自动识别对象并获取相关数据(图7-7)。射频识别技术具有读取距离远、穿透能力强、无磨损、非接触、抗污染、效率高、信息量大等特点,可识别高速运动的物体,并且可以同时识别多个标签,是物联网中最关键的技术。

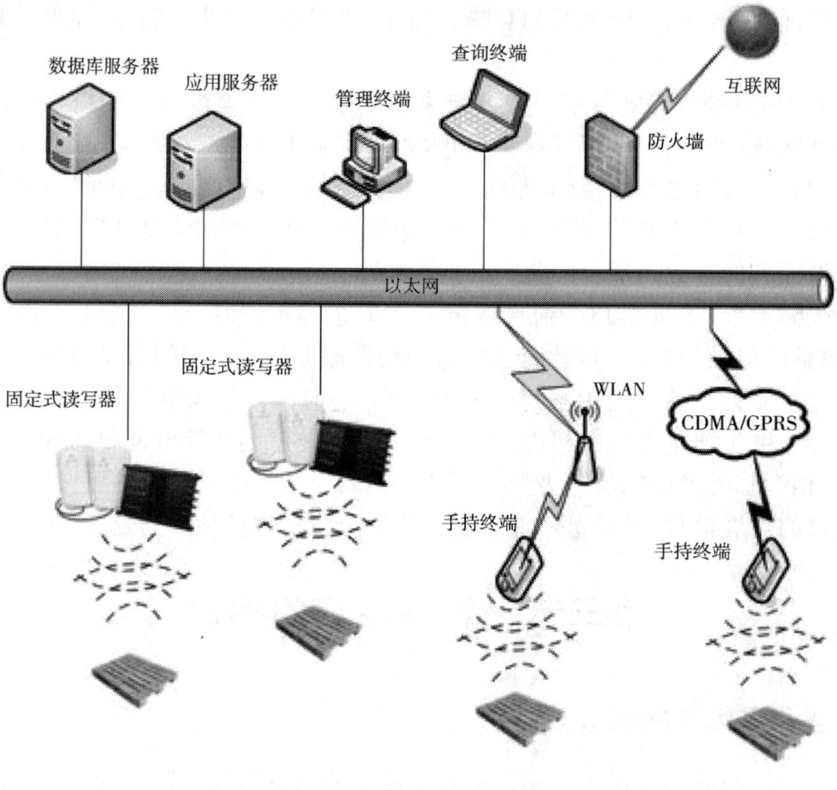


图片来源:http://www.qdxky.cn/yingyong.asp

注:RFID手持终端利用无线局域网方式与信息系统进行数据交换。

图7-7　射频识别技术

生物识别技术：通过计算机与光学、声学、生物传感器和生物统计学原理等高科技手段密切结合，利用人体固有的生理特性（如指纹、脸相、虹膜等）和行为特征（如笔迹、声音、步态等）来进行个人身份鉴定的一种技术（图7-8）。例如指纹识别可以应用在港口安保、出勤考勤应用中。

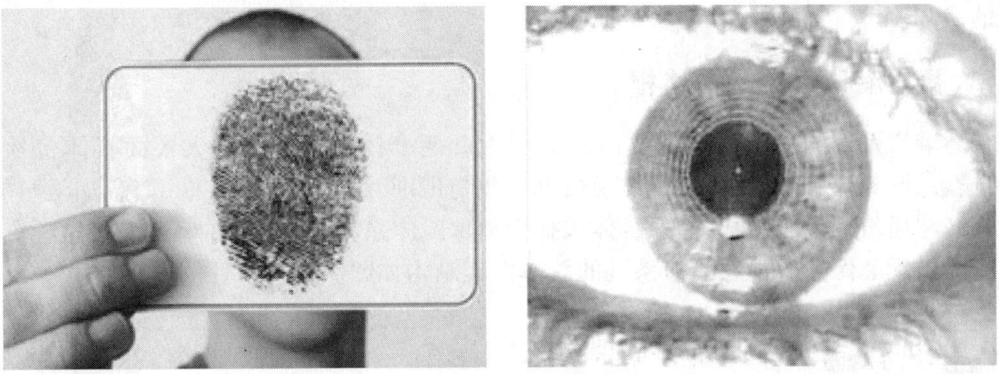

图片来源：http://www.bio1000.com/industry/shibie/

图7-8　生物识别技术

视频识别技术：利用摄像头等视频捕获设备获取信息，采用先进图像识别技术对信息进行处理和识别。例如，在集装箱码头进出场道口，原本由人工逐一进行箱号输入，若应用该技术后，通过摄像头对集装箱进行影像采集，将采集后的信息通过中间件传输到计算机，由计算机进行处理确定所"看到"正进场或出场的集装箱箱号，可以大大提高进出场效率。

无线定位测量技术：可以采集和利用移动终端的无线电波的有关参数，测量某些固定接收器或者某些固定发送器发送到移动接收器的无线电波参数。例如，集装箱码头箱区内轮胎吊实时位置，可以通过该技术反映到控制室场地控制系统上，帮助控制员掌握实时轮胎吊分布，合理布置轮胎吊调配，降低轮胎吊非作业行驶距离。

2.移动计算

移动计算技术通过计算机网络或其他信息智能终端设备，在无线环境下实现数据传输及资源共享。移动技术能够将有用、准确、及时的信息提供给任何时间、任何地点的任何客户。例如，在港口生产中，桥吊装卸集装箱在过去是通过人工记录，这样的做法具有信息滞后、准确性较差等弊端。面对船舶大型化所带来的同一航次装卸箱量增加，为了确保装卸集装箱的准确性和装卸效率，借助移动计算技术，例如通过作业路下的码头操作人员在手持终端中进行装卸箱确认，将信息实时传递到码头控制室计算机画面上，将使码头的生产效率得到极大提升。

3.信息规范与融合技术

信息规范是指将各种异源异构、不同时态、不同尺度、不同专业的数据在统一的框架下，以统一的规范和协议为标准进行描述和封装，实现数据信息标准化处理和系统集成。例如，码头生产企业、船公司、口岸监管部门等港口及相关单位，都拥有相互独立的业务生产系统。这些系统包含的数据在存储结构、统计标准、内涵意义等方面都各不相同，必须使用一套统一的信息处理标准对不同部门的数据加以规范，才能让港口信息平台上的用户单位实现信息互联和共享成为可能。

信息融合是利用计算机技术将来自多个传感器或多源的观测信息进行分析、综合处理，从而得出决策和估计任务所需的信息的处理过程。信息融合是一个多级、多层面的数据处理过程，主要完成对来自多个信息源的数据进行自动检测、关联、相关、估计及组合等处理，从而实现多源数据的全面加工和协同利用，促进信息用户对某一事物和目标达成更为全面、客观的认知。

## 二、智慧港口系统的总体框架

智慧港口系统的总体框架主要由四大层面和两套体系构成。四大层面具体包括感知层、传输层、服务层和应用层，分别实现数据采集与识别、信息规范与存储、信息加工与整合、信息共享与增值等功能，两套体系具体包括管理保障体系和制度规范体系，为智慧港口的智能运行提供配套保障。智慧港口系统的总体框架结构如图7-9所示。

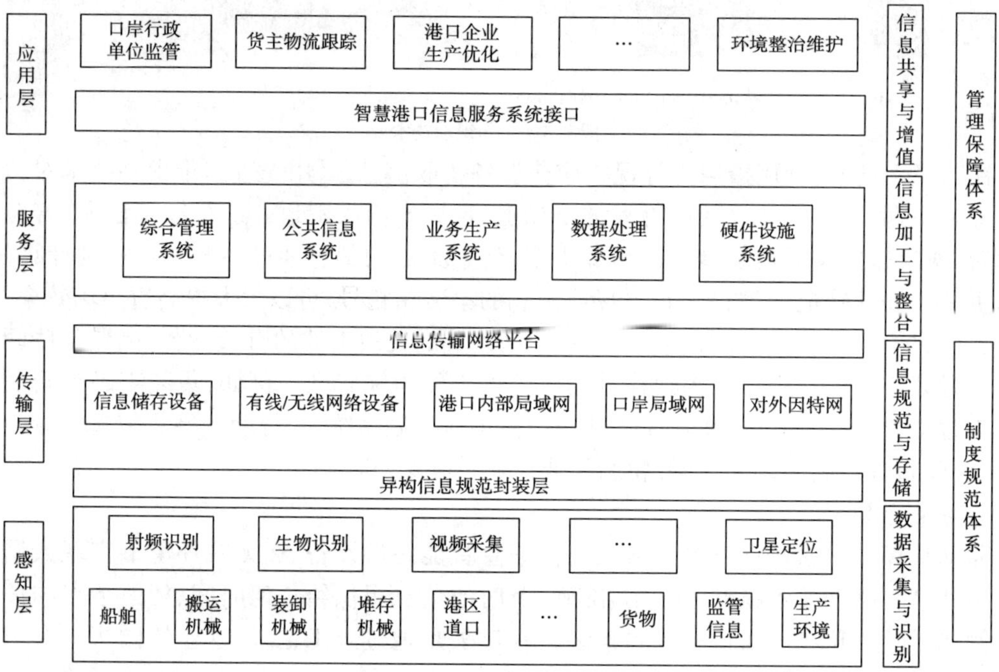


图7-9　智慧港口系统的总体框架图

### 1. 感知层

感知层主要包括基础数据来源以及相应的数据处理技术，实现数据采集和识别功能。基础数据主要是指智慧港口相关企业和单位从事业务活动所产生的数据，如船舶数据、机械数据、货物数据、报关数据、口岸数据，也包括公共数据如气象数据、环境数据、政策数据等。这些基础数据是由于港口相关单位从事生产经营活动所产生的，同时又是其开展经营决策所必需的，能够反映不同单位的属性。感知层的数据处理技术主要针对数据采集和识别功能，例如射频识别技术、生物识别技术、视频采集技术、卫星定位技术等。这些技术能够将静态的物体和动态的活动转变成可读取、可分析的价值信息，是智慧港口系统总体框架中的关键部分。

2. 传输层

传输层的主要功能是信息规范和存储,在智慧港口系统的总体框架中起到“承上启下”的作用。一方面,传输层中存在大量硬件资源,如各单位的服务器、存储器、数据库、网络等,用来存放经由感知层识别获取,并进行异构信息规范封装的基础数据;另一方面,对于由服务层提出的用户服务信息请求,传输层可以借助信息传输网络平台,根据一系列数据规范的协议和标准,将各种满足服务需求的数据传输到上层,供服务层的各类系统进行加工处理。

3. 服务层

服务层包含五大系统,具体为综合管理系统、公共信息系统、业务操作系统、数据处理系统和硬件设施系统,主要实现信息加工和整合功能。

综合管理系统,主要通过精细化的管理模式和手段,对智慧港口发展过程中涉及的管理、决策问题加以控制、指挥,具体包括制定生产目标、计划和实施方案,对客户需求做出及时快速的响应、对突发事件和紧急问题提出应对策略、为港口相关部门、企业和机构提供公共服务等。

公共信息系统,主要借助互联式的交互方式和手段,为港口码头、船公司、物流公司、管理部门等港口物流供应链的相关方面搭建共享式的综合信息平台,为港口信息资源开发和利用提供规划方案,实现港口相关信息资源的集中、共享、交换和整合。

业务操作系统,主要依靠现代化的信息技术和自动化技术,实现智能港口业务操作和业务流程的全面智能化,负责从船舶靠离泊、货物装卸、水平搬运、堆场管理、生产调度、增值服务和安全维护等全过程的调控和管理,维持智慧港口的日常运作。

数据处理系统,主要依托开发建设港口基础数据库,对港口运行数据、宏观经济数据、公共部门数据、企业信用数据等内容进行动态式的跟踪、记录,做到港口相关数据的采集、交换、存储、整合、提供、挖掘、分析等,为智慧港口的经营决策者提供有效的数据支撑,起到决策支持的作用。

硬件设施系统,主要依靠对现代信息技术和自动化控制技术的利用,加大对港口基础设施的更新、改造,提升港口硬件设施的服务能力,例如为了适应船舶大型化发展改进码头机械配置,构建铁路、公路、水路的集疏运网络体系,实现海运与其他运输方式之间的无缝衔接,更重要的是通过对港口基础设施的升级改造,增强港口硬件设施与软件系统之间的对接。

4. 应用层

应用层主要通过建立智慧港口信息服务系统接口,为智慧港口的相关企业、机构等用户提供信息共享和增值服务。智慧港口信息服务系统接口是指用户与系统交互的接口,主要有两个方面的功能:一是为用户提供简单统一的接口供其进行实际应用;二是当接受用户服务请求后,系统接口通过分析该请求将其转换为更具体的需求描述,并向下传递给服务层。例如,用户想要查询港口新通报的水文信息,该接口就可以解析为公共信息服务。智慧港口的各类用户可以利用信息服务系统接口提取价值信息,更好地组织生产活动。例如口岸单位可以通过系统接口及时获取港区生产信息用以加强监督和管理;货主、第三方物流企业可以依托系统接口,进行实时的货物流转跟踪,及时办理相关业务手续;港口企业则可以用以进行生产管理优化、提高经营决策水平等。

5. 管理保障体系

管理保障体系具体包括智慧港口的安全、资金、人才和环境保障等方面。由于智慧港口是一个庞大而复杂的系统，在其运行管理过程中将会遇到一系列安全问题，例如码头生产安全、网络安全、身份认证等，需要运用现代化的技术手段来加以防范和应对；智慧港口的建设投入需要大量的资金支持，必须建立可持续的盈利模式，才能在保证港口正常运作的前提下，谋求港口更高层次的发展；人才是建设智慧港口的关键，智慧港口管理人员的知识水平是其与一般港口之间的重要区别，为了实现人力资源合理配置，必须加强人员聘用、培养、选拔、管理的制度设计，充分发挥现代管理人才在智慧港口建设中的重要作用；环境问题已经成为探索港口可持续发展的重要议题，智慧港口的高度信息化和高度自动化一方面能够为改善港口环境起到一定作用，另一方面又会产生新的港口环境治理的问题，因此需要实时跟踪智慧港口建设对港口及周边环境产生的影响，及时对影响的内容和程度做出评估，及早提出应对方案，充分发挥智慧港口建设在环境治理方面的优势，减小对港口及周边环境造成的负面影响。

6. 制度规范体系

制度规范体系具体包括与智慧港口发展相适应的政策、法规、规范和标准。为了确保智慧港口的高效持续运行，避免重复建设和过度建设，发挥智慧港口在智能化方面的优势，在智慧港口的建设过程中，必须建立一整套统一的标准与规范体系。例如为了促进智慧港口的正常运行，要加强智慧港口的组织机构保障，建立灵活的运行管理机制，对智慧港口的组织机构、人才队伍、项目管理、数据维护、绩效考评等方面建立标准化的制度和规范，一方面可以提高智慧港口的管理效率、降低管理成本，另一方面可以增强智慧港口与相关部门机构之间的对接，提高智慧港口的柔性能力；考虑到智慧港口在运行过程中涉及大量信息、数据的产生和处理，需要为此制定相应的标准体系，包括信息管理标准体系、信息技术基础标准体系、信息资源标准体系、信息安全标准体系、信息应用标准体系等。

## 三、智慧港口的人力资源素质的提升

港口人员高度的知识化不仅是智慧港口的重要特征之一，同时也是打造智慧港口的关键因素。要实现智慧港口人力资源素质的全面提升，必须从以下几个方面入手：

1. 做好人力资源战略规划

由于人力资源的数量、质量和结构对港口企业的战略实施起到了决定性作用，因此人力资源战略规划是港口企业提升人力资源素质的基础。人力资源战略规划具体指规划主体在组织愿景、组织目标和战略规划的指导下，针对人力资源活动的特点，战略性地把握人力资源的需求与供给，从战略的高度动态地对人力资源进行统筹规划，促进人力资源的供需平衡，最终达到实现组织目标的目的[6]。因而，智慧港口的人力资源战略规划必须以智慧港口建设目标为依据，根据智慧港口的发展特点，提出切实的人力资源需求，并制定相应的人力资源需求计划。

2. 开展员工职业生涯开发

员工职业生涯开发对于国内企业而言仍然是一个新颖的理念，但是对于实现企业发展目标和员工个人发展诉求却是一项有效措施。员工职业生涯开发主要指将员工个人发展与企业发展相结合，在对个人和环境因素进行分析和探索的基础上，确定个人的事业发展目标,选择实现这一发展目标的职业发展路线,编制相应的工作、教育和培训行动计划,并定期进行评估和反馈。通过为港口企业的每一位员工制定个性的职业生涯规划,为员工提供一个充分表现、施展才华、持续发展的舞台和空间,不仅能够为员工职业发展营造一个良好的生态环境,还能促进企业员工能力的不断提升,从而增强港口企业的竞争力。

3. 建立全员教育培训体系

智慧港口的生产和管理人员必须为复合型的专业人才,即要具备现代思维、创新精神、敬业精神、知识面较宽、实践能力较强,要能够为客户解决各种实际问题,例如为船东、货主提供一站式的服务。要使得港口生产和管理人员都成为不可替代的专业人员,就必须把智力开发和投资看成是智慧港口发展的首要因素。通过建立全员的教育培训体系,一方面提升个人综合素质和能力,从而使员工自我发展的需求得到肯定和满足,另一方面结合员工职业生涯的发展要求,实现员工个人目标和企业目标的匹配,不仅满足港口企业当前的岗位需求,还能为智慧港口的未来发展提供人才储备。

4. 科学建立员工激励机制

科学有效的激励机制能够让员工发挥最佳的潜能,为企业创造更大的价值。根据智慧港口企业员工的发展特点,建立以员工的创造能力、业绩为主要标准的市场化分配制度和激励机制。对智慧港口企业的关键岗位和优秀人才实行报酬倾斜,建立人才资本产权激励机制,对企业发展做出重大贡献的员工实行股权、期权激励。探索建立人才资本及科研成果有偿转移制度,采取技术、专利、品牌、管理等要素参与分配的各种实现方式,创新多元化的收入分配形式,提高智力的经济价值。

5. 注重培育企业文化精神

企业文化是一个企业内得到员工认同和接受的独特的价值准则,包括员工信念、期望、追求、态度、行为规范、思想方法、办事准则等[7]。优秀的企业文化能够对员工的素质提升、个人发展起到引导作用,对企业核心竞争力的增强起到凝聚作用,帮助员工个人价值与企业发展目标实现完美的结合。因而,营造一个以人为本、公平竞争,能够焕发员工责任感的企业文化环境,能够最大程度地满足员工对社会认可的需求,促进员工与企业发展目标的和谐统一,激发员工素质提升的潜能。

## 四、基于物联网的港口信息系统的构建

智慧港口信息系统建设的目标是,以“智慧”运行为核心,借助现代信息技术手段,加大港口服务要素的互通互联,为港口及相关企业和部门提供信息共享的综合平台,帮助企业降低经营成本,促进货物高效流通,提升行政办事效率,使得港口信息资源利用最大化、港口物流服务供应链效用最大化。

基于物联网技术的港口信息系统由三大部分组成:物理结构、软件结构和用户(图7-10)。物理结构是指具有感知功能的港口信息系统数据采集实体,例如传感器、门禁系统等,能够实现港口数据的准确感知、安全采集和快速传递;软件结构是港口信息系统的数据处理技术,对港口生产海量数据进行挖掘、加工、分析等,实现物联网的智能调度、智能搜索、智能计算、智能分析、智能优化等工作;用户包括码头运营商、船公司、货主、物流企业、港口管理部门、口岸单位等港口及相关企业和部门,它们既是港口信息系统数据的提供者,又是

使用者，是港口信息系统的需求来源。

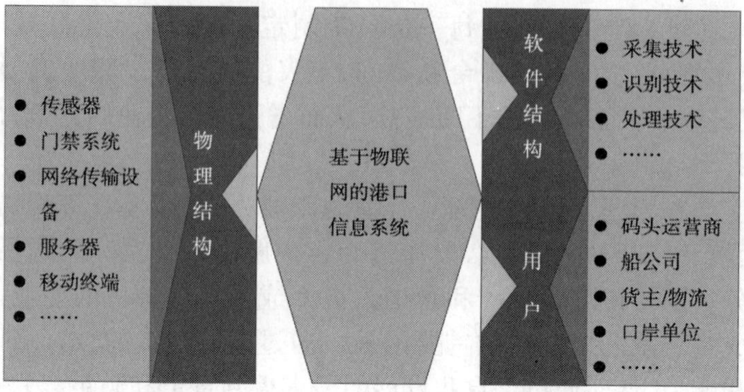


图7-10　基于物联网的港口信息系统框架图

## 五、现代港口自动化技术的应用

现代自动化技术已经广泛应用到港口物流的各个环节，包括港口系泊、装卸搬运、仓储堆存等方面，为实现智慧港口的智能运行提供了技术支撑。

1. 自动系泊装置的智能运行技术

港口系泊是一项危险性较高的工作，如果操作不当，操作人员和船舶都将可能面临危险。自动化系泊技术就是能够在保证系泊安全的前提下，尽可能提高系泊作业效率，降低基础设施成本的一项新型自动化技术。新西兰凯伏特集团开发出世界首个MoorMaster™真空自动化系泊系统（图7-11）。MoorMaster™系泊系统适用于各类型港口和船舶，包括集装箱码头、散货码头、滚装船舶、渡轮等。该系统由操作者通过远程控制真空碰垫进行系泊操作，免去了常规系泊解缆的需要，从安装到停泊只需几秒钟的时间[8]。因而，阿曼塞拉莱港、澳大利亚德文波特港、墨尔本港、丹皮尔港、奥克兰港等都已采用该项技术。

2. 自动引导车辆的智能运行技术

自动引导车辆（AGV）是现代化港区实现自动化运行的主要港区内部流动设备，通过现代信息技术和自动化控制技术的应用，实现自动导引车辆的智能化运行（图7-12）。近年来，为了降低由于柴油发电机驱动所带来的环境污染，全自动电池驱动的自动引导车辆应运而生。新型自动引导车辆采用完全自动化的电池更换站，可以在五分钟内实现电池的更换，每个电池大约需要充电6小时，充满电以后至少可以使用12至15小时。这些电池可以充电1200次，最终可以完全回收利用。在整个运输区域内，新型自动引导车辆的自动导航功能使其可以在任何地点找到充电站的路线，更换电池后返回原地继续工作。与先前的柴油发电机驱动型自动引导车辆相比，新型自动引导车辆的二氧化碳排放量为零，能源消耗降低了50%。

3. 自动堆垛设备的智能运行技术

近年来，由于自动堆垛机（ASC）便捷的操作方法和经济环保的特性优势，深受中型和大型集装箱码头的青睐，成为码头移动式起重机械实现自动化的典范。与传统的轮胎龙门起重机相比，自动堆垛机具有不可比拟的优势。例如自动堆垛机的机械效率可以达到每小时33.6吊，而轮胎龙门起重机仅能实现每小时29吊。从经营成本来看，尽管自动堆垛机的购入成本及变动成本略高于轮胎龙门起重机,变动成本上自动堆垛机为每吊 18.7 美元,而轮胎龙门起重机仅为 14.9 美元。但是自动堆垛机将带来劳动力成本、周转成本、环境维护成本等方面的大幅降低,并在码头服务水平、码头生产效率等方面优于轮胎龙门起重机(表 7-1)。

图片来源:真虹,赵楠,等.全球港口发展报告(2011)[R]. 上海:上海国际航运研究中心,2012. http://www.issconline.com/article.php? id = 14393&page = 1

图 7-11 MoorMaster™ 自动化系泊技术

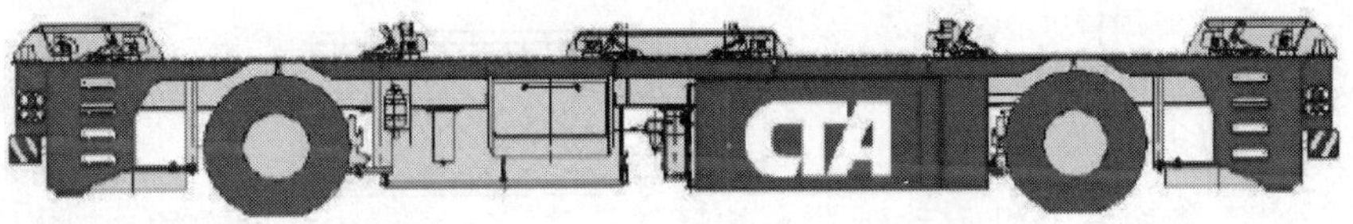


图片来源:CTA

图 7-12 自动引导车辆示意图

4. 自动装卸设备的智能运行技术

自动装卸设备的出现满足了高效岸桥对高效集装箱装卸工艺的要求。这套自动装卸设备主要由两个部分组成,即新型岸桥和新型立库式集装箱堆场。新型岸桥的设计独到之处在于有 3 个小车,其中陆侧小车和海侧小车都有吊具和升降机,两个起重小车都只负责垂直方向起吊集装箱,转运小车完成两个起重小车之间的水平运输,海侧小车可以进行水平和垂直运动以保证效率(图 7-13)。新型立库式集装箱堆场则将自动化立体仓储技术应用于集装箱堆场,自动化集装箱堆场具体包括自动仓储设备、各类输送机及信息检测传递系统,通过转运平台上的射频识别系统对集装箱上的标签进行读取,然后将信息传送到调度中心,实现集装箱进出库流程运转。

ASC、RTG 和 ERTG 的特性比较　　表 7-1

| | ASC | RTG | ERTG | 评　价 |
|---|---|---|---|---|
| 基础设施要求 | - | + | 0 | 高压线、远程、网络 |
| 土木结构 | - | + | 0 | 需要设置运行轨道 |
| 购置成本 | - | + | - | 依赖于起重机的价格 |
| 操作成本 | + | - | - | 劳动力大幅减少 |
| 维护成本 | + | - | 0 | 无需更换轮胎,没有柴油发动机 |
| 周转时间 | + | - | - | 较高的吊起高度和较快的移动速度 |
| 堆场利用率 | + | - | - | 更先进、更紧凑的堆叠技术 |
| 环境影响 | + | - | + | 电动力装置,没有污染物排放 |
| 服务水平 | + | - | - | 起重机可以快速定位 |
| 生产率 | + | - | - | 对起重机操作驾驶员要求较低 |

资料来源:真虹,赵楠,等. 全球港口发展报告(2012)[R]. 上海:上海浦江教育出版社,2013。

注:(1) + 表示三者相比具有明显优势; - 表示三者相比具有明显劣势;0 表示三者相比处于中间水平。

(2)ERTG 表示油改电的轮胎龙门起重机。

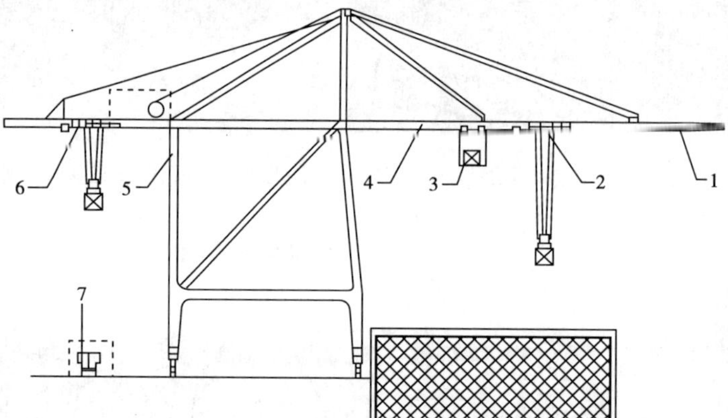


图片来源:港口装卸。

图 7-13　新型岸桥结构图

1-起重小车轨道;2-海侧小车;3-转运小车;4-转运小车轨道;5-常规岸桥桥架;6-陆侧小车;7-集卡

5. 自动仓储设备的智能运行技术

自动仓储技术是物流装备技术中的重要组成部分。自动仓储技术包括自动化立体库(AS/RS)、自动输送系统(梭车、升降机、堆垛机等)、自动拣选与分拣系统、自动识别系统等。自动化立体库一般由高层货架、巷道堆垛机、输送机、控制系统和计算机管理系统(WMS)等构成,可以在计算机系统控制下完成单元货物的自动存取作业。自动输送机包括托盘式和箱式两大类。高速分拣机主要包括滑块式、交叉带式、托盘式等。

6. 自动灌装装置的智能运行技术

自动灌装技术是用以解决散货码头溢流的新型技术。通过标准化的操作流程和自动化的操作,自动灌装技术可以减少在人为操作过程中所产生的货物溢流,并且可以提高船舶卸货速度,提高产量。每一个灌装设备由两个灌装线组成,灌装设备每小时可以灌装 2800 袋化肥,灌装量达到 140 万吨。

## 第四节　本章小结

从世界港口的发展趋势来看,各国主要港口在经历了信息港、数字港、智能港的发展之后,将逐步向以高度自动化、高度信息化以及人员高度知识化为代表的智慧港升级。“智慧港口”不仅是一种新的信息技术和解决方案,更是一种新的理念和发展模式,其从整个港口服务供应链的角度出发,以知识智能为导向,以先进的信息化技术和自动化技术为基础,对以港口为核心的物流服务供应链进行再造和创新。因此,建设智慧港口将成为引领港口未来发展的重要趋势之一。

### 参考文献


[1] 谢文宁,郑见粹. 第4代港口与港口智能化装备的发展[J]. 港口装卸,2011(6):1-3

[2] 谢文宁,郑见粹. 我国第四代港口智能化发展对策[J]. 港口科技,2011(8):58-60

[3] 王宇,李继春. 物联网技术在智能港口中的应用前景[J]. 集装箱化,2010(12):28-30

[4] 真虹,赵楠,等. 全球港口发展报告(2012)[R]. 上海:上海浦江教育出版社,2013

[5] 王辉,等. 智慧城市[M]. 北京:清华大学出版社,2010

[6] 谢稚澜. 港口企业人力资源管理应该关注哪些问题[J]. 中国港口,2006(3)

[7] 赵坤. 港口人力资源管理存在的问题及对策[J]. 中国港口,2004(8):45-47

[8] 真虹,赵楠,等. 全球港口发展报告(2011)[R]. 上海:上海国际航运研究中心,2012

[9] 张晓. 智慧港:未来港口的选择[J]. 宁波经济,2011(2):22-23

[10] 我国港口智能化发展对策[EB/OL] http://www.qgnews.net/content/2010-05/18/content_3339633.htm. 2005

[11] 王彤. 集装箱码头的现代化、智能化管理[J]. 世界海运,2008,31(4):9-11

[12] 王彤. 集装箱码头现代化、智能化管理的科学分析[J]. 港口科技,2008(7):32-35

[13] 严南南,宗蓓华. 集装箱码头智能作业管理系统探讨[J]. 航海技术,2007(1):25-27

# 第八章　柔性化港口

## 第一节　柔性化港口的概念

### 一、柔性化港口的提出

港口的功能演变是一个基于社会经济环境变化的动态发展过程，环境变化是促进其变化发展最主要的动力。港口在不断适应外部环境变化的过程中提升自己的适应能力，并依照自身的发展需求反过来影响环境。

港口所处的社会经济环境具有动态性、复杂性和不可预知性等特征，促进港口功能演化的环境机制包括适应机制、激励机制、改造机制三个层次。港口功能不断发生着演化，影响其发展的因素包括内部系统驱动因素和外部经济、技术、区位等因素，适应环境变化是港口功能演化的基础。

环境的动荡性、复杂性和不可预知性要求港口的功能和发展策略必须具有高度柔性的特征。现代港口是在精益生产的基础上，更加适应社会环境和经济环境的变化，并且能主动适应和适度引导这些变化以提高港口的竞争力，由此体现出港口高度柔性化的特点。

现代港口集管理、生产和服务功能于一体，以提供敏捷化和差异化的高质量服务为目标，并且表现出以下一些特征：

(1)港口对社会经济环境变化的适应能力。

(2)港口对其所在供应链环境的适应能力和改造能力。

(3)港口对区域环境的适应能力和改造能力。

(4)港口功能的扩展，特别是新型增值服务功能的开发能力和效果。

(5)港口所具有的柔性组织结构和与此相适应的管理理念、方法。

(6)港口生产流程精益化、模块化，能够依照服务的差异化自动重组。

(7)港口生产技术现代化、柔性化，具有动态的自动错误监测、诊断和纠错功能。

### 二、柔性化港口概念

柔性源于“柔性制造系统”的概念，在《韦氏大词典》中，柔性被定义为能够对变革或新情况做出反应或适应的质量[1]。实际上，柔性是一个多维度的概念，具有技术、管理、组织和人力资源多重内涵。系统的柔性包括系统适应变化的环境或环境带来的不稳定能力，也包括主动适应变化、利用变化和引导变化以提高自身竞争力的能力。柔性的考虑范围主要包括资源柔性、能力柔性、组织柔性、生产柔性和文化柔性等[3]。资源柔性指企业在应对多变环境时改变现有资源的用途及资源间配制关系的灵活性。能力柔性是在企业变化的情况下，采用探索方式发现新资源并整合、配制它拥有的各种资源以使资源发挥更大价值的能力选择范围。组织柔性主要指组织结构柔性和组织管理柔性。生产柔性是柔性战略得以实施并获得成功的依托，一般包括柔性制造系统、柔性服务和柔性协作。文化柔性主要体现在企业价值观、经营理念、组织氛围和群体和谐性等方面。

基于柔性的多维度概念及其适应性特点，不同类型的企业或系统，其柔性表征不同，生产企业的柔性表现在根据市场需求变化，快速调整生产策略和生产流程、技术，提供多品种的适应性产品。服务企业的柔性表现为提高服务内容转换速度，提供差异性、个性化的高质量服务。其共性的特点是能快速适应内部外部环境变化，及时调整产品（服务）计划，提高竞争力。

柔性的维度是指研究柔性的不同角度、方向。根据SLACK[2]对柔性的认识，柔性具有范围、时间、成本等三个方面的维度。

范围——系统所能表现的状态或采取的行为。

时间——从一种状态到另一种状态所需要的时间。

成本——从一种状态到另一种状态所需要的转换成本。

因此，对系统柔性的考察和评估一般都从这三个层面进行。

从对系统的不同范围、不同对象和不同角度来研究柔性，可以发现系统的各个子系统、子系统的不同对象都具有相应的柔性，如设备柔性、生产柔性、组织柔性、数量柔性等。但是不同的柔性本身都具有一些对系统有影响力的共同特征，抽象的角度可以定义为柔性的基本要素。柔性的基本要素就是所有柔性都具有的根本特征，对于不同的柔性进行衡量可以从维度的基本要素进行考察。柔性的基本要素之间存在着相互影响、相互替代的关系，某一要素的增减可能会导致其他要素的减少或增加。

柔性基本要素的具体含义如下：

1. 柔性的数量范围

指系统在某一柔性维度上，系统可能选择的决策和行动方案的数量。也就是说系统可选择的数量越多，其值越高。显然，一个能在较宽数量范围变化的系统比在较窄范围变化的系统具有更高的柔性 。

2. 柔性的异质性范围

指系统在某一柔性维度上，系统选择可以容忍的差异程度高低。不失一般性，系统变化的差异范围越大其柔性越高。

3. 柔性的易变性

指系统从一种状态过渡到另一种状态的难易程度，主要反应系统中不同维度和不同要素之间可替代性的大小，可分成替代时间和替代成本两个子要素。实质上是系统以某种自身变化来应对外部环境变化的应变能力。

4. 柔性的一致性

系统发生柔性某一维度变化时，保持系统的规模和个性不发生多大改变且能获得一定收益或性能改进的能力。实质上反应的是系统的稳定程度。

从组织柔性角度来看，组织柔性化是一种与环境变化程度相匹配的一贯能力[3]。企业竞争优势的来源经历了以产业组织模式为基础的行业定位的静态能力观，资源为基础的企业资源组合观,现在演进为以学习型组织为基础的组织柔性化发展观。越来越多的学者认为,企业组织不再来自于专门化的惯例,而是来自于企业的适应能力,即柔性化能力。高绩效表现的企业必须具备极强的柔性化能力,柔性化能力已经成为企业成功的必备条件。

根据以上引用制造业对柔性概念的定义,我们可以给出柔性化港口的概念,即建立在港口服务的准时化、精细化和敏捷化基础之上的,能高度适应外部环境变化的,满足全球经济一体化和港口服务供应链发展需要的,兼容并拓展传统港口服务功能的现代化港口。

更为形象地理解柔性化港口,我们也可以说,柔性化港口强调港口之间互动以及港口与相关物流活动之间的互动,能够快速响应运输市场的变化,满足市场对港口差异化服务的需求,提供精细化的作业和敏捷化的服务,促使与港口相关的供应链各环节之间的无缝连接,具有高度柔性化特征的多功能的运输平台。

## 三、柔性化港口的内涵

柔性化港口内涵主要应包括战略柔性、结构柔性和运营柔性三个层次,战略层次柔性代表港口适应性、创新性的战略选择,结构层柔性代表港口组织变革自身的能力,运营层柔性则反映了港口在柔性行为层次变革的结果。具体细化可分为角色柔性、能力柔性、功能柔性、组织和管理柔性、生产流程柔性、生产技术柔性等。如图 8-1 所示。

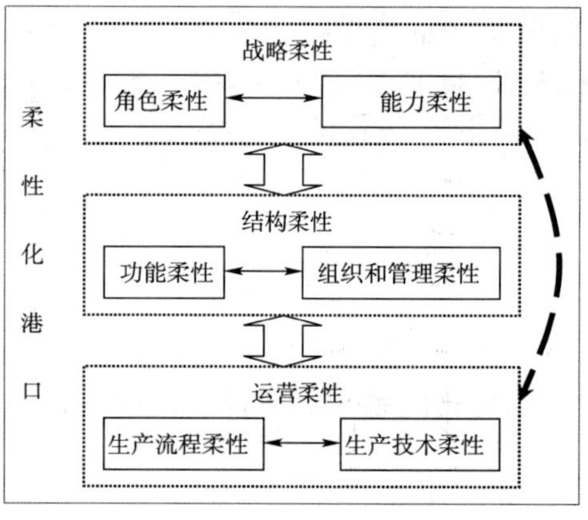


图 8-1　柔性化港口内涵示意

各个柔性层次并不存在明显的高低关系,各自分别反应环境的变化,但不是孤立存在,而是作为整个柔性系统的组成部分,相互影响、相互促进。

1. 角色柔性

供应链一体化和港口联盟的发展使得港口地位发生变化,促使港口角色具有多重性。在纵向海运供应链中,港口是其中一个环节,主要起着海陆运输衔接、货物中转、储存及物流增值服务等功能。在横向的港口联盟中,港口作为群体合作的一个单元,重点发展自己的分工项目,在竞合中提高核心能力。而从整个社会经济环境角度考虑,港口作为区域发展的驱动点,扮演着物流中心、商贸服务中心、临港工业中心的角色,其发展会联动整个腹地经济。

多重性角色使得港口在发展过程中必须实施柔性战略,根据不同环境和对象,调整视角,主动适应环境,并且可以能动性地改变环境。

2. 能力柔性

敏捷化发展促使了港口能力柔性化。在预测需求的基础上快速反应市场变化发展是敏捷化的主要特征,以满足客户的个性化需求为标准,利用合作竞争的竞争资源,调动激励人员的主动性和创造性。敏捷化发展的现代港口能够合理配置整合原有资源并发现新资源,最大限度发挥资源价值,提高港口核心能力柔性。

港口的能力柔性主要表现在对多种业务的适应性、对环境变化进行快速调节的及时性以及调整过程中的经济性等方面。具体实施中可以通过监测环境动态、调整战略目标、重组资源、更新生产技术、提高人员素质等方法实现。

3. 功能柔性

港口区域化使港口打破了地域局限,形成了一个货物集散的平台网络,将内陆、港区、沿海岛屿联系起来,有发展多种增值服务的良好环境。这些增值服务功能将更具针对性,也就是柔性化。港口功能在第三代物流中心的功能基础上将进一步增加,除了仓储、装卸、流通加工、信息服务等现有的基础和增值功能外,港口还将增加生产、运输、配送等多种功能。而且区域化发展使港口功能实现不局限于码头附近区域,甚至不局限于港口城市,而是分散在港口平台网络上的各个节点,并实现功能模块化。根据不同客户需求,可以随时调整功能单元,提供差异化的服务。

港口的功能柔性还表现在可以根据区域发展趋势,调整港口平台网络的规模和各节点服务范围,保证网络的弹性、有效性和可拓展性。

4. 组织和管理柔性

组织柔性包括组织结构柔性和管理柔性[9]。组织结构柔性来源于组织内部的要求、组织结构的弹性、组织成员对变化的适应性与组织外部的竞争状况、技术变化及社会变革等。组织管理柔性是指企业内部对人的管理及部门间沟通以适应变化或超前行动的管理制度、程序及方式方法所具有的灵活性。组织柔性在很大程度上反映了企业经营者领导组织创新的能力及其有效性。

合作竞争促进了港口组织和管理柔性化。因为港口之间存在竞争合作,港口和所在供应链的企业存在合作,要求港口不再作为一个独立个体活动,而是作为一个组织或链条中的元素,服务对象扩展,服务质量要求高,港口必须具有良好的内部和外部环境适应能力。同时,集群式发展的港口群内部分工,对外提供的则应该是更完善、更专业的多样性柔性服务。

港口组织和管理柔性要求逐步用扁平化、网络化和虚拟化的组织结构代替等级制的管理结构,通过团队发展水平管理能力。具体实施时,一方面要通过高层次控制实现总体目标,实现对港口组织活动和人员的高层次调节;另一方面要对环境、技术和客户需求具有敏感性和灵活性,并做出反应。

5. 生产流程柔性

港口的生产流程柔性属于系统内部柔性的范畴,精益化发展促进了生产流程柔性化。生产流程柔性需要通过流程再造实现,流程再造在改善传统流程的基础上可以实现运作模块化,任意组合模块可以实现不同的服务功能。诸如港口的生产流程可分为搬运、储存、装卸、包装、信息服务等各个生产模块,每个模块又可具体分割为若干程序,流程、模块和程序都是建立在精益的基础之上,保证服务既能够满足差异化的服务需求,又能减少浪费。

另外,港口信息化的发展也为生产流程柔性化提供良好的运营基础。信息化的发展使得港口柔性生产流程自动化分配、故障诊断、运行检测等功能得以良好实现。

6. 生产技术与组织柔性

随着现代管理技术、通信技术、自动化技术、机械技术的发展,港口的生产技术将从传统较为刚性的技术向非传统的柔性化技术发展。诸如港口服务方式从大规模大批量向小规模个性化发展;港口生产组织从传统的作业线向更为柔性的全场调配模式转换;对于自动化码头可以建立程序控制的柔性生产的自适应体系等。另外,随着人员文化和业务素质的提高,个体掌握的技能和知识逐步从经验向更为科学的方向转变,由此将促使港口生产技术与组织的柔性化。

### 四、柔性化港口的特点

柔性化港口一般具有以下的特点:

(1)强调港口之间、港口所在供应链之间、港口与所在区域之间的合作和互动;

(2)注重港口功能的扩展,特别是新型增值服务功能的开发;

(3)预测及快速反应市场需求变化,及早采取相应对策;

(4)提供高质量的差异化服务;

(5)采用柔性化管理理念,具有柔性化的组织结构;

(6)生产流程精益化、模块化,能够依照服务差异自动重组;

(7)生产技术现代化、柔性化,具有动态的自动错误监测、诊断和纠错功能;

(8)管理者和生产者具有良好的业务素质和高度的自主学习能力。

## 第二节　港口柔性能力的评价

基于港口柔性能力的层次性,其评价可以选用指标评价方法。在评价过程中,既要考虑到港口对环境的适应能力,又要考虑其对环境的影响和能动改造。同时,评价结果能够综合体现柔性范围、易变性、一致性等维度。

### 一、港口柔性评价的原则

港口柔性的评价需要从柔性的内涵和多维性出发,分层次建立指标,选用合适的评价方法。注意动态指标和静态指标相结合,遵循科学性、系统性、整体性、客观性、导向性和可操作性等原则,同时评价指标应能体现出对港口差异化服务功能和可持续柔性潜力的评判。

### 二、港口柔性评价指标体系

根据以上评价原则,港口柔性评价指标体系可以由战略柔性、结构柔性、管理柔性、运营柔性和可持续柔性等五个一级评价指标组成。

1.战略柔性

战略柔性是指港口战略的形成必须适应环境的变化,具有适时调整性,使得港口能够适应变化、利用变化并制造变化来建立竞争优势。港口欲提高战略柔性必须对环境有良好的预测和反应能力,对战略实施具有良好的控制能力,并且具有抗风险能力。同时,港口通过预测和反应变化,采取适当措施影响环境向着有利的方面发展,即具有能动性。其评价指标可以设定为预测柔性、变革柔性、定位柔性和资源柔性。

(1)预测柔性。预测柔性主要反映了战略层次港口对于社会和市场环境变化的预测能力,并表现对环境的适当能动改造。具体评价内容包括港口的决策和管理超前度、港口对地方经济的贡献、港口的腹地辐射面等。

(2)变革柔性。变革柔性体现了港口对外部环境变化的反应能力,表现为反应速度及创新改革的能力,隶属内部柔性的范畴。具体评价内容包括港口战略改革的幅度、频度、社会经济效果等。

(3)定位柔性。供应链一体化和港口联盟的发展使得港口定位发生变化,促使港口角色具有多重性。港口是海运供应链中的一个环节,是港口群合作的一个单元,是区域发展的驱动点,扮演着物流中心、商贸服务中心、临港工业中心等角色。多重性角色使得港口在发展过程中实施柔性定位战略,根据不同环境和对象,调整视角和中心。具体评价内容包括纵向定位、横向定位、区域定位、城市定位。

(4)资源柔性。当港口面对变化的环境时,往往需要改变现有资源的用途及资源间的配置关系,无法适应环境的资源将失去其价值,能够适应变化需要的资源价值将会提高。资源的可利用范围大,资源从一种用途转变为另一种用途的难度小、时间少,则资源柔性就越大。发现的新资源越多,能够有效组织和利用资源的能力越强,资源柔性越大[3]。具体指标可设定为地理资源、经济资源、社会资源和港口内部资源(包括基础设施、人力、财力等)。

2. 结构柔性

港口结构柔性表现为适应柔性发展战略的功能、组织、生产等结构的合理配置。其评价指标设定为功能结构柔性、组织结构柔性、服务结构柔性和生产结构柔性。

(1)功能结构柔性。港口的功能结构柔性表现为其服务功能的多样性和差异性。现代港口可以提供运输、仓储、装卸、流通加工、信息服务等基础和增值功能。而且,区域化发展使港口功能实现不局限于码头附近区域,甚至不局限于港口城市,而是分散在港口平台网络上的各个节点,并实现功能模块化。港口的功能柔性还表现在可以调整港口平台网络的规模和各节点服务范围,保证网络的弹性、有效性和可拓展性。具体指标内容包括港口基础功能、相关物流功能、软性服务功能和信息服务功能。

(2)组织结构柔性。港口组织结构柔性来源于组织内部的要求、组织结构的弹性、组织成员对变化的适应性与组织外部的竞争状况、技术变化及社会变革等。组织柔性在很大程度上反映了港口组织创新能力及其有效性。具体指标内容包括港口组织层次、港口组织分工、港口组织规范、港口组织监控制度等。

(3)服务结构柔性。服务结构柔性体现港口对客户差异化服务品质、服务成本、服务质量等需求的满足程度。从服务内涵来看,对于不同客户,优质服务的内容是有区别的,也就是说只有综合各种因素,使得顾客满意的服务才是最优服务。具体指标内容包括高端服务、普通服务和低成本服务。

(4)生产结构柔性。港口生产作业是指货物从进港到出港的作业总和。按照其服务对象不同,港口生产结构可以区分集装箱作业、散货作业和件杂货作业。生产结构柔性要求港口结合实际情况,进行生产结构优化,而不是面面俱到。具体指标可设定为生产结构类别、生产结构优势和生产结构拓展。

3. 管理柔性

港口管理者应该可以快速认识到港口变革需要吸收的能力,并具有自觉学习能力。提高港口管理柔性需要在管理理念和行为中增加动态能力的种类。其评价指标准则可以设定为垂直管理能力、水平管理能力和管理者水平[12]。

(1)垂直管理能力。港口垂直管理能力的发展要求所有层级的组织成员最终都要参与到管理水平的发展过程中,培育港口的管理柔性能力。垂直管理能力主要从港口战略实施的速率和质量方面来衡量。

(2)水平管理能力。港口水平能力是一种跨职能能力,能够较好地激发管理效率、速度和柔性能力。水平管理能力能够较好地体现港口的管理柔性,主要从具体项目的实施速率和质量方面来衡量。

(3)管理者水平。管理者主导了港口发展动态能力的过程,管理者的柔性意识、学习能力对管理柔性起到非常大的作用。具体指标内容包括管理者柔性意识、管理者学习能力等。

4. 生产柔性

生产柔性体现了港口操作层面对于环境的反应能力,是港口柔性的直接体现和具体实施。评价准则指标可以设定为生产流程柔性、生产设施柔性、生产技术柔性、生产人员柔性等。

(1)生产流程柔性。生产流程柔性的基础是港口生产流程能够做到模块化,在模块化生产的基础上可以根据外部需求快速重组生产流程,类似于柔性制造的机理。对于衡量港口柔性的生产流程内容不仅仅是包括港口装卸、搬运、堆场存储,还包括与此相关的航运、金融、流通、加工等增值服务内容。

(2)生产技术柔性。随着现代管理技术、通信技术、自动化技术、机械技术的发展,港口的生产技术从常规的低柔性技术向非常规的高柔性技术发展。诸如港口服务方式从大规模大批量向小规模个体化发展;港口布局从传统的直线型或规范型向柔性工作站点模式转换;可以建立程序控制的柔性生产自动化体系等。

(3)生产设施柔性。港口生产设施柔性指的是港口设施的现代化水平和可替代性。

(4)生产人员柔性。生产人员柔性主要通过人员的文化和业务素质及其自主学习能力来衡量,个体掌握的技能和知识逐步从狭窄向宽泛转变,也将促使港口服务的柔性化发展。

5. 可持续柔性

可持续柔性体现了港口保持柔性一致性或稳定性的能力。一致性对港口绩效进行考察,测量业绩的平稳性、平衡性,测量可从港口生产数量或质量方面进行,如效率、生产率、质量、过程时间、成本等等。评价指标可以设定为港口声誉、港口效益、港口服务成本、港口服务质量。

(1)港口声誉。港口声誉是港口业绩中社会效益的表现,体现了港口的综合竞争和服务能力,评价内容包括国际国内港口排名及服务能力和效率评价等。

(2)港口经济效益。港口经济效益体现了港口柔性策略实施的有效性、可操作性和持续发展能力,评价内容包括港口的生产总值及其增长率等。

(3)港口服务成本。提高柔性会增加相应的生产运作成本,所以港口服务成本应作为衡量柔性战略效益和继续实施必要性的指标，评价内容包括港口企业成本和客户成本及其变化率等。

(4)港口服务质量。提高港口服务总体质量和客户满意度是提高港口柔性的重要目标，质量改善是柔性战略得以维持和发展的关键。评价内容包括基本服务效率、增值服务质量、客户满意评分等。

# 第三节　港口的柔性化评价方法

对于柔性化港口方法的评价同样可以借用一些定量分析的方法，例如，层次分析法(Analysis of Hierarchy Process，AHP)、网络层次分析法(Analysis of Net Process，ANP)、模糊评判方法以及熵评价法等。

层次分析法最先是由美国运筹学家 T. L. Saaty 于 20 实际 70 年代提出的，是一种定性和定量分析相结合的多目标决策分析方法，他将决策者的经验判断给予量化，是对人们的主观判断做形式表达、处理与客观描述，通过判断矩阵计算出相对权重后，再进行判断矩阵的一致性检验，克服两两相比的不足。但是对于判断矩阵计算出的权重仍然带有很大的人为的主观判断。

网络层次法同层次分析法是基本相同的，只是网络层次法建立的是网络结构模型，而后者建立的是层次结构模型。因此，仅在权重合成方面网络层次法要比层次分析法用到较深的数学知识。其优缺点同层次分析法是一致的。

模糊评判可用于针对受各种不确定因素影响的柔性化港口评价。他通过建立评判对象的因素集和合理的评语集，用专家评定等方法生成评判矩阵，并通过合适的模糊算子以实现综合评判。

柔性有不同的维度，存在不确定性和模糊性，故港口柔性的评价方法可以采取模糊综合评价法。在确定指标权重时，根据实际情况，可选择模糊 ANP 以及基于熵权的模糊评价两个评价模型，这里我们仅选用模糊 ANP 方法予以说明。

## 一、建立模糊评判因素集(表 8-1)

## 二、多级模糊综合评判

1. 评判模型

鉴于各准则柔性均对港口柔性度起到相关作用，所以选用加权平均模型 $M$，即：

$$b_j = \sum_{i=1}^{n} a_i \cdot r_{ij} \quad j = 1, 2, 3, \cdots, m$$

$n$ 为评价因素个数，$m$ 为评语集个数。

因素集 $U = \{u_1, u_2, u_3, u_4\}$；$U_1 = \{u_{11}, u_{12}, u_{13}, u_{14}\}$，…，$U_5 = \{u_{51}, u_{52}, u_{53}, u_{54}\}$；$U_{11} = \{u_{111}, u_{112}, u_{113}\}$，…，$U_{54} = \{u_{541}, u_{542}, u_{543}\}$。

评语集 $V = \{v_1, v_2, v_3, v_4, v_5\}$ = {高，较高，一般，较低，很低}，即 $m = 5$。

2. 权重集 $A$ 的确定

权重集 $A$ 的确定可以用统计方法、模糊协调决策方法、模糊关系方程法、层次分析法

(AHP)等。因为港口柔性的各级评价指标之间有一定的相关和反馈关系,故在港口柔性评级指标权重确定中可以使用ANP方法。ANP的网络是由成分以及连接成分之间的影响组成,成分又由组成成分的元素组成,元素之间也可以存在相互影响,其中一个成分中给定集合元素对系统中其他成分的元素的影响用优先权重向量来表示,而优先权重向量同样由成对比较判断来得到。网络中的这种影响定量地可以用一个矩阵来表示,网络分析法中称为超矩阵[4]。不同水平的各个成分之间以及同一水平同一成分内各个元素之间的相互影响的直接评价可以用网络结构的超矩阵来表示。

**模糊评判因素集** 表8-1

| 准则层 | 指标层 | 指标内涵 |
|---|---|---|
| 战略柔性 $u_1$ | 预测柔性 $u_{11}$ | 港口的决策和管理超前度 $u_{111}$ |
| | | 港口对地方经济的贡献 $u_{112}$ |
| | | 港口的腹地辐射面等 $u_{113}$ |
| | 变革柔性 $u_{12}$ | 港口战略改革的幅度 $u_{121}$ |
| | | 港口战略改革的频度 $u_{122}$ |
| | | 社会经济效果等 $u_{123}$ |
| | 定位柔性 $u_{13}$ | 纵向定位 $u_{131}$ |
| | | 横向定位 $u_{132}$ |
| | | 区域定位 $u_{133}$ |
| | 资源柔性 $u_{14}$ | 地理资源 $u_{141}$ |
| | | 经济资源 $u_{142}$ |
| | | 社会资源 $u_{143}$ |
| | | 港口内部资源 $u_{144}$ |
| 结构柔性 $u_2$ | 功能结构柔性 $u_{21}$ | 港口基础功能 $u_{211}$ |
| | | 相关物流功能 $u_{212}$ |
| | | 软性服务功能 $u_{213}$ |
| | | 信息服务功能 $u_{214}$ |
| | 组织结构柔性 $u_{22}$ | 港口组织层次 $u_{221}$ |
| | | 港口组织分工 $u_{222}$ |
| | | 港口组织规范 $u_{223}$ |
| | | 港口组织监控制度 $u_{224}$ |
| | 服务结构柔性 $u_{23}$ | 高端服务 $u_{231}$ |
| | | 普通服务 $u_{232}$ |
| | | 低成本服务 $u_{233}$ |
| | 生产结构柔性 $u_{24}$ | 生产结构类别 $u_{241}$ |
| | | 生产结构优势 $u_{242}$ |
| | | 生产结构拓展 $u_{243}$ |

| 准则层 | 指标层 | 指标内涵 |
|---|---|---|
| 管理柔性 $u_3$ | 垂直管理能力 $u_{31}$ | 战略实施的速率 $u_{311}$ |
| | | 战略实施的质量方面 $u_{312}$ |
| | 水平管理能力 $u_{32}$ | 具体项目的实施速率 $u_{321}$ |
| | | 项目的实施质量方面 $u_{322}$ |
| | 管理者水平 $u_{33}$ | 管理者柔性意识 $u_{331}$ |
| | | 管理者学习能力 $u_{332}$ |
| 运营柔性 $u_4$ | 生产流程柔性 $u_{41}$ | 基础生产模块化 $u_{411}$ |
| | | 增值服务的模块化 $u_{412}$ |
| | 生产技术柔性 $u_{42}$ | 生产技术的现代化水平 $u_{421}$ |
| | | 生产过程自动监控体系 $u_{422}$ |
| | 生产设施柔性 $u_{43}$ | 港口设施现代化水平 $u_{431}$ |
| | | 港口设施的可替代性 $u_{432}$ |
| | 生产人员柔性 $u_{44}$ | 人员文化和业务素质 $u_{441}$ |
| | | 人员自主学习能力 $u_{442}$ |
| 可持续柔性 $u_5$ | 港口声誉 $u_{51}$ | 国际国内港口排名 $u_{511}$ |
| | | 港口服务能力 $u_{512}$ |
| | | 港口效率评价 $u_{513}$ |
| | 港口效益 $u_{52}$ | 港口的生产总值 $u_{521}$ |
| | | 生产总值增长率 $u_{522}$ |
| | 港口服务成本 $u_{53}$ | 港口企业成本 $u_{531}$ |
| | | 客户成本 $u_{532}$ |
| | | 成本变化率 $u_{533}$ |
| | 港口服务质量 $u_{54}$ | 基本服务效率 $u_{541}$ |
| | | 增值服务质量 $u_{542}$ |
| | | 客户满意评分 $u_{543}$ |

根据港口评价指标的相互关系,可以得到评价网络关系图,如图8-2所示。

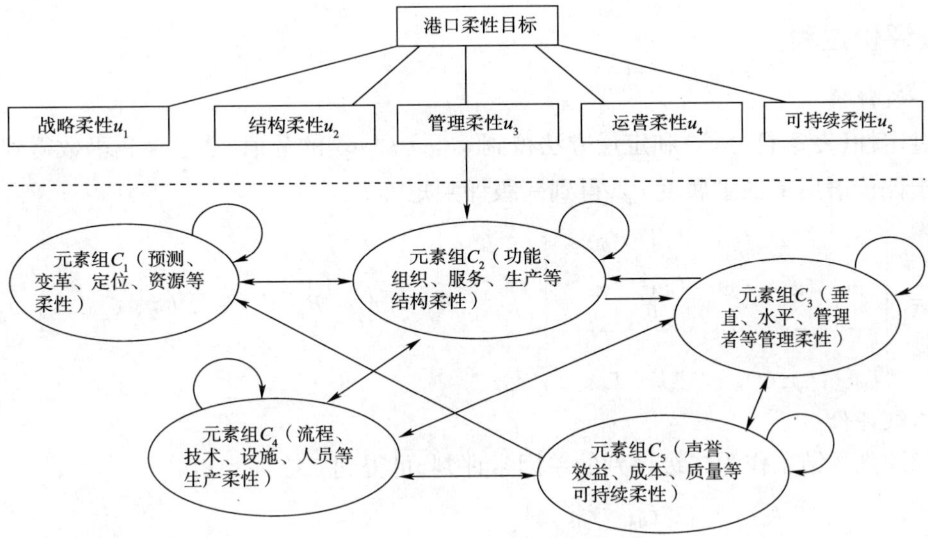


图 8-2　港口评价指标网络关系图

构造判断矩阵：

| $u_{jl}$ | $u_{i1},u_{i2},\cdots,u_{in_i}$ | 归一化特征向量 |
|---|---|---|
| $u_{i1}$ | | $w_{i1}^{(jl)}$ |
| $u_{i2}$ | | $w_{i2}^{(jl)}$ |
| $\vdots$ | | $\vdots$ |
| $u_{in_i}$ | | $w_{in_i}^{(jl)}$ |

由特征根法得到排序向量 $w_{i1}^{(jl)},w_{i2}^{(jl)},\cdots,w_{in_i}^{(jl)}$，得到 $W_{ij}$矩阵：

$$W_{ij}=\begin{vmatrix} w_{i1}^{(j1)} & w_{i1}^{(j2)} & \cdots & w_{i1}^{(jn_j)} \\ w_{i2}^{(j1)} & w_{i2}^{(j2)} & \cdots & w_{i2}^{(jn_j)} \\ \vdots & \vdots & \vdots & \vdots \\ w_{in_i}^{(j1)} & w_{in_i}^{(j2)} & \cdots & w_{in_i}^{(jn_j)} \end{vmatrix}$$

$W_{ij}$的列向量是 $C_i$ 中元素 $u_{i1},\cdots,u_{in_i}$对 $C_j$ 中的元素 $u_{ji},\cdots,u_{jn_j}$的影响程度排序向量，若如影响，则$W_{ij}=0$。可得到的超矩阵 $W$：

$$W=\begin{vmatrix} W_{11} & W_{12} & \cdots & W_{1N} \\ W_{21} & W_{22} & \cdots & W_{2N} \\ \vdots & \vdots & \vdots & \vdots \\ W_{N1} & W_{N2} & \cdots & W_{NN} \end{vmatrix}$$

通过 super dicision 软件进行计算，待数值稳定可以得到极限超矩阵 $W^{\infty}$，$W^{\infty}$ 的第 $j$ 列就是网络层中各元素对于元素 $j$ 的极限相对排序向量。考虑到控制层权重，则可以得到各指标的全局权重。各三级指标的权重同理可得。

## 三、评价过程

1. 一级评价

通过定性(专家打分等)和定量方法得到$u_{111}$,…, $u_{543}$的分值,通过隶属函数得到各评价因素对于评价语集$V$的隶属度$r_{ijk}$,得到一级评判矩阵$R_{ij}$

$$R_{ij} = \begin{vmatrix} r_{ij11} & r_{ij12} & r_{ij13} & r_{ij14} & r_{ij15} \\ r_{ij21} & r_{ij22} & r_{ij23} & r_{ij24} & r_{ij25} \\ \cdots & \cdots & \cdots & \cdots & \cdots \\ r_{ijk1} & r_{ijk2} & r_{ijk3} & r_{ijk4} & r_{ijk5} \end{vmatrix} \qquad B_{ij} = A_{ij} \cdot R_{ij} = (b_{ij1}, b_{ij2}, b_{ij3}, b_{ij4}, b_{ij5})$$

2. 二级评价

一级评判的结果作为二级评判的单因素评判,可得到二级评判矩阵$R_i$

$$R_i = \begin{vmatrix} r_{i11} & r_{i12} & r_{i13} & r_{i14} & r_{i15} \\ r_{i21} & r_{i22} & r_{i23} & r_{i24} & r_{i25} \\ \cdots & \cdots & \cdots & \cdots & \cdots \\ r_{ij1} & r_{ij2} & r_{ij3} & r_{ij4} & r_{ij5} \end{vmatrix} \qquad B_i = A_i \cdot R_i = (b_{i1}, b_{i2}, b_{i3}, b_{i4}, b_{i5})$$

3. 三级评价

二级评判的结果作为三级评判的单因素评判,可得到三级评判矩阵$R$

$$R = \begin{vmatrix} r_{11} & r_{12} & r_{13} & r_{14} & r_{15} \\ r_{21} & r_{22} & r_{23} & r_{24} & r_{25} \\ \cdots & \cdots & \cdots & \cdots & \cdots \\ r_{i1} & r_{i2} & r_{i3} & r_{i4} & r_{i5} \end{vmatrix} \qquad B = A \cdot R = (b_1, b_2, b_3, b_4, b_5)$$

由此得到$B$,$B$是$R$对$V$的总体隶属向量。

4. 综合评判分值

根据最大隶属度原则,可以从$B$中得知港口的柔性水平。同时,若将评语集$V$的各因素数量化,结合隶属度量值,则可得到综合评判分值$Q$

$$Q = \sum_{i=1}^{5} v_i \cdot b_i$$

## 四、算例

针对某港口实际,通过专家调查和指标之间的相互关系,可计算得到各级指标权重值(经过归一化处理)如下:

$A = (0.0810, 0.2863, 0.1843, 0.2060, 0.2425)$

$A_1 = (0.0645, 0.5025, 0.3685, 0.0645)$, $A_2 = (0.2347, 0.1302, 0.3226, 0.3125)$

$A_3 = (0.2218, 0.2772, 0.5010)$, $A_4 = (0.2850, 0.2223, 0.1106, 0.3821)$

$A_5 = (0.1538, 0.1616, 0.1399, 0.5446)$

$A_{11}=(0.1130,0.4409,0.4461)$,$A_{12}=(0.1997,0.1997,0.6006)$

$A_{13}=(0.1376,0.1699,0.6925)$,$A_{14}=(0.1760,0.4188,0.3389,0.0663)$

$A_{21}=(0.2942,0.2630,0.2526,0.1902)$

$A_{22}=(0.2923,0.4325,0.1268,0.1485)$,$A_{23}=(0.3585,0.3585,0.2830)$

$A_{24}=(0.6006,0.2266,0.1728)$,$A_{31}=(0.4444,0.5556)$,$A_{32}=(0.5333,0.4667)$

$A_{33}=(0.5333,0.4667)$,$A_{41}=(0.2408,0.7592)$,$A_{42}=(0.6168,0.3832)$

$A_{43}=(0.6705,0.3295)$,$A_{44}=(0.4216,0.5784)$,$A_{51}=(0.1074,0.6887,0.2039)$

$A_{52}=(0.0478,0.9522)$,$A_{53}=(0.0137,0.5095,0.4768)$,$A_{54}=(0.3194,0.2892,0.3914)$

利用模糊模型依次求取各级模糊评判结果，总评判结果为：$B=A\cdot R=(0.2445,0.5319,0.2082,0.0151,0.0000)$。按照最大隶属度原则，可知此港口的柔性处于较高水平。

若将评判集数量化表示为 $V=(1,0.8,0.70,0.60,0.50)^{T}$，则可以得到此港口的柔性综合评判分值 $Q$，$Q=B\cdot V=0.8249$。

港口柔性评价的核心问题是建立可行的评价指标体系，从战略柔性—生产柔性—可持续柔性（体现柔性一致性）的指标体系既能体现柔性内涵，又能结合港口特征可以定性或定量描述。在评价模型的选取中，本文所给出的模糊 ANP 模型能够比较准确地反应实际情况。

虽然柔性理念在制造业等领域取得了很好的应用效果，但其在港口发展中的应用尚属起步阶段，随着港口经济环境的变化和客户差异化服务需求的增加，提高港口柔性能力将成为现代港口重要的发展策略之一。

## 第四节　柔性化港口管理方式

根据港口柔性的因素分析，提高港口的柔性经营管理能力，可以从提高港口组织柔性、生产柔性以及人员柔性几方面来采取措施。

### 一、提高港口组织柔性

发展港口组织柔性能使港口企业识别变化，适应变化，增强对环境的预测和适应能力。通过提高港口的组织柔性来改进组织整体的结构，提高组织应对竞争的能力，增加港口企业获取信息的能力，以及加快信息在港口企业内部传递的速率，提高港口组织内部的运作效率和港口间合作的绩效。

要提高港口组织的柔性可以从组织形态、组织规模、组织结构和组织形式四方面来讨论。

1. 组织形态扁平化

直线式层级组织结构刚性强，适合于外部环境稳定的情况。现在港口所面对的需求多样性以及竞争的激烈性，越来越多的货主和船公司的个性化要求使得港口企业的组织结构更趋灵活性与适应性，要求港口企业的组织具有变革与创新能力，能对多变的内外部环境变化做出快速反应。扁平化是指企业的结构由按照梯阶层次构造逐级下达命令的直线职能式，转变为扁平的、多元的结构。扁平化使企业的中间管理设置变得简单并侧重向两头发展，由“橄榄型”变成“哑铃型”，如矩阵结构、团队工作方式。现行的港口组织形式多为事业部制组织或者直线式组织，是典型的层次结构组织。将这样的层次结构转化为矩阵结构或者项目组的形式，能提高组织内部各部门之间的联系程度，缩短信息和决策传递的路径，减少作业安排上的误差，并降低作业成本。扁平化的组织形式可以扩大港口企业内部资源的利用范围，借助“工作团队”或“项目组”来实现内部组织的柔性化。在完成某项装卸任务时，由最合适的人员组成“项目小组”，利用最适合的设备，通过团队合作以发挥协同的优势，以最快的效率提供满足货主和船东需求的服务，以求完成的港口综合绩效的最大化。

2. 组织规模小型化

解决个性化的服务和规模化的作业之间的矛盾，大规模个性化的港口生产就形成了，这种生产方式使得港口企业的服务会越来越多样化和小批量多批次化。同时，随着计算机网络在港口企业内外的延伸与扩展，以及信息库被各层次管理人员共享，使生产的社会化和经营的国际化不再强求港口企业的大型化和职能的完整化，信息技术的功能在很大程度上抵消了个体的港口企业规模经济的优势。过去庞大规模的港口企业无形中提高了组织的运营成本，并造成了浪费。计算机网络技术的发展将有形的组织形式转变为虚拟的、无形的组织。从理论上来讲，组织的结构越虚拟化、无形化越灵活，越能应对环境的不确定性。在这样的港口企业的组织内，信息的传递速率和真实可靠性大大提高，组织应对外部变化能快速地作出自身调整，组织呈现高度的柔性。而且用网络直接传递信息还可以避免人工传递过程中的失误和不必要的摩擦，减少出现错误造成损失的概率，降低风险。

3. 组织结构的分权化

现行的大型港口企业所实行的集团式包含着分权思想，但是，这种分权是以集中控制为前提的。在传统集团结构中，港口企业的信息处理是集中式的，港口企业管理的权力是高度集中的。下层装卸公司的工作人员仅创造或经手信息，极少有行使管理权限的机会。但在大规模个性化作业模式下，计算机被日趋普遍地应用于港口企业的各个岗位，基层工作人员也开始有条件直接处理信息，通过电脑终端，各种初始信息可以直接快速而真实地传递过来，而无须全部通过上级集中处理后再加以传播。因此，港口企业组织形式要求高度的分权，尤其表现在港口集团各个下属公司内部。各个下属公司的功能齐全，且公司经理有很强的业务能力和决策能力，要给予其一定的权力来平衡其的这些能力。但是要注意用柔性化的方法来协调集权与分权之间的关系。

4. 组织形式网络化

港口企业内部的组织结构形成网络结构，组建由计划、作业调度、市场、财务、物流服务等多方面人员组成的团队，为货主和船东提供全方位个性化的港口服务。港口企业内部的网络结构能够涉及到企业的各个角落，将企业的所有资源都包括在网络之内，成为“网”上的每一个点。港口企业本身的结构庞大复杂，企业含有的资源丰富，其中有许多的资源在平时被闲置下来，甚至被忽略。在企业内部的建立一张网络可以将所有的资源摆在同等的明显的位置，不容易被忽视。而且内部结构的网络化也可以解决港口企业内部各部门之间缺乏联系沟通的问题，网络上各个部门之间都有交叉的点，不但使资源可以在各部门间流动共享，也是各部门间学习交流经验的契机。

## 二、提高港口生产柔性

随着技术的发展，港口生产的概念也在发生变化，现代化的港口已经从过去的机械化向自动化、信息化发展。另外从港口的服务性质来看，它是一个随机系统，船舶到港时间往往没有规律，因为码头作业每天都在变；最重要的一点是港口每天面对的客户多种多样，包括船公司、海关、代理、直接客户等，而不同的客户有不同的需求，客户需求的随机性也促使了生产的随机性。基于随机需求的港口生产需要服务时间、服务价格及服务创新等方面提高港口生产柔性，满足客户需求，进而提高港口竞争力。

如图 8-3 所示，具有柔性特征的港口生产环节中，除了传统的靠离泊、装卸、堆存等操作，还在各个环节中插入了所需要的增值服务。同时，对于靠离泊、装卸、堆存等操作的时间、价格服务等可以按照客户需求不同而变化。港口生产的柔性通过作业从安排到实施整个过程并行化来实现，即尽可能缩短作业安排的时间，使计划更加贴近于现实的港口生产。

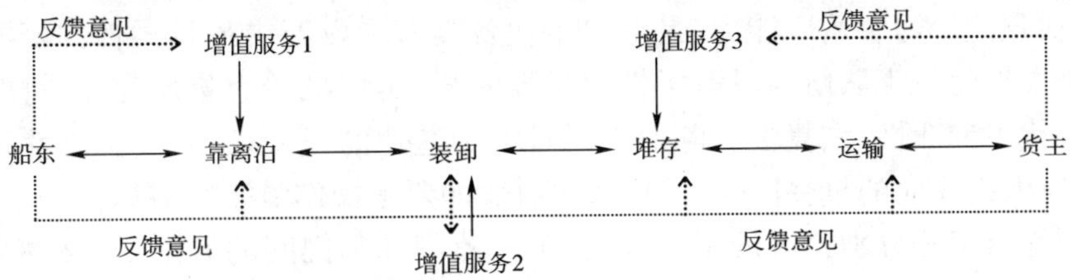


图 8-3　港口柔性生产环节示意图

增值服务 1：引航、航修、信息等。

增值服务 2：信息、理货、船舶供应等。

增值服务 3：加工、配送、信息等物流服务。

(1)服务种类柔性。港口除了提供传统的装卸服务，还可以应客户需求，提供高质量的增值服务。增值服务类别主要包括拖轮、引航、理货、航修、船舶供应、信息服务、仓储、加工、配送等物流增值服务，以及质量控制、货物检测等，进一步衍生的服务可以涉及船舶交易、揽货信息等。

(2)服务时间柔性。船舶的停靠泊时间主要根据航期确定，并非是越快越好，体现服务时间差异性和可控性。

(3)服务价格柔性。港口的服务价格柔性可以从两个方面考虑。一方面，不同服务类别(高端和低端)的成本不同，使得服务价格不同；另一方面，服务类别相同，但要求的服务质量不同(时间长短等)，成本不同，这样可以将服务价格分为几个档次来考虑。

(4)经济及市场环境的反应能力。反应能力是柔性重要的衡量指标，港口的反应能力体现在生产技术、流程等要根据客户需求不断改进和更新等，包含生产技术、生产设备和人员柔性等内容。

(5)泊位柔性。泊位柔性指的是港口大小船舶可间隔靠泊的连续性泊位数量，体现了港口有效码头的能力。

(6)港口生产的均衡性。港口在时间上存在货物处理的不平衡性，可以用费用差异化、服务时间差异化等柔性来克服。

(7)港口生产领域的创新能力。创新能力体现了港口主动创造变化和适应变化的能力,是柔性的重要内容。

(8)港口应急能力。港口通过差异化、个性化建设提高对于台风、地震等自然环境变化的应急能力,诸如建设应急防震码头等。

(9)港口业务模块化。港口业务流程可以根据需要自动重组,不同业务模块之间需要有缓冲时间。

提高港口生产柔性的关键问题是根据港口生产柔性内涵,合理制定港口柔性生产计划,在保证客户相关要求的前提下,提高港口生产效率和效益。

## 三、提高港口人员柔性

企业组织是一个人机系统,在这个系统中,人起着主导作用,所以发展企业组织内的人员柔性也是必不可少的。

1. 建立学习型组织

员工有很强的学习和适应能力,是港口企业各类有形资产中最具柔性的资源。在现代企业中,一个柔性化员工队伍与具有柔性化机器一样,可以减少大量库存,应付各种随机现象,有效地取代了专业性、重复性和陈旧性。日本制造业的成功表明,员工柔性化是制约企业对环境迅速做出反应的重要因素。员工柔性化,即要求操作员工完成以前需由计划员工、操作员工、维修员工等分别完成的工作,因而工作范围和部门间的界限变得模糊,他们更多地以项目小组形式工作,每个人都参与决策的制订,有问题时共同协商。

员工的重要意义主要在于他掌握的知识经验和技能。让员工掌握的知识经验和技能不断的更新,不断随环境变化而进步才是我们要做的。一个在某项生产或服务领域具有熟练技能的员工,在长时间的从事专业化的操作后很容易形成机械化的工作方式。这样他的创新能力会被渐渐地磨灭,而且比较难于接受较新的技术。要改变这样的状况,我们可以通过建立具有组织学习能力的、不断创新的学习型组织,来提高人员的柔性。企业必须能保证组织学习的有效开展,使员工具有很强的学习和适应能力,鼓励创新活动,实现组织的快速反应功能。彼得·圣吉从心理的角度提出了通过改善人的精神状态和心智活动模式、创建学习型组织[15]。建立学习型组织首先要改变员工的认知模式,培养员工系统思考的精神和能力,让员工了解现实情况,向他们灌输"面对现实"这一信念,不断促进他们自我超越,使他们有学习的动力。同时还需要建立共同的愿景,进行团队学习,更多地以项目小组形式工作,每个人都参与决策的制订,有问题时共同协商,使组织中的人们共同持有对企业的未来发展方向的意识。

共同愿景能创造出企业众人一体的感觉,为员工学习提供了方向和能量。只有这样才能形成一种组织学习的氛围和价值观,从而形成一种学习型的企业文化,最终成为一个具有系统思考能力、不断创新的学习型组织。

2. 建立奖励机制

我国的港口企业主要为国有制模式,在中国人的传统观念里,国有企业就是铁饭碗的思想残留比较严重。稳定的工作环境会减弱人的竞争意识,思维方式会惯性化,这样的思想和思维方式不利于组织对环境变化的反应能力,会使整个组织陈旧化。通过在港口企业内部建立奖励机制,可以调动员工的积极性。在完成某项任务时,对做出特殊贡献的员工给予一定的奖励,表示对其的肯定,能提高员工的满足感和自信,也能调动其他员工的积极性。用奖励的方法鼓励员工培养主人翁精神,将企业的发展看作是个人的奋斗目标,在企业的内部形成合作竞争的良性工作环境。

3.培养市场意识

港口企业提供的服务必须以客户需求为导向,要根据市场改变自己的战略。对于企业的高层领导(如:董事长、总裁)来说具有洞悉快速变化的市场的先机,并对此做出反应,能够促使整个企业把握更多的机遇[12]。整个世界贸易市场上什么样的货物贸易在增多,港口企业的决策人员就应考虑提供或完善与之相关的服务。又比如,近年来,中国汽车的进出口量正在增多而且一直呈现良好的发展势头,高层领导在做出设施建设的决策时就可以考虑增加或加强码头企业汽车滚装船的在港作业能力和提供这方面更专业的服务。对于各职能部门人员,他们在组织内部起到的是协助和提供参考的作用,这样的一些人员必须充分了解市场,才能做出正确的评价和建议。对于事业部内的人员除了和企业组织扮演相似角色的人员外,其他的员工也要不断地学习,了解市场动态,适应环境变化,抓住机遇,提高对新事物的接受能力和对待新问题的快速反应能力,以及能很快适应新同事合作的能力。企业可以定期地开设行业知识的培训课,了解市场的变动情况,尤其是在市场变动非常快的时期,还要鼓励员工自觉主动得关注市场动态,结合奖励机制,争取每个人都能为企业的发展献计献策,这也是形成企业文化的重要的途径和目的。

## 第五节　柔性化港口的生产组织模式创新——并行工程的应用

### 一、并行工程理论的引入

并行工程(Concurrent Engineering,简称 CE)的思想、理论和方法产生于产品制造业的产品开发。1988 年美国国防分析研究所(U. S. Institute for Defense Analyse)对在 R-338 报告中较系统地提出了并行工程的概念,即由 Winner R. I. 等人提出的:"并行工程是一种以加速产品开发过程为目的的,集成地、并行地设计产品及其各种过程(包括制造过程和保障过程)的系统化方法,这种方法要求开发人员在设计开始就考虑产品在整个生命周期中从概念形成到产品报废处理的所有因素"[13]。

随着对 CE 所包含的思想进行深入的研究,CE 本身的应用领域正在从制造业引申到了其他领域,如国外有将 CE 引入医疗行业[14]。因此,这里我们将 CE 方法引入港口服务领域,通过 CE 对港口作业流程的再造以实现港口服务的柔性化。

作为交通运输枢纽环节、水陆运输线节点的港口,生产组织过程有其自身的特点。我们将港口生产组织过程中 CE 的应用解释为:基于港口生产活动相关环节之间信息高度集成的,以加速港口生产全过程处理为目的,以减少信息滞障、缩短船舶和货物在港停留时间为目标的,在港口中采用集成和并行方法实施生产组织和相关过程的系统工程的思想和方法。

为了有效地借助于 CE 实施对港口生产的组织,成立集成化的,适合于扁平化组织模式的集成运输工作组(ITT)这种团队组织模式是必要的,即在一个港口企业中,ITT要求将港口生产过程各环节的有关计划人员和组织人员集中起来,这种集中并不是地域上的概念,它往往是一个虚拟性的组织,成员并非集中在一处。ITT借助于信息网络组织在一起进行工作。因此,这是一种工作的协同,即共同完成某项任务,以达到港口企业的目标。

## 二、港口生产组织过程CE的实施手段

1.港口资源的集成环境

为了使ITT有效地工作,必须有良好的港口资源集成环境的支持。由于ITT由多个环节的专家组成,他们都有自己的特长和所适应的环境,并且ITT成员通常处于地域上的分散工作状态,造成信息量增加和联系的困难,这使ITT难以有效地利用整个港口资源。因此必须创建一个能便于港口资源合理利用的集成环境框架和统一的数据模型。为了创建集成环境,必须满足以下几点:

(1)过程组织模式的集成:创建集成环境的首要条件是过程组织上的集成,以此对运输过程进行整体协调。因此,组建ITT是必要的。

(2)技术环境的集成:通过使用一些集成管理的工具,如Lotus Notes EDI、集成的DBMS等技术,实现环境的集成。

(3)信息的集成:要求建立面向CE的联系港口生产全过程的集成DBMS,从而实现对数据的有效集成、共享和保护。同时可以完成对运输计划修改的反馈、修改权限的设置及计划、实施过程的实时控制等。

2.多媒体数字会议

多媒体数字会议是一种由多方参与、借助于多媒体支持的,基于计算机的远程通信技术。这种系统允许不同地点的多个用户同时编辑、设计、修改和评审共同感兴趣的对象。随着这种系统的桌面化,可以用计算机表现幻灯、做笔记、更新文档及其他形式的群体工作功能,以达到共享合作空间的效果。采用多媒体数字会议方式不仅体现了信息传递的并行工程特征,同时,其实施又必须在CE的管理模式之下。因此,系统中多媒体的同步和多个参与方的协调都需要采用并行管理的模式。

3.计算机仿真手段的应用

所谓"仿真",就是构造出一个"模型"来模仿实际系统内所发生的变化过程。计算机数字仿真(Digital Simulation)通过对随机变量函数的概率模拟、随机抽样和统计分析,来解决生产管理等领域中的多种问题。随着计算机图形技术的发展,计算机动态图形技术与数字仿真技术的结合,产生了动态图形仿真技术,这是目前相当有效地用于研究真实系统的计算机实验方法。计算机仿真技术实施的一般步骤为:

(1)确定原系统进行仿真的目的和基本仿真要求。

(2)建立系统的数学模型和基本图形元素模型,将被研究系统抽象表述为表达式或信息流图。

(3)模型的变换,将原始数学模型结合图形元素模型,通过一定的方式构造成能在计算机上运行的动态图形仿真模型库。

(4)运行仿真模型,在运行仿真模型之前,须对仿真的具体流程进行设计,然后在计算机

上应用模型库，构造出解决具体对象的仿真系统，通过运行，求出仿真计算结果。

(5)整理、分析仿真结果。

## 三、港口生产组织决策 CE 再造的方法

鉴于目前我国港口生产组织沿袭多年的做法存在诸多问题，这些问题已经影响到由港口生产现代化技术手段所带来的绩效的发挥。因此，提高港口生产组织的绩效已成为我国港口界急需研究解决的问题。这里，我们针对在港口生产组织中采用 CE 方法，探讨一些具体的实施方法。

### 1.港口生产组织中可并行处理过程的特征

采用 CE 对现有的港口生产组织过程进行改造，包括两个方面：

(1)将具体对象在港口的整个作业过程的安排提前到作业开始之前完成。

(2)将作业安排尽可能按照并行方法组织，以缩短船舶在港作业时间，使串行过程尽可能并行化。

从这两个方面考虑，根据港口生产组织过程的特点，我们可以归纳出在港口生产组织过程中，以下几个方面具有过程并行改造的特征：

(1)由于现有港口的信息处理的技术方法落后，而不得不采用串行式生产组织过程。例如，“港口集团—装卸公司”之间的两层生产组织过程的 CE 再造，一个装卸公司内各生产环节的衔接，生产计划编制方式与时间跨度问题，以及码头现场生产组织与生产指挥中心的信息交互问题等等。

(2)在码头生产资源的配置中，有一个集中使用和并行使用资源的选择问题，这里便存在现场作业调度的 CE 再造问题。

(3)在一个泊位上的船舶作业组织中，各船舱作业的安排、作业线的选择，以及如何配置设备使船舶作业时间缩短的 CE 再造问题。

(4)在码头能力改造中，存在增加泊位数量，还是提高单泊位作业能力的选择问题。

### 2.港口生产组织过程 CE 再造的基本方法

基于 CE 的一般原理和方法，并根据我国港口生产组织过程目前存在的问题，针对港口生产组织中可以进行 CE 再造的环节，以及根据港口生产活动的特点，我们可以给出以下在港口生产组织过程 CE 再造中可供采用的基本方法。

(1)在两层管理之间建立集成工作小组(ITT)。造成港口生产组织过程串行模式的主要原因，是为了协调港口集团与装卸公司之间，以及两层各自职能部门之间有关生产组织方面的工作。根据 CE 思想，为了在生产实施之前能更及时、全面、有效地确定整个生产组织安排过程，应该建立集各方面专家于一个组织内的虚拟性机构。这个机构就是打破层次界限、跨越职能部门的集成工作小组(ITT)。该小组根据服务对象进行组织，改变传统的会议协调和指挥的模式，由沟通不同层次之间、部门之间的信息网协调他们之间的工作，减少同一类专家在小组中的冗余。

(2)基于服务对象的全过程生产管理。负责港口生产组织的主要职能部门是调度室(操作部)，目前在调度室内人员组织方式是按工作性质进一步划分更细的职能岗位，从而增加了职能部门内的管理层次，降低了工作效率。根据 CE 观点，为了缩短港口生产安排的时

间以及提高生产实施中对过程调整的敏捷反应能力，调度部门内应该减少管理层次，使调度指挥系统扁平化。为此，应该将调度部门内按职能分工的方法改变为按过程组织分工的方式。在港口生产组织采用以服务对象为项目组成的ITT以后，调度室人员参与某个ITT的人员必须减少。因此，生产组织人员应按项目负责对服务对象的全过程管理，即从船舶动态—计划安排—实施过程跟踪—调整生产组织方式—过程总结等整个生产组织过程。而这一系列工作原先则分别由局调度室的分区计划员、值班调度员、计划调度员、单船指导员等共同完成。

(3)对服务对象在港生产的全过程早期应尽可能统筹计划。港口生产组织并行工程的关键思想之一就是尽可能早地、全面地考虑服务对象(主要是船舶)在港生产的全过程各个阶段对调度计划制定阶段提出的要求，以避免或减少那些在实施过程晚期才发现的、造成计划安排不得不作出调整的计划错误。即强调早期调度计划能"一步到位"。为了实现这一要求，制定计划时的科学性和预见性非常重要。经验式的调度计划安排很难做到尽可能的统筹考虑，为此，在生产计划阶段借助于决策支持系统是非常必要的。例如，采用本书提出的计算机动态图形仿真技术对即将实施的生产组织过程在模拟环境下进行"预实施"，以检验各种生产组织方案的合理性，观察实施中可能出现的问题，评价各方案的绩效等，从而使所制定的调度计划尽可能减少隐含的错误。

(4)建立集成并行处理的信息系统。从前述已知，目前采用的信息传递技术方式落后，不得不采用串行生产组织过程。因此，实现生产组织的CE很重要的是构建在层次之间、职能部门之间进行信息传递的计算机信息网络。建立起集成化的港口生产组织信息网络，至少有助于在以下几个环节促进港口生产组织并行化过程：

①港口两层生产组织过程协调的并行化。

②各职能部门之间生产组织实时信息有助于生产全过程中各环节组织的并行进行，由此可以减少港口货物的仓储量，以加速运输货物的周转。

③现场指挥与调度中心联络的通信方式的改进，以实现信息的实时共享。

④有利于缩短生产计划期跨度，使计划制定时间尽可能贴近实施期。

(5)对生产组织过程进行并行化改造。为了实现以服务对象(船舶)为项目的，建立ITT方式的全过程管理，现行的生产组织过程模式应该改变，将原先串行过程尽可能改造为并行过程。在过程并行化改造中，至少在以下几个方面可以进行实践：

①不同层次的调度生产会议可以通过可视数字化会议的方式实现会议的同步进行。

②撤消目前调度部门内的中间管理层次，展平为横向组织结构，调度人员按项目分工，以项目成员的身份参加ITT，并负责该项目的全过程管理。

③港口与外界相关企业或部门由于传统信息传递方式造成的串行过程应在建立EDI(Electronic Data Interchange)的基础上将过程改造为并行处理。

## 第六节　本章小结

港口管理的刚性化来自于两个方面，一是随着港口装卸作业的专业化水平提高，在实现作业效率大幅度提升的同时，也造成了作业的刚性化，即对被装卸货物的形态及其要求变得更为严格;二是长期以来港口在物流链中处于相对优势的地位,使得港口企业在如何满足市场差异化服务的需求上做得很少。然而,随着港口竞争的加剧,以及市场对港口的个性化服务需求越来越强烈,使得港口开始认真思考如何满足这种多变的客户需要。因此,柔性化港口的提出符合了港口转型发展的方向。柔性化港口是能够满足客户差异化服务要求的,能够对市场作出敏捷响应的港口,这就要求我们的港口企业改变过去许多已经习以为常的做法,它所倡导的是以客户需求为导向,以改变自己为出发点,充分利用信息技术的支撑,引导港口最大限度地顺应市场的差异化需求;在港口改进服务能力的同时,提升港口的竞争力。

## 参考文献


[1] 亨克·傅博达,著.项国鹏,译.创建柔性企业[M].北京:人民邮电出版社,2005

[2] Slack N. The flexibility of manufacturing management[J]. International Journal of Production and Operation Managemment,1987

[3] 刘益,李垣,汪应洛.柔性战略的理论、分析方法及其应用[M].北京:中国人民大学出版社,2005

[4] 王莲芬.网络分析法(ANP)的理论与算法[J].系统工程理论与实践,2001(3)

[5] 真虹,刘桂云.柔性化港口发展模式[M].上海:上海交通大学出版社,2008

[6] 孟军,张若云.供应链柔性综合评价体系研究[J],中国管理信息化(综合版),2007(9)

[7] 王在龙,许民利.模糊评价理论在供应链柔性评价中的应用[J].湖南经济管理干部学院学报,2006(2)

[8] 高清,谢治安,方淑芬,马天超.先进生产技术投资决策中固有柔性的评价[J].制造技术与机床,1996(10)

[9] 杨承涛,马训鸣.生产系统柔性的评价方法[J].工厂建设与设计,1996(2)

[10] 朱琦琦,张天顺,舒大文,王红伟.生产系统柔性评价方法研究[J].现代制造工程,2004(8)

[11] 苏春.柔性生产系统选型的模糊综合评价法[J].制造业自动化,2001(5)

[12] 庞庆华.企业生产系统柔性及其综合评价研究[J].商业研究,2007(2)

[13] Winner R I, Pennell J P, Bertrand H E, et al. The Role of Concurrent Engineering in Weapon System Acquisition[R]. IDA Report AD-A203615, 1988

[14] Guisseppi A Forgionne, Rajiv Kohli. HMSS: A Management Support System for Concurrent Hospital Decision Asking[J]. Decision Support System, 1996, 16: 209-229

[15] A. B. 沙尼,彼得·多切迪,著,锁箭,等译.修炼:构建持续发展的学习型组织[M].北京:经济管理出版社,2005.20-58

# 第九章　第三次工业革命对港口的影响

## 第一节　何为第三次工业革命

2011 年 9 月杰里米·里夫金出版了他的《第三次工业革命——新经济模式如何改变世界》一书，对第三次工业革命给出了比较完整的描述。他认为，第三次工业革命是能源、互联网与再生能源的结合导致人类生产生活和社会经济的重要变革。

根据里夫金的观点，我们可以梳理出三次工业革命的演变：

第一次工业革命标志性的事件是 19 世纪蒸汽机的使用，使人类能够对以煤炭为能源的蒸汽机以及工厂进行系统管理和操作，由此从手工业到机器产生了第一次工业革命，其结果造就了密集的城市核心区、拔地而起的工厂。

第二次工业革命标志性事件是 20 世纪内燃机的应用，使人类进入到石油经济和汽车的时代，其结果是催生了城郊大片房地产业以及工业区的繁荣。

第三次工业革命标志性的时间是 21 世纪互联网技术与可再生能源的结合，其结果将是把每一栋楼房转变成一个微型发电厂。

关于第三次工业革命，另一位经济学家保罗·麦基里（Markllie，《经济学家》杂志编辑）则从生产方式的改变提出了以下标志性的划分：

第一次工业革命（18 世纪后期开始）：机械生产取代了手工制作；

第二次工业革命（20 世纪初开始）：进入了规模化工业生产时期；

第三次工业革命的核心是数字化制造，传统的大规模流水线制造从此结束，个性化生产、分散式生产将成为重要的特征。

我国有学者归纳国外专家的观点，给出了第三次工业革命的一些定义。如：新能源和新材料的应用及其与互联网技术的融合使人类生产经营方式逐渐由规模化生产向个性化定制转变，同时也推动着社会生活方式的变革。更具一般性的结论是：第三次工业革命实质就是以数字制造技术、互联网技术和再生能源技术的重大创新与融合为代表，从而导致工业、产业乃至社会发生重大变革；这一过程不仅将推动一批新兴产业诞生与发展，还将导致社会生产方式、制造模式甚至生产组织方式等方面的重要变革，最终使人类进入生态和谐、可持续发展的社会。[4]

根据里夫金的观点，以化石燃料为基础的第二次工业革命给社会经济和政治体制塑造了自上而下的结构，而第三次工业革命所带来的绿色科技正逐渐打破这一传统，使社会向合作和分散关系发展。他认为，我们所处的社会正经历着深刻的转型，原有的纵向权力等级结构正在向扁平化的方向发展。

里夫金提出，第三次工业革命的支柱包括以下 5 个：

(1)向可再生能源转型;

(2)将每一大洲的建筑转化为微型发电场,以便就地收集可再生能源;

(3)在每一栋建筑物以及基础设施中使用氢和其他存储技术,以存储间歇式能源;

(4)利用互联网技术将每一大洲的电力网转化为能源共享网络;

(5)将运输工具转向插电式以及燃料电池动力车,这种电动车所需要的电可以通过洲与洲之间共享的电网平台进行买卖。

在5个支柱中,他特别提到最后一个支柱是运输,他认为这是整个体系向第三次工业革命迈进所不可缺少的。建筑物转变成小型发电厂和创建能源互联网,使这些基础设施可以为插电式电动车、氢燃料电池车提供动力。

这就使我们有理由相信,第三次工业革命与我们关注的交通运输有着密切的关系,它会改变交通运输的发展轨迹,进而会使我们关注其对交通运输发展的影响。

## 第二节　第三次工业革命对交通运输的影响

我们从里夫金的观点中可以梳理出一些有关第三次工业革命对交通运输的影响,尽管不多,但很有启发。这里,我们从里夫金的书中寻找出一些我们认为可能会影响未来交通运输发展的观点,并做出我们的分析。

里夫金提出,人口激增、粮食、水和建筑材料消耗量的增加、道路运输和铁路运输增加、城市及郊区扩张等因素继续侵蚀着剩下的原生态地区,使生活在那里的物种接近灭绝。其观点显然认为,交通运输在带给全球一体化的过程中,也对环境造成了破坏,它把人类的足迹带到了地球的每一个角落,那里的生态环境则随之遭受到了破坏。

所以里夫金憧憬的是构筑所谓的"罗马生物圈",将一个地区改造成为能够自给自足的、可持续发展的生态系统,在这个生物圈中为居民提供大部分基本的能源、粮食和纤维等。因此,从中我们可以延伸出这样的理解,即人们所需要借助的货物的长距离运输需求将会减少。

里夫金指出,与第一次工业革命和第二次工业革命不同,日渐兴起的第三次工业革命是以分布在世界各地、随处可见的可再生能源为基础的,而这些可再生能源大部分是免费的,如太阳能、风能、水资源、地热、生物能、海浪和潮汐能等。如果有数百万的人可以在自己家中或企业中更廉价、快捷地同时生产一批或单独一个产品,而生产出来的产品可以与世界上最先进的工厂的产品相媲美,那又该如何呢?在这一新兴的革命中,每个人都可以成为生产者,拥有自己的公司。这就形成了他所谓的"分散型生产世界"。

从里夫金的观点可以看出,交通运输是第一次和第二次工业革命的重要支柱,过去的大工业依赖于连接全球的交通运输网络,由于开采、处理和运输化石能源的成本非常高,只有少数几个大型的、集中型的企业能够筹集足够的资本来进行能源的运作,因此资本越来越高度地集中在少数寡头垄断者的手中。

而第三次工业革命所带来的扁平化的对等结构和虚拟世界中几乎不存在交易成本(运输成本除外)使得手工产品可以在价格上与大规模生产竞争。

里夫金认为,自给自足的新型合作商业模式——"社区",将消费者和农场主以一种分散、合作的方式聚合在食品供应链之上。其最吸引年轻一代的地方就在于虚拟社交空间的运用。它的发展同时也反映出了消费者对日益减少的生态空间的关注。通过减少化肥和杀虫剂的使用和减少食品长途运输所产生的二氧化碳的排放,并降低与第二次工业革命的食品生产和分配链紧密相连的广告、营销和包装费用,社区支持每一个人参与农业的生活方式将更具有可持续性。如果全球经济顺利完成第三次工业革命的转型,企业家和管理者必须主动学习如何利用新型的商业模式,包括开放性的网络商业、分散合作式研发战略以及可持续的低碳物流和供应管理。

由此可见,第三次工业革命的社区化趋势,将减少货物的长途运输所产生的碳排放,从而保护了地球的生态环境。

在前述观点的基础上,里夫金提出,第三次工业革命最合适的规模应该是数百万小型、微型企业和消费者所组成的代表其共同利益的合作性企业联盟。第三次工业革命分散型、合作式的本质和按社区聚集的扁平化结构,更倾向于洲际性经济和政治联盟。我们正从"全球化"走向"洲际化"。

这就引申出里夫金著作中与我们交通运输发展相关的最关键的观点,即"从全球化到洲际化"。

他引用了 TNT 公司的首席执行官彼得·巴克的观点:"全球化正在消亡。"按照巴克的观点,国际原油价格的大幅上涨使国际航运的成本越来越高,而政府对碳排放增税也将会提高物流的成本。他认为当前的经济转型就是由全球化转向洲际化,商业和贸易的大部分增长是在洲际市场实现的。巴克强调物流行业的重心应该重新定位,放到洲际市场上。

里夫金同意巴克的观点,并指出,第三次工业革命为分散式的洲际性能源和通信结构的实现奠定了良好的基础。

他为此举了一个形象的例子:让我们看看在一个复杂的工业文明中将自然资源转化为人们消费的食物所带来的热力学影响,及其对我们如何理解国民财富带来的警示。我们不妨以一块牛排为例:……,(牛)一旦出栏,这些牛就要被装入货车中,在国内长途跋涉,耗时几个小时甚至数天,运到屠宰厂。在此过程中,同样消耗了更多的燃料。……与种植饲料、饲养牲畜、配送、屠宰、分割并将牛排最终送到每个人家中的餐桌上所消耗的能量相比,真正进入牛排之中的能量少得可怜。

归纳上述引自散落在里夫金著作中的一些观点,我们大致还是可以看出,第三次工业革命对交通运输业发展会造成的影响。这里,根据我们的理解,可以得出以下几点:

(1)在经济由全球化向洲际化转变的过程中,全球性的长途运输会减少,洲内的短途运输将会增加;

(2)为了减少碳排放对环境造成的影响,人们越来越关注如何减少运输,特别是不合理的无效运输,运输最小化成为人们追求的目标;同时,采用新的能源,以实现零排放的运输方式;

(3)运输所需要的能源将相当部分采自于由单体建筑所产生的分散式能源的供应网络。

由此我们可以大致刻画出在第三次工业革命时代交通运输的基本特征:

(1)洲际化导致就近生产的趋势,使产品生产更贴近于消费市场,以降低物流成本,减少碳排放。

(2)在供应链上的货物出现向其两端趋近的变化特征,粗级产品加工向原料产地集聚,而面向消费的产成品生产则向消费地集聚,由此导致供应链中间段的运输货物平均附加值将提高。由此可以判断,随着经济的增长,伴随的长距离运输的货运增长量将变缓,也就是运输周转量增长将趋缓,甚至有可能减少。

(3)为货物移动所必需的空间位移质量将更多的在货物质量上,而运输工具本身的质量由于采用的是多批次、小批量的运输方式以及运输载体的创新而降低;同时,也由于运输距离的缩短以及所使用的能源改变使携带的能源质量也将减少。

(4)再生能源作为交通工具的主要驱动能源,以逐步代替目前以石油为主的运输能源方式。这不仅减少了由于携带能源而消耗的能力,而且也可大大减少碳排放量,对生态环境起到了保护作用。

当然,第三次工业革命对未来交通运输发展的影响还需要深入地探讨,目前这方面的研究还非常少见。因此,实际上第三次工业革命对交通运输可能产生的影响将远远不止上述这些。但是,仅仅以上这些方面的变化已经会改变我们对未来交通运输发展趋势已有的认识。

联系到本书的主题,我们讨论的是港口问题,那么,在这样的经济发展和运输方式转变的情况下,在第三次工业革命中港口又将会面临哪些变化呢?

## 第三节　第三次工业革命对港口产业发展的影响

作为交通运输的一个环节,第三次工业革命对交通运输的影响必然也会传递到对港口的影响。通过我们初步的研究,可以认为第三次工业革命将在以下方面对港口的发展产生重要影响:

(1)为了减少物流量,更多的原料将选择就近加工,致使初级产品加工向原料产地集聚,以减少废料的运输量。由此导致初级产品的运输减少,进而将使港口的吞吐量下降;但同时,港口吞吐货物的附加值将得到提升。与此同时,在产品供应链的另一端,由于洲际化、社区化的分散式生产方式,将改变现在的"集中生产、全球分销"的生产模式,即从全世界采购原材料,生产后再运送到世界各地销售的模式,而是采用就地生产和就地销售,从而大大减少供应链中间段长距离的货物运输量,而这些运输量在现在来看确实是巨大的,并且为降低运输成本而越来越多地采用大型船舶。当这些发生改变的时候,必然导致港口的吞吐量下降,特别是承接长距离运输的货物吞吐量将下降,同时也对接纳大型船舶的泊位需求减少。值得注意的是,伴随着这种变化而来的必然是对港口柔性化服务和精细化作业的要求,作业的快捷性和对船舶的适应性需求被高度的关注,能满足门到门的,更适合于短距离运输的滚装运输方式(甩挂运输方式)将会有明显增加。

(2)由于出现在供应链条上空间位移的货物向两端趋近的变化趋势,以及更多地采用就地取材的可再生能源,在远洋干线运输上,大宗干散货和大宗液体货的运输量将会减少,而接近供应链末端的产成品数量也会减少,货物结构更趋于中间产品。由此导致未来的远洋干线运输具有以下特征:

①总体运输量的增长相对于经济增长而言将趋于趋缓(甚至降低),其主要原因是大宗

散货和液体货运输量的减少。

②由于中间产品多数为适箱货物,因此集装箱运输的比重将进一步增加;尽管末端的产成品在远洋干线上的运输量会下降,但由于原材料产地的产品向供应链下游延伸,促进了适箱货物的增加。当然,总体而言远洋干线集装箱运输量的增长将趋缓(甚至下降)。

鉴于上述海运货物结构的变化,未来码头将进一步趋于集装箱化,目前的大宗散货的码头会减少,而接纳集装箱船的码头比重将进一步增加。但同时需要注意的是,未来的集装箱结构和品种与目前将会发生较大的变化,特种箱型以及小尺寸的箱型将会增加,甚至出现更便于货物集成搬运和分解的运输单元。

(3)由于远洋干线运输量的减少,近洋运输以及国内运输的量会明显增加,江河运输由于更符合生态和环境的和谐发展而获得新生,所承担的运输比重将提高。由此导致港口承接的货流结构发生改变,船舶从大型化转而趋向于小型化。大型船舶适合于远洋运输,随着远洋运输比例下降,而近洋和沿海运输比例上升,并且滚装运输的大力发展,使得船舶大型化趋势受到抑制。同时市场的柔性化需求的增加,对 JIT 供应的要求越来越强烈,使得更适合于这种要求的相对小型化的船舶运输将更受欢迎。

(4)目前粗放式的港口开发方式将受到节制,港口开发的土地使用将受到更严格的限制。长期以来,在港口开发上,土地被粗放式地使用,为了考虑港口需求的增长,大量的港口预留土地被闲置,码头的堆场被无限制地扩张,百米岸线的吞吐量并未随着港口技术的进步而提高。在土地这种不可再生资源面临日益稀缺的时候,港口开发正面临着转型发展的外部要求,土地的节约式开发越来越受到人们的高度重视。一些在限定土地资源而同时提出更高的能力要求的方案被提出,新加坡"新一代集装箱码头(NGCP)"的设计理念正体现了这种转型发展的要求。

案例:新加坡"新一代集装箱码头(NGCP)"的设计理念

为了在有限的空间上提高单位岸线资源的吞吐能力,新加坡港务局在 2012 年提出了"下一代集装箱码头(The Next Generation Container Port,NGCP)"项目[6],该项目旨在向全世界征集能够实现下一代集装箱港口在规划、设计和运营方面的变革,从而使得港口吞吐能力和装卸效率实现跨越式的发展,以满足航运业向更经济、环保和可持续方向发展的要求。

该项目要求在十分有限的给定区域范围内(岸线不超过 6 公里,陆域面积不超过 2.5 平方公里,陆域和水域面积总计不超过 7.5 平方公里, 如图 2-3 所示)设计出 10 年后的新一代创新型集装箱港口,给定的港口区域不仅要包括码头前沿的装卸区域还要包括货物流转的空间,在该空间内每年至少可处理集装箱量超过 2000 万 TEU。从目前全球港口的运作方式来看,这个要求似乎根本不可能完成。因此,新的设计要求对集装箱港口从装卸到后方的物流运作乃至到集疏运体系都提出了巨大的挑战。

该项目计划由新加坡海事研究所(SMI)和新加坡海事及港口管理局(MPA)共同发起挑战,鼓励全球对于现有的港口运作模式提出变革性的方案,从而使得港口能够同时兼顾经济、环保和可持续发展的要求。

假设条件:

处理吞吐量大于等于 2000 万 TEU/年,其中 80% 为中转货物;

该码头可全年 365 天全天候运营(24/7);

船舶候泊情况不超过10%；

集装箱在港平均滞留时间为4天；

设计要求：

能满足所有具体的港口运营需求，并且在设计时需同时考虑构建整合供应链、港口的柔性运营以及安全等；

需要提高生产率，包括通过自动化和相关的技术提高劳动生产率和高效的工作流程，同时提高土地的使用效率；

同时需要考虑环境的可持续发展和经济的合理性。

NGCP设计方案的评价指标体系见图9-1。

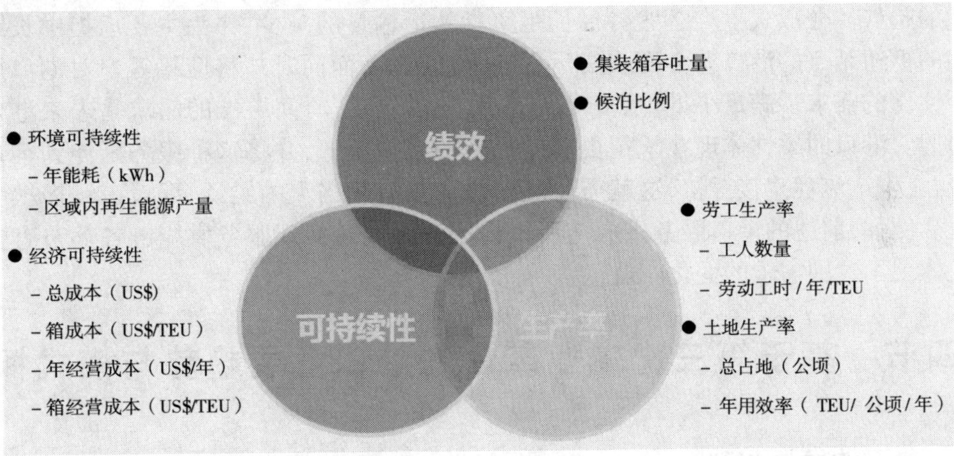


图9-1　NGCP方案评价指标

综上所述，在设计时需基于未来船舶的大型化趋势和技术发展趋势，需要在方案中体现装卸、仓储、堆场与码头前沿间的运输、清关、劳动生产率、土地利用率、环境保护等。

假设平均1000m岸线可设置3个集装箱泊位，每个泊位平均设置3台岸吊，并且假设每台吊机全年不停歇的工作，以目前的生产率对于转运港而言每台吊机每年平均的作业量可达到13万TEU，若给定6000m的岸线，每年可处理的集装箱大概为234万TEU，而这与NGCP给定的目标2000万TEU相差甚远（表9-1中数据反映了这种差异）。

**传统港口装卸水平与NGCP目标装卸水平比较**　　表9-1

| | 传统模式 | 革新模式 |
|---|---|---|
| 岸线长度 | 6000 | 6000 |
| 泊位个数 | 18 | 18 |
| 每个泊位岸吊数量 | 3 | 3 |
| 平均每台吊机平均作业量（TEU/年） | 13万 | 37万 |
| 平均每台吊机生产率（move/h） | 15 | 42 |
| 码头年处理总量（TEU/年） | 234万 | 2000万 |

尽管这一方案的提出至今尚未有现实的码头予以实现，但是这种创新型的设计理念体现出未来港口发展如何与环境和谐发展的要求。

(5)为了减少甚至消除碳排放,在港口使用的能源结构将产生重大变化。其中,最主要的是大量采用可再生能源。港口将逐步建立起能够满足自身需要的能源生成场,通过位于海边风力较大的有利区位,并同时采取其他蓄能方式,来满足自身生产对能源的需求。对于能源缺口部分,可以借助于共享的能源互联网进行补充。目前港口正在采取的油改电工作只是考虑解决环保的问题,而目前电能的产生同样需要消耗大量的可再生资源。当港口码头采用清洁的可再生能源时,不仅可以减少能源传输所需消耗的能源,同时也将会彻底消除碳排放,一个真正清洁的港口将会更好地与城市融为一体。

(6)分散式的生产方式将改变港口的货物结构和物流服务模式,小批量货物运输的需求以及对供应链管理的要求,导致了客户对港口需求的多样性,使得港口生产的柔性化要求成为必然的趋势。分散式生产必然导致长距离货物运输量的减少,作为主要承担中长距离运输换装的枢纽结点的港口将会面临货运吞吐量的减少,而同时却将迎接客户对港口服务越来越个性化的需求。满足小批量、多批次、位移速度更快、时间更准的需求是未来港口所将要面对的。港口的柔性体现在承担更多差异化的客户服务,并将这种服务延伸到客户企业内部,与之生产流程直接对接,这就需要港口服务具有相当大的柔性,即对市场需求变化的适应性。例如,前述的港口服务供应链所提出的通过配送实现服务供应链各环节直接无缝对接正体现了这种需求的变化。

## 第四节　基于第三次工业革命的港口发展趋势与模式探究

### 一、港口的发展趋势

基于以上对于第三次工业革命背景下港口发展影响的分析,我们大致可以勾略出未来港口发展的新趋势:

(1)针对货流的洲际化、船舶运输的小型化趋势,码头作业更强调高效快捷,港口服务供应链将发挥更重要的作用,港口将从现在的供应链节点逐步演变成为供应链上的一个几乎不停留的一个过程,那么,滚装模式将会成为一种主流作业方式。

(2)港口的装卸功能将逐步被多功能发展模式所取代。由于经济发展的区域性特点,港口面对的服务将逐步趋于近距离化,这必将使港口在功能上更为突出其物资的分拨和配送功能,具有多功能的仓库将成为港口的主要设施,这种仓库将逐步成为港口业务处理的中心。

(3)为了减少对生态的负面影响,符合资源节约型的港口码头集约化发展将成为必然的趋势。每百米码头岸线的吞吐能力将取代船时量而成为码头先进性的重要指标,在空间资源限制的条件下出现的集约化程度更高的作业方式将是未来装卸作业技术发展的方向。

(4)为了减少甚至消除碳排放,码头的能源结构将发生根本性的改变,码头将大量采用清洁的可再生能源,实现零排放;例如风能、太阳能、潮汐能等,并逐渐实现在能源上的微循环。港口与环境的和谐发展将促使其更好地与城市融为一体。

(5)码头作业将从现在的专业化、规模化和标准化的作业方式逐步向满足客户个性化需求的、适合市场变化的、柔性化的大规模定制式作业方向发展。港口码头的作业流程与其他物流企业的作业流程，特别是上下游委托运输的企业内部流程进行无缝连接，真正实现供应链各环节在流程层级上实现对接。

(6)以数字化为主要特征的智慧港口借助于互联网将区域港口连成一个网络，在共享的信息平台上，沿供应链与其他物流环节以及上下游产品制造企业和商业企业的信息被高度集成；码头作业的高度自动化将通过信息技术实现作业的无人操作；通过采用电子标签，以实现流动的货物智能化，RFID技术在港口广泛采用，将货物、设备、设施和人员连成一个信息网，码头物流活动变得全透明，这将更有利于港口与供应链上下游融为一体。

### 二、港口的发展模式

给处于第三次工业革命环境下的港口发展模式作一个定义并不是一件容易的事，许多不确定的因素会影响未来港口的发展轨迹。但是，我们从第三次工业革命主要特征中，还是能够梳理出一些港口受其影响所产生的变化。在这里，我们对第三次工业革命环境下的港口发展模式给出如下的描述：

在第三次工业革命时代，港口作为洲际区域连接的重要节点，将与周边环境和谐相处，通过使用零排放的可再生能源而成为一个生态性港口；港口将成为密切区域内物资联系的集散、分拨和配送中心，成为贯通物流服务供应链的重要通道，成为满足个性化需求的柔性化港口，成为信息高度集成的智慧港口。

港口像其他领域一样，不可能置身于第三次工业革命的影响之外，对这种影响的理解将随着对第三次工业革命的认知而逐步清晰。但是，现在就可以肯定的是，目前粗放式的港口发展必将改变，与环境和谐相处的，更加适应需求变化的港口正逐渐呈现在我们的眼前。

## 第五节　本章小结

本章从引入里夫金有关第三次工业革命的概念以及基本特点开始，聚焦分析了这场工业革命对交通运输的影响，使我们注意到第三次工业革命将世界经济格局从“全球化”引向“洲际化”，这种改变将极大地影响交通运输的发展轨迹。本章在归纳出第三次工业革命将对交通运输产生3个方面影响的基础上，提出了交通运输将呈现出5个方面的新特征。结合本书关注的港口发展，本章认为港口将由此可能受到5个方面的重大影响。

在预测未来港口受此影响而出现的发展趋势的基础上，我们提出了在第三次工业革命背景下港口发展的新模式，即：在第三次工业革命时代，港口作为洲际区域连接的重要节点，将与周边环境和谐相处，通过使用零排放的可再生能源而成为一个生态性港口；港口将成为密切区域内物资联系的集散、分拨和配送中心，成为贯通物流服务供应链的重要通道，成为满足个性化需求的柔性化港口，成为信息高度集成的智慧港口。

### 参考文献

[1] 杰里米·里夫金. 第三次工业革命——新经济模式如何改变世界[M]. 北京：中信出版社，2012.6
[2] 芮明杰. 第三次工业革命的起源、实质与启示[N]. 文汇报，2012.9.17

[3] 保罗·麦基里. 第三次工业革命. 经济学人,2012.4
[4] 常海宇. 世界第三次工业革命的描述. 中国生产力学会会讯,2013.2~4期
[5] 吉阿兵. 第三次工业革命的起因、内涵及对上海的启示. 上海综合经济,2013.2
[6] 胡少甫. "第三次工业革命"的兴起以及给中国带来的挑战. 对外贸易实务,2012.7
[7] 真虹,赵楠. 全球港口发展报告(2012)[M]. 上海:上海浦江教育出版社,2013.4

# 第十章　自由港模式的新发展

## 第一节　自由港发展现状

### 一、自由港的内涵

自由港(Free Port)的概念最早出现在16世纪中期,自由贸易园区(Free Trade Zone)是在后续发展过程中基于自由港的基本特征实现了空间和内涵上的拓展和延伸。随着国际贸易的发展,交通运输效率的大幅提高,世界经济格局的改变,自由贸易园区的概念和内涵也在不断的发生变化。而且,各国在发展自由贸易园区的过程中,由于特定的历史条件和目的不同,自由贸易园区的内涵及功能也发生了一定的演变,出现了诸如出口加工区、保税区、自由仓、保税仓等概念。

所谓自由贸易园区是指在某一国家或地区境内设立的实行优惠税收和特殊监管政策的小块特定区域,类似于世界海关组织的前身——海关合作理事会所解释的"自由区(Free Zone)"。按照该组织于1973年订立的《京都公约》[1]的解释,自由区是指缔约方境内的一部分,进入这一部分的任何货物,就进口税费而言,通常视为在关境之外,并免于实施通常的海关监管措施。

自由贸易园区建立与发展的根本目的在于通过取消海关监管、减免关税来促进跨境贸易的发展。作为国家或城市对外发展的门户,一般情况下,海港和空港更容易成为自由贸易园区选址的区域,而且自由贸易园区的发展对交通运输效率的要求也越来越高。国际贸易总运量的75%以上是通过海上运输来完成的,部分国家甚至有90%以上的国际贸易通过海上运输完成。因此,自由港既是自由贸易园区的具体形式,也是自由贸易园区的最高表现形式。

自由港是指全部或绝大多数外国商品可以免税进出的港口,划在一国的关税国境(即"关境")以外,免于惯常的海关监管,又称自由口岸、对外贸易区等。外国商品进出自由港时除免交关税外,还可在港内自由改装、加工、长期储存或销售。只有将货物转移到自由港所在国消费者手中时才须交纳关税,但外国船舶进出时仍须遵守有关卫生、移民等政策法令。自由港的功能与内涵是不断变化的,定义中所提到的"境内关外"和"免税"政策是自由港的基本内涵。随着港口功能的拓展延伸,自由港不仅是转口贸易的重要基地,而且发展成为了具有"自由"特征的具有出口加工、工业、金融、建筑、旅游等功能的特殊区域。

### 二、自由港的主要特征

1. 基本特征

自由港的基本特征是自由港建立的根本性条件,任何时期、任何国家、任何类型的自由港都必须具备的根本特征。

(1)便捷的“境内关外”政策环境。“境内关外”是指赋予自由港“一国国境之内、关境之外”的特殊功能定位,由于位于“关境之外”,所以自由港内可以免除惯常的海关监管制度,货物进出港口免征关税,可以实现进口保税、出口退税等功能。更为重要的是,自由港要具有“自由”、“灵活”的政策环境,简化行政监管的流程与手续,提高自由港内作业效率,这也是实现“自由”的主要手段之一。便捷的“境内关外”政策环境是自由港最根本的特征。

(2)完善的基础设施条件。自由港的建设与发展需要有良好的硬件环境,能够提供优质的基础设施,包括港口、土地、办公环境、公共事业服务、物流服务、各类设备等。完善的基础设施是吸引对外直接投资的重要保障。

(3)国际化的经济贸易关系。自由港是不同国家经济贸易交汇的区域,是国际经济贸易中物流、信息流乃至资金流交汇集聚的重要平台。自由港允许并鼓励不同国别和社会制度的各种类型的资本进行投资,并自由开展贸易活动,各国投资和贸易均享受相同的优惠政策、接受相同的制度约束。

2. 延伸特征

除基本特征外,由于自由港内涵和功能的不断拓展和延伸,自由港又表现出新的延伸特征,这些特征并不是所有自由港都需具备的,但这些特征具备与否直接关系到该自由港是否具有竞争力。

(1)港口功能、政策完善化。在发展过程中,港口逐渐由第一代作为简单的货物中转、装卸、仓储场所发展成为以综合物流服务功能为核心的第三代港口,乃至参与到供应链、成为供应链中重要一环的第四代港口,港口功能不断完善,并衍生出以港口为重要平台的物流服务、加工贸易、商业旅游等功能。对于“自由”的需求并不仅仅是针对货物的转口贸易,金融、商业、加工的自由化也是跨国企业在发展过程中所迫切期望的。因此,随着港口功能的拓展和完善,自由港的功能也已不局限于服务转口贸易,国际物流、国际贸易、国际中转和出口加工、商业旅游的自由化功能也相应发展起来。基于功能的多样化和综合化,自由港所提供的政策出现综合性和多样化的特征,除便捷的“境内关外”政策外,还相应地建立起完善的外资投资、金融外汇以及人员出入境等优惠的政策体系。

(2)经济贸易自由化。经济贸易自由化是自由港将“自由”政策延伸覆盖至港口部分或全部延伸功能的结果。例如,船舶运输的自由进出、国际贸易的自由交易、货币金融制度的自由化、投资经营的自由化以及人员、货物等要素的自由流动等。

3. 区域特征

自由港最主要的功能即服务于转口贸易或服务于腹地经济的进出口业务,因此一般情况下自由港需要在一些具有强大经济腹地的枢纽港或拥有良好的国际中转区位优势的枢纽港才能建立起来,发达的国际航运市场,强大的腹地经济、充沛的集装箱物流是自由港建立必须满足的一些基本条件。例如,依赖腹地的汉堡自由港和依托于中转区位优势的新加坡自由港和香港自由港。

## 三、自由港的分类

1. 按照功能划分

在自由港的发展过程中,由于地理位置、政治环境、社会经济等因素的影响,不同国家或地区设置自由港的目的各不相同，也因此自由港的发展模式和所具备的功能也有一定差别。根据功能可以将自由港划分为以下四类（表10-1）：

按功能划分自由港类型　　表10-1

| 自由港类型 | 发展目标 | 设立区域经济特点 | 相关政策特点 | 主要分布区域 | 典型港口代表 |
|---|---|---|---|---|---|
| 转口贸易型自由港 | 促进转口贸易发展 | 拥有发达的腹地经济和较高水平的工业化经济 | 不允许任何人生活、居住；不开展消费性商业活动 | 西欧 | 汉堡 |
| 工业型自由港 | 出口创汇；拉动就业 | 经济腹地或邻国地区的经济不够发达甚至比较落后 | 允许开展工业型投资加工制造业务；允许商业性贸易活动 | 拉美非洲 | 苏利纳自由港 |
| 旅游购物型自由港 | 回笼货币，弥补国内商品稀缺，旅游创汇 | 旅游资源丰富，经济结构并不发达，产业结构单一 | 一般不允许加工制造活动；禁止外商涉足进口贸易业务 | 加勒比海地区 | 玛格丽塔，圣安德烈斯 |
| 综合型自由港 | 转口贸易、出口加工、旅游服务等综合性功能 | 地区经济相对发达，且具有良好的区位优势，周围国家在政治体制和经济体制上存在对立与差异 | 自由港内允许居民生活娱乐并享受进口免税消费品 | 亚洲 | 香港 |

（1）转口贸易型自由港。转口贸易型自由港主要是在拥有发达的腹地经济和较高水平的工业化经济国家或地区设立。自由港的设立主要是服务于该地区转口贸易的发展。因此，一般情况下自由港仅是港口及港区的一部分，港区内一般不允许任何人生活、居住，也不开展消费性的商业活动。港口一般是在国际主航线上的腹地型枢纽港，主要分布在西欧地区，典型代表即汉堡港。

（2）工业型自由港。工业型自由港主要服务于工业型投资加工制造业的发展，以出口创汇和拉动就业为目的。一般情况下该类型自由港主要是在拉美、非洲等经济并不发达的区域设立，通过利用吸引外贸直接投资带动区域经济发展。自由港港区内允许开展工业型投资加工制造业务，允许商业性贸易活动。该类型自由港的典型代表是苏利纳自由港。

（3）旅游购物型自由港。发展旅游购物型自由港的地区一般旅游资源比较丰富，并且设置在四面环海或者临海的岛国或岛屿地区，自然风光优美，经济结构并不发达，产业结构单一，对外经济贸易呈现单向性。自由港的设立以回笼货币、弥补国内商品稀缺和旅游创汇为主要目的，一般不允许加工制造活动，并禁止外商涉足进口贸易业务。此类型的自由港主要分布在加勒比海地区，以玛格丽塔和圣安德烈斯的自由港为主要代表。

（4）综合型自由港。综合型自由港的主要功能涵盖了转口贸易、出口加工、旅游服务等内容。一般能够设置综合型自由港的地区，贸易经济相对发达，且具有良好的区位优势，与周围国家在政治体制和经济体制上存在对立与差异，相互之间的经济贸易主要通过“中间人”间接进行。自由港内允许居民生活娱乐并享受进口免税消费品。大多数情况下，自由港包括整个港口城市，由若干工业区组成。主要分布在亚洲区域，典型代表为香港。

2. 按照覆盖区域范围划分

（1）港区型。港区型自由港即自由港的功能仅覆盖港口的某个港区或整个港口，通过围网明确自由港所辖范围。一般港区型自由港的功能都比较单一，且一般不允许人员在自由港所辖范围内生活、居住，而且消费性商业活动也较少开展。

(2)港城型。港城型自由港一般是由港口与城市共同组成，形成“前港后城”的格局。设置港城型自由港的城市区域经济一般是高度自由化的，而且港城型自由港的功能也比较丰富，既可以包含转口贸易、工业加工等功能，也可涉及旅游等产业的发展。港城型自由港对城市经济的推动作用十分巨大，但一般容易在一些岛国或在与大陆相对独立的岛屿城市实施。

## 四、自由港的主要功能

1. 服务国际贸易，降低交易成本

自由港的发展有利于降低国际贸易成本，实现国际贸易便利化。尤其是对于人力资源成本和原材料成本较低的国家或地区，自由港的发展容易带动本国服务和资源的出口，降低本国贸易的进出口成本。

2. 带动区域经济发展，增加社会就业

通过建立综合型、国际化的运输、加工服务体系，有利于吸引对外直接投资，增加贸易附加值，增加外汇收入和就业机会，促进区域外向型经济发展。

3. 促进城市现代化、国际化发展，实现产业结构多元化

自由港的设立有利于促进港口城市向现代化和国际化发展，同时带动金融、保险等现代服务业的发展，实现产业结构的多元化。

4. 提升当地产业的技术水平

对外直接投资的增加，国际成熟企业的落户，有助于提升当地员工的技术水平和综合素质，并实现技术转移，产生知识溢出效应。

## 五、自由港的发展历程

自由港的发展经历了450多年，尤其是在17世纪以后，英国、荷兰、葡萄牙、法国、德国等一些欧洲国家为了推动对外贸易，增加外汇盈利，陆续把沿海的一些著名港口设为自由港。同时，各种形式的自由贸易园区也迅速发展，尤其是在20世纪70年代以后，发展中国家和发达国家纷纷通过设立自由贸易园区的形式推进出口导向的对外直接投资发展，全球范围内自由贸易园区呈现井喷式增长，涉及的国家范围也越来越广。

在1970年，仅有少数国家允许设立自由贸易园区，而从20世纪90年代开始，设立自由贸易园区的国家和自由贸易园区的数目便成倍增长，从1995到1997年两年时间内，就有20个国家新加入到设立自由贸易园区的队伍，全世界内自由贸易园区的数目也达到850个，而且该数字还在继续增长(表10-2)[2]。自由贸易园区的建立与强力的出口需求有着极为密切的关系。

20世纪70年代以后，世界港口在民营化改革的浪潮中实现了快的发展，同时，自由港也伴随着港口的发展和自由化贸易投资需求的增加而实现飞跃式发展。现在世界上大约有600多个自由贸易港，其中著名的有香港、新加坡、亚丁、贝鲁特、汉堡、巴拿马等20多个。刘湛[3]在其研究中将自由港的发展分为三个阶段：

20 世纪 70 年代以来的自由贸易园区的数目变化　表 10-2

| | 1975 | 1986 | 1995 | 1997 |
|---|---|---|---|---|
| 运营自由贸易园区的国家数目 | 25 | 47 | 73 | 93 |
| 自由贸易园区数目 | 79 | 176 | 500 | 850 |
| 就业人数(万人) | 80 | 190 | — | 450 |

数据来源:United Nations. Free Trade Zone and Port Hinterland Development[M]. New York ,United Nations publication, 2005.

第一阶段:从 1547 年到二次世界大战前。这个阶段的自由港经营内容比较单一,主要是利用港口的优越地理位置和港口条件从事转口贸易。

第二阶段:从第二次世界大战结束到 70 年代末。这个阶段自由港的数量扩展缓慢。据统计,在这个阶段全世界大约只设立了 10 个左右的自由港。这个阶段自由港的发展主要侧重于扩大自由港的功能,即由二战前单纯从事转口贸易业务发展了直接经营贸易和出口加工等功能和业务,甚至部分自由港快速发展成为为包括了转口、工业、金融、建筑、旅游、贸易等领域的立体经营的综合型自由港。

第三阶段:从 80 年代至今。自 80 年代以来,世界自由港进入了一个新的发展阶段。世界在经历了 60 至 70 年代出口加工区的黄金时代之后,对兴办自由港的兴趣又有所回潮,这在亚太地区更为突出,比如仅在菲律宾已建立和拟建设的自由港就有苏比克、三宝颜和福加岛等。

从世界范围看,自由港主要分布于西欧和北美等一些发达资本主义国家,以及英国在殖民地开辟的自由港,少部分分布在拉美及亚洲地区,例如墨西哥、阿根廷、委内瑞拉、印度尼西亚等。从设港的地理特征来看,自由港一般具有优良港口,这类自由港除海港外,还有众多内河港口和空港,可深入大陆内部,如瑞士的 22 个自由港。

## 第二节　自由港发展面临的新形势及发展的新趋势

### 一、自由港发展面临的新形势

1. 区域经济一体化加速

开放以及出口导向模式创造了一种在一定区域内形成集聚的全球生产网络体系的供应链模式,这种区域内的全球生产网络体系提高了生产率,降低了生产成本,刺激了投资以及技术转移,亚洲大约一半的贸易是发生在区域内部的。正是这种发展模式促进了区域经济一体化的发展。自 20 世纪 90 年代开始,区域经济一体化发展加速,一体化的数量急剧增加,尤其是自 WTO 成立以来,这一变化更加突出。

李瑞林、洛华松[4]研究统计得出,截至 2003 年 10 月，向 WTO /GATT 通告的协议数量已经达到了 285 项，其中尚在实施的有 189 项。此外，有 60 项协定虽然没有向 WTO 通告，但已经开始实施。截至 2004 年 1 月，已经通知 WTO（包括其前身 GATT）的区域贸易安排已达 293 个。截至 2005 年 7 月，向 WTO 备案的区域贸易协议已达 330 个，其中 206 个出现于 1995 年 WTO 成立之后。到 2004 底，世界上绝大多数国家都参与了至少一个区域贸易协定。147个WTO成员中，至少有100个成员参加了一项以上的地区贸易安排；有的成员如墨西哥甚至与40多个国家或集团签署了自由贸易安排；尚不属于任一区域贸易协议参与方的经济体少之又少。

区域经济一体化的本质即在于实现经济贸易集团内部的贸易自由化，贸易集团内部相互减免关税，取消数量限制，取消或放松外汇管制。而自由港很重要的特征即货物在港区内作业免于惯常的海关监管，免除关税。可以说，区域经济的一体化是比自由港更为自由的一种发展模式，随着区域经济一体化发展进一步加速，将对自由港乃至自由贸易园区的发展产生不小的冲击。

2. 金融危机爆发

2008年金融危机爆发，全球经济陷入增长乏力的状态，贸易企业，生产企业面临着成本上升及外需不振的重重压力，部分自由港业务增长也进入瓶颈期。然而，从另一方面来看，金融危机不仅给企业带来了负面影响，对于国家经济的发展也产生了非常大的影响，政府财政赤字问题一直困扰着一些欧洲政府。在这些财政赤字的困扰下，各国政府期望依托港口这个城市外向型经济的重要门户建立自由贸易园区或自由港区，来吸引对外直接投资，吸引企业落户，为区域经济发展注入活力。2008年以后的这几年，很多国家开始依托港口重新恢复或设置自由贸易园区，尤其是以中国、斯里兰卡等发展中国家为代表的经济体。为了保持竞争力，即使财政紧缩，国家政府也期望通过设置自由港或自由贸易园区来提供税收优惠和财政的激励措施，吸引企业投资发展，提高技术和生产水平，增加就业，带动本国经济复苏。因此，虽然在某种程度上，金融危机的爆发对自由港业务量的增长产生不小的负面影响，但金融危机也同时加速了自由港的建立和发展，此时自由港的政策可能比过去更为优惠，企业也面临着良好的投资机遇。

3. 区域内竞争加剧

据不完全统计，目前全球已有1200多个自由贸易园区，其中包括600多个自由港，15个发达国家设立了425个自由贸易园区，占全部自由贸易园区的35.4%；而67个发展中国家共设立775个，占65.6%[5]。其中，最典型的是美国对外贸易园区的迅速增长。20世纪60年代末70年代初，美国在全球经济中的地位开始下降，与此同时，美元贬值，失业人数增加。在此情况下，为了刺激对外贸易发展，各州纷纷设立对外贸易区。到1980年，全美的自由贸易区增加到77个，到1994年底，自由贸易园区已达199个，贸易分区达285个，总数为484个[3]。在世界范围内自由贸易园区或自由港不断增加的情况下，区域内自由贸易园区或自由港之间的竞争将变得日益激烈，而原来在同一区域内自由港所具有的明显优势将被大幅削弱，例如东南亚地区菲律宾克拉克自由港，上海外高桥保税港区都对香港和新加坡自由港产生了一定的冲击。

在区域经济一体化加速、金融危机影响以及区域内竞争加剧的背景下，自由港的发展既面临着良好的发展机遇也面临着巨大的挑战，因此，自由港发展也表现出一些新的趋势。

## 二、自由港发展的新趋势

1. 区域发展趋势

由于发展历史和未来政治经济发展格局的不同，在未来一个阶段，不同区域内自由港或自由贸易园区发展将表现出不同的特点和趋势。

(1)亚非拉等区域的自由贸易园区或自由港将实现快速发展。近些年,随着经济中心和航运中心的东移,亚洲和远东地区国际贸易量和海运量快速增加,印度、新加坡、中国、菲律宾成为目前世界上增长最快的经济体。由于人力成本和原材料成本低廉,这些区域已经成为出口加工贸易的重要基地。而且,这些发展中国家政府已经意识到其所面临的重要发展机遇,希望通过贸易自由化的措施来吸引投资,拉动国家经济发展和增长。在外资企业自身发展需求增加和政府积极推动的双重作用下亚洲地区自由贸易园区的数目将迅速增加。近些年亚洲港口的基础设施不断完善,运营和管理水平不断提升,也为自由港的发展奠定了基础。例如,2012 年斯里兰卡汉班托特港通过制定法律设置自由贸易园区,在区内免于实施常规的海关监管、外汇管制以及相关进出口法规。

据外商直接投资杂志(FDI Magazine)在对全球自由贸易区域的排名中(表 10-3)显示,亚洲上海外高桥保税区、马来西亚伊斯坎德尔特殊贸易区、菲律宾的克拉克自由港区以及孟加拉国的吉大港出口加工区均排在全球前十位。

**FDI 评选全球前十大最优秀自由贸易区**　　表 10-3

| 排　名 | 自由贸易区 | 地　区 |
|---|---|---|
| 1 | 迪拜机场自由贸易区 | 阿联酋 |
| 2 | 迪拜国际金融中心 | 阿联酋 |
| 3 | 上海外高桥自由贸易区 | 中国 |
| 4 | 伊斯坎德尔 | 马来西亚 |
| 5 | 迪拜生物科技中心 | 阿联酋 |
| 6 | 丹吉尔自由贸易区 | 摩洛哥 |
| 7 | 文莰皮尔斯自由港 | 拉脱维亚 |
| 8 | 克拉克自由港 | 菲律宾 |
| 9 | 吉大出口加工园区 | 孟加拉国 |
| 10 | 迪拜媒体城 | 阿联酋 |

数据来源:FDI Magazine. Global Free Zones of the Future 2012/2013 Winners[EB/OL]. http://www. fdiintelligence. com/Rankings,2013.

然而,经济的崛起使得近些年亚洲部分地区的土地成本和人力资源成本也出现上升趋势,加工制造业基地开始出现一定的转移,尤其是向亚洲内陆地区和拉美地区转移。从长远来看,拉美和非洲地区可能会成为下一个出口加工制造业基地。从历史来看,这些区域经济发展相对落后,港口基础设施不完善,所以在自由港和自由贸易园区的发展历程中,非洲和拉美地区各种形式的自由贸易园区相对较多,而自由港相对较少。但是从近些年的发展来看,非洲和拉美地区的自由港在数目和服务质量上都实现了突破,在 FDI Magazine 评选的全球前五位自由港区中(表 10-4),拉美的丹吉尔自由港和非洲的毛里求斯自由港分别位于第一和第三位。尽管这些地区的港口功能还不发达还不完善,但是港口的自由度较高,对外商直接投资的吸引力非常大。

(2)欧洲地区自由港将加速现代化进程,自由度和功能将得到提升和完善。现代化的自由贸易园区和自由港不仅要有较大的规模,同时该特殊区域要能够满足多样化、专业化的需求，充实自由港和自由贸易园区的功能，使得赋予特殊功能的特殊区域能够满足任何类型的贸易企业的专业化需求。欧洲自由贸易园区及自由港区的发展早于亚、非、拉等地区，且一直以来东欧以及西欧地区的自由港由于具有发达的运输网络和较高的效率使贸易、物流公司在布局其物流网络时纷纷落户。随着发展，自由贸易园区及自由港需要在交通基础设施的可达性以及专业化服务方面进一步完善提升，自由度需要进一步提高。例如，2012 年意大利的里雅斯特自由港着手增加交通基础设施的投资力度，并通过颁布港口金融自主权和特定区域免税政策来扩展目前自由贸易区的功能，增加优惠幅度，吸引更多远东地区的贸易企业来港设立其在欧洲的贸易基地，从而增加与鹿特丹、汉堡等自由港竞争的能力。

**FDI 评选全球前五位最优秀自由港区**　　表 10-4

| 排　名 | 自由贸易区 | 地　区 |
|---|---|---|
| 1 | 丹吉尔自由港 | 摩洛哥 |
| 2 | 文茨皮尔斯自由港 | 拉脱维亚 |
| 3 | 毛里求斯自由港 | 毛里求斯 |
| 4 | 哈利法·本·萨勒曼港 | 巴林 |
| 5 | 塞拉莱自由贸易区 | 阿曼 |

数据来源：FDI Magazine. Global Free Zones of the Future 2012/2013 Winners[EB/OL]. http://www.fdiintelligence.com/Rankings,2013.

2. 功能发展趋势

在经济全球化和区域一体化的趋势下，跨国企业对贸易自由度的要求越来越高。作为供应链上的重要环节，港口的自由化和便利化程度将决定港口所在供应链的整体竞争力。而且，港口在实现代际发展和变化过程中，其功能逐渐由简单的装卸转运中心转变为具备物流、加工、展示、贸易等高附加值功能的场所，而自由的概念也需要从转口贸易向出口加工、物流服务等功能延伸。

(1)功能由单一化向综合化发展。由于区域内自由港数目不断增加，港口功能逐渐拓展延伸，仅具有某一单一功能的自由港竞争力将明显不足，仅围绕过往船舶的货物进出口提供豁免征收关税的优待已不能满足企业和供应链发展的要求。因此，自由港的功能除免征关税外，将逐步实现在港区内可进行自由的储存、改装、商展、简单加工装配的业务活动。而且随着港口对产业集聚作用不断增强，自由的功能也将覆盖到港口商贸、金融、旅游等业务中，这些综合功能的发展有利于提高自由港的运行效率和抗风险能力。自由港功能的拓展与港口功能的代际发展有着紧密的关系，港口是贸易的衍生需求，贸易的发展和变化将使港口功能不断拓展和调整，而自由港的功能也将随着贸易和港口功能的变化而不断发展变化。

(2)自由区域由港区向港城一体化发展。在目前发展的自由港中，大多数是港区型自由港，仅在某个或某几个港区实施开放，港区通过围网与城市隔离。然而在这种模式下，自由港各项业务的开展面临一定的困难与瓶颈。例如，凡进入港区便视为“关境之外”，需要办理相关海关手续，内贸货物操作不便开展；由于受围网限制，消费性商业活动不能在区内开展，人员不允许在区内居住和生活，在自由港业务量不断增加的背景下，这些政策的限制使生产和贸易活动的便利性受到很大影响，因此，在后续的发展中，自由港的自由区域范围将进一步延伸，自由港的围网将取消，“自由”的范围将由港区延伸至整个城市，而这样的变化也是自由港向综合型发展的必然要求，尤其是贸易、金融功能的自由化，要求自由的范围必须延伸至整个城市，实现港城一体化的自由。

3. 运营管理趋势

(1)政策更加优惠、行政手续更加便利。成本和效率是企业发展的生命线。在发展过程中，自由港之间除了在功能方面的竞争外，更重要的是政策措施的优惠程度和行政手续及监管便利程度之间的竞争。例如，部分自由港通过减免企业的所得税来增强自由港的吸引力，新加坡和香港凭借高效的监管模式使自由港极具吸引力(表 10-5)。

**亚洲部分国家监管当局的政策及管理效率排名**　　表 10-5

| 经济体 | 2004 | 2005 | 2006 | 2007 | 2008 |
|---|---|---|---|---|---|
| 新加坡 | 1 | 2 | 1 | 3 | 3 |
| 中国香港 | 4 | 4 | 3 | 4 | 4 |
| 日本 | 2 | 1 | 2 | 1 | 1 |
| 韩国 | 3 | 3 | 5 | 2 | 2 |
| 泰国 | 5 | 5 | 7 | 9 | 9 |
| 中国台湾 | 6 | 8 | 10 | 10 | 10 |
| 马来西亚 | 8 | 5 | 6 | 7 | 7 |
| 印度尼西亚 | 7 | 9 | 8 | 6 | 6 |
| 中国大陆 | 10 | 6 | 4 | 5 | 5 |
| 菲律宾 | 9 | 10 | 9 | 8 | 8 |

数据来源：陈晶莹，吕鸣，章博，王建新. 国际航运发展综合试验区突破自由贸易区制度性障碍的研究[R]. 上海：上海市政府发展研究中心决策咨询项目，2011。

(2)区港一体化管理模式。在发展初期，由于建设的历史时机、历史条件不同，自由港的功能和管理水平也存在较大差异。但经过几十年的发展，自由港的管理经验日趋成熟，而且随着科学技术不断的进步，管理水平也日益规范化、科学化。区港一体化的管理模式是在自由港发展过程中摸索出来的相对高效的一种管理模式。通过政府授权给专门的机构，由该机构负责自由港运作的一切事物，包括港口管理、自由贸易园区管理、自由港(包括港口和自由贸易园区)基础设施投资建设、自由港投资项目的引进和审批等。此种模式有利于协调整个自由港的运作，能够促进自由港和城市功能的互动发展，并且进行整体规划和建设，有利于功能的合理布局、实现资源高效利用，尤其是在金融、保险、商贸、中介等第三产业发展上也会产生显著的成效。

(3)运营管理的私有化。自由港在发展过程中很重要的一个功能即通过吸引外资带动就业、促进经济发展，因此在之前自由港的管理和运营多数是由政府等公共机构来完成。随着发展，越来越多的自由贸易园区和自由港开始由私人部门进行管理和运营，政府只为自由港提供具有竞争力和规范化的法律约束框架以及制定自由港发展的激励政策。私人部门运营和管理自由港具有更大的灵活性，对快速变化的市场具有较高的适应性。世界银行是推进自由港私有化的最佳范例，例如菲律宾、肯尼亚、多米尼加共和国的部分自由贸易园区和自由港已经实现了私有化。

## 第三节　自由港发展的新模式

### 一、由“境内关外”到“境外关外”的探索

1.“境外关外”模式探索的背景及内涵

自由港是赋予港口一种“境内关外”的地位。“境内关外”政策的内涵包括两点，即自由港仍位于“境内”属于一国的部分领土，但从海关监管来看属于“关境之外”，免于实施海关监管制度。

然而在自由港的发展过程中，由于自由港仍在一国国境之内，自由港的部分政策、法律、管理体制等内容仍需受该国法律的约束，从而使得由于部分政治、经济等因素国家和港口之间的自由贸易、自由航运发展依然受到限制，例如两地或两国之间不能直航，由于沿海运输权限制外籍船舶不能从事一国的沿海运输业务等。在此背景下，部分地区赋予自由港更为自由的地位，通过“离岸”的形式在功能方面赋予自由港“境外关外”的政策。

所谓“境外关外”是指，某一特定区域（或自由港）位于一国国境之内，但赋予其“离岸”地位，功能视同关境和国境之外，部分或全部政策要求不受该国或该地区的限制影响，是自由度更高、更为开放的区域。

2. 中国台湾探索“境外关外”模式

“境外关外”的概念最早由中国台湾提出。1995 年，台湾欲建立“亚太营运中心”，其中“海运转运中心”是“六大”功能中心中重要的一环。然而台湾发展“海运转运中心”具有许多有利条件，但由于不能与中国大陆直航，而受到严重制约。高雄“离岸”航运中心（Offshore Shipping Center/ Offshore Shipping Zone）的建立，旨在以“不通关、不入境”的模式开展两岸直航业务，吸引大陆货物到高雄中转。

台湾境外航运中心的“境外关外”政策主要实施在台湾地区的国际商港所划出的相关范围之内，作业模式主要以“不通关、不入境”的方式从事中国大陆地区运往第三地或第三地运往中国大陆地区货物的转运及转运作业相关的简单加工作业区。“境外关外”转运政策主要的实施要点包括以下几个方面：

主要包括以下几个方面：

（1）运营范围要求。运营货物限于台湾和中国大陆两岸间“不入境、不通关”的转口货物。从性质上来看，进入“离岸”航运中心的货物仍属于国际货物，最终目的港不在台湾，而是中国大陆或第三国的港口。

（2）航线性质。在航线定位上，“离岸”航运中心与中国大陆之间的航线既不属于国内航线，也不属于国际航线，而是特殊航线，特殊航线的运营不受两岸不能直航的影响。

（3）航线经营人要求。由于该航线不属于国内航线，因此从事该条航线上的货物运输业务不需受沿海运输权或两岸直航的限制，无需局限于国内航运经营人所经营的中资船的要求，外国船公司的外籍船、中国大陆船公司的外籍船和台湾船公司的外籍船均可从事该航线的运输业务。

（4）监管模式及其他业务的开展。“不入关、不入境”的监管模式更为自由，可视为国际

中转业务开展，无需海关监管。而且，“离岸”航运中心的货物可以通过保税的方式送至自由贸易港区、加工出口区、科学工业园区、保税工厂、自用保税仓库，经海关核准后可进行加工、包装、仓储等物流相关作业活动，最终货物全数出口。

(5)设置地点。“离岸”航运中心设置地点的选择将完全由市场力量来决定，也就是根据航运量的需求，可以选定中国台湾的高雄港或其他国际港口。

1996年，高雄港由于拥有充沛的货源和发达的国际航线，被选择作为台湾“离岸”航运中心的试点港口，赋予其“境外关外”的特殊政策。该政策实施后，高雄港集装箱吞吐量从1997到1999连续三年实现两位数增长，尤其是中转箱量占比增长十分明显(表10-6)。

**1990～1999年高雄港集装箱吞吐量及转运量比重**　　表10-6

| 年　份 | 年吞吐量(万TEU) | 较上年增长(%) | 转口占总量比例(%) | 本地集装箱量(万TEU) |
|---|---|---|---|---|
| 1990 | 349.46 | 3.31 | 38.4 | 215.30 |
| 1991 | 391.31 | 11.98 | 39.4 | 237.13 |
| 1992 | 396.05 | 1.21 | 36.9 | 250.19 |
| 1993 | 463.59 | 17.05 | 39.0 | 282.79 |
| 1994 | 489.99 | 5.69 | 39.9 | 294.48 |
| 1995 | 505.32 | 3.13 | 41.6 | 287.59 |
| 1996 | 506.30 | 0.19 | 41.1 | 298.0 |
| 1997 | 569.33 | 12.45 | 44.0 | 318.76 |
| 1998 | 627.11 | 10.15 | 49.3 | 317.87 |
| 1999 | 698.50 | 11.38 | — | — |

数据来源：中国台湾高雄港务局。

3.“境外关外”政策的发展特点及趋势

(1)“境外关外”是自由港“境内关外”政策的补充和延伸。“境外关外”政策是“境内关外”政策的延伸，是比“境内关外”政策更为开放和自由的政策。由于将区域赋予“境外关外”的“离岸”地位，许多原本限制性的政策和要求可以实现进一步的突破，例如金融业务可在“境外关外”所辖区域内不受该国金融制度限制，金融机构可进行不受该国金融法规管制的资金融通活动等。而这也是自由港在向综合化、多功能发展过程中金融、贸易自由化发展的必然要求。

(2)“境外关外”政策处于探索期，功能限于转运业务。从目前“境外关外”政策实施的情况来看，其主要作用在于提升港口的转运能力，增加转运量，解决外资船公司沿海干线船舶的互转问题。目前“境外关外”政策尚属于探索期。此外，目前的“境外关外”政策属于临时性政策，由于开放度确实很大，能否被各个港口应用未来仍需进一步探讨。

## 二、自由贸易区或将替代自由港

1.汉堡港取消自由港政策

汉堡港是典型的欧洲自由港，汉堡自由港依托于汉堡港而建立，占地面积16平方公里，利用金属栅栏将自由港区与其他区域隔离开来。汉堡自由港对德国和欧洲经济起到了积极的推动作用。然而从2013年1月1日,这个自由港却消失了,基于实现区域内公平竞争、防止垄断的原则,欧盟要求汉堡取消自由港政策。

通过研究,汉堡取消自由港的根本原因包括以下几个方面:

(1)欧盟自由贸易区的建立减少对自由港的需求。欧盟是一个关税联盟。关税联盟是区域经济一体化中的一种表现形式,欧盟内部已经形成统一的市场,三分之二的货物在欧盟内部都可免除关税。而自由港的主要功能即免除关税,实施特殊的海关监管措施。关税联盟的形成使自由港存在的必要性下降,自由港的功能和作用似乎已经过时。

(2)欧盟出于公平竞争考虑要求取消自由港政策。当然自由港政策对于德国汉堡港仍有一定的积极作用,然而周边的鹿特丹、安特卫普等港口均不是自由港,没有自由贸易园区的特殊政策支持,因此出于公平考虑,欧盟也要求汉堡取消自由港,实现与周边港口的公平竞争。

(3)信息网络技术发展简化了监管流程。随着网络和信息技术的发展,现代化的电子数据处理系统可以实现以港口为平台的供应链上各成员之间的信息共享,包括货主、船公司、海关、海事等,进出口货物的报关无需再将货物运送至指定地点进行核查,只需通过网上流程完成,从而保证货物的快速通关,在通关效率大幅提升的前提下,自由港的特殊海关监管政策的作用似乎也微不足道了。

(4)海关监管模式向诚信监管转变。在自由港发展过程中,香港海关监管采用风险监管模式,将传统的对货物实施监管转变为对企业诚信度的监管,对于投资者、货主、航运公司等港口供应链上的成员而言,风险监管模式具有较高的自由度和便利性,是这些港口客户较为青睐的一种监管模式,同时也成为其他地区自由港推崇和借鉴的模式。而汉堡港的监管模式也逐渐由对货物的监管转向对企业诚信的监管,通过对欺诈、隐瞒等不诚信行为进行巨大的经济惩罚和承担相应的法律责任来降低走私等风险,由于无需对货物实施监管,自由港物理上围网的意义和重要性也因此降低。

2. 自由贸易区或将替代自由港

通过汉堡取消自由港政策这一事例,我们需要重新思考未来自由港的发展趋势和走向。或许未来,发达国家在一系列条件成熟以后,自由港政策将被取消,取而代之的是自由贸易区的发展。

正如在本章第二节中的分析,区域经济一体化发展在不断加速,包括自由贸易区(Free Trade Area)、关税同盟、共同市场、经济同盟、完全经济一体化等区域一体化的表现形式不断涌出,一体化的数目也实现快速增长。

区域经济一体化是指某一地理区域内或区域之间,某些国家或政治实体为实现彼此之间在货物、服务和要素的自由流动,实现经济发展中各种要素的合理配置,促进相互间的经济与发展,而达成的取消有关关税和非关税壁垒,促进协调产业、财政和货币政策,并相应建立起超国家的组织机构的过程[6]。其表现形式是各种形式的经济贸易集团的建立。

根据目前对自由贸易区的研究来看,自由贸易区的发展可以分为四个阶段,分别是:贸易一体化,取消对商品流动的限制;要素一体化,实行生产要素的自由流动;政策一体化,在集团内达到国家经济政策的协调一致;完全一体化,即所有政策的全面统一。与这四个阶段相对应,经济一体化组织可以根据市场融合的程度,分为以下五类:

(1)自由贸易区。所谓自由贸易区即指两个或两个以上的国家或行政上独立的经济体之间,通过达成协议,相互取消进口关税和与关税具有相同效力的其他措施而形成的一体化组织。目前世界上已经形成的自由贸易区包括欧洲自由贸易联盟、拉美自由贸易协会以及未来的中国—东盟自由贸易区。

(2)关税同盟。指在自由贸易区的基础上,完全取消关税或其他壁垒,同时协调其相互之间的贸易政策,建立对外的统一关税。欧洲经济共同体是典型的关税同盟的经济一体化组织。

(3)共同市场。指各成员国之间不仅实现了自由贸易、建立了共同对外关税,而且还实现了服务、资本和劳动力的自由流动。例如欧洲统一市场。

(4)经济同盟。即在共同市场的基础上又进了一步,成员国之间不但实现商品和生产要素的自由流动,建立起对外的共同关税,而且制定和执行某些共同经济政策和社会政策,逐步废除政策方面的差异,形成一个庞大的经济实体,典型的如目前的欧洲联盟。

(5)完全经济一体化。这是经济一体化的最高阶段。成员国在经济、金融、财政等政策上完全统一,在国家经济决策中采取同一立场,区域内商品、资本、人员等完全自由流动,使用共同货币。

通过对自由贸易区的发展特点比较来看(表10-7),虽然自由贸易区的辐射范围仅是针对某两个或多个区域之间实现关税取消和要素的自由流动,而自由港可以对任何国家任何区域抵港的货物或对外直接投资都实现自由化,但自由贸易区的自由程度要远远大于自由港,尤其是在达到完全经济一体化以后,其市场、贸易的自由度已经达到了目前最高的程度。而且经济一体化组织可以建立多个合作关系,其所建立合作关系的国家或区域一般经济贸易往来比较频繁,基本可以满足自由贸易的需要。因此,总体上来看,自由港很有可能在未来被自由贸易区所取代,尤其是一些发达国家的自由港,在监管模式、技术水平、运营能力等愈加成熟的条件下,自由港政策有可能被取消。

**自由港及自由贸易区比较**　　表10-7

| | 自由港 | 自由贸易区 |
|---|---|---|
| 政策适用对象 | 任何国家、任何区域的抵港货物、在港投资以及进行国际贸易均可实现自由化 | 适用于某一地理区域或区域之间(通常为两国或多国)的投资、贸易、生产等活动的自由化 |
| 政策所辖区域 | 政策适用区域较小:<br>仅为某一港口围网围起的区域或某一港口及港口所在城市 | 政策适用区域范围较大:<br>在实施该政策的所有国家的所有城市和区域,不受围网和港口限制 |
| 政策表现特征 | 基本特征:免征关税;<br>免除惯常的海关监管<br>延伸特征:船舶自由进出;<br>国际贸易自由交易;<br>投资经营自由;<br>货币金融制度自由化;<br>人员要素自由流动 | 基本特征:取消关税;<br>取消对商品流动的限制<br>延伸特征:商品要素、生产要素、资金要素自由流动;<br>自由贸易、自由投资;<br>经济、金融、财政等政策上完全统一 |

## 第四节　典型自由港的运作模式

中国内地目前还没有自由港,但有与其功能相似的保税港区,然而中国内地的保税港区与真正的自由港还存在很大差距,尚未做到真正的“境内关外”。自由港仍将是中国内地促进贸易自由化,提升港航竞争力的重要手段。因此,下文通过对运作经验相对成熟的新加坡和中国香港自由港的政策进行比较分析(表10-8),希望能对中国内地自由港的发展有所启示。

### 一、中国香港

中国香港特区政府没有采取划设特定区域和制定特别法令的办法,而是致力于使香港特别行政区全区发展成为一个自由贸易港,也即港城型自由港。

1. 税费政策

香港实行简单税制和低税率,自20世纪60年代以来,香港的标准税率为16.5%,无利息所得税,是世界上税率最低的地区之一。一般进口或出口货物均无须缴付任何进口关税,也不设任何增值税或一般服务税。一般货物不受进口配额或其他进口证规定所限,除属管制类的物品应课税并获得相关政府部门批准后方可进口。

对货物的进出口经营权不设限制,任何香港机构及个人均有办理进口和出口货物的权利,而该权利无须向香港特区政府申请或登记。内地企业在香港开设的公司亦享有上述同等权利。

2. 金融政策

香港实行自由汇兑制度,其货币市场是全球最开放的市场之一。无论实行何种汇率制度,本地资金和外国资金均可自由进出没有限制。

香港对银行提供信贷融资无订立任何准则,业界通常有自己的内部规则。

3. 口岸监管

货物进入香港时,一般货物不需要事先取得许可,只有拟进口禁运货品或应税货品方须事先取得由工业贸易署或有关部门签发的进口证、许可证或产地来源证明书。航运业者或代理商必须在船舶抵达香港前24小时内,向香港海事处递交有关船舶的动向资料后方得入港。

外来船舶免办进港申请及海关手续,并豁免港口行政费,物流体系流畅。

香港采用风险管理方式。海关在收到进口舱单后,海关人员会利用海关管理系统浏览收到的进口舱单,并选出欲查验的受托运载货品。针对转口货物,海关并未另行订定特别的管理办法,而是比照一般进口及出口的通关程序加以处理。

4. 投资政策

香港对本地公司及外商投资一视同仁,实行少干预、无补贴政策。香港对内地机构、组织或个人在本地投资并不设任何限制,同时香港特区政府亦无制定投资产业政策及相关目录,但投资受香港特区政府监管的行业除外;香港没有规定外商投资专项必须要有本地业者参与。香港并无特别针对外商的投资审批程式,但所有公司必须遵从《公司条例》的注册规定。香港对大部分新投资项目不设任何管制,但在某些业务或行业,投资者必须申领牌照或许可证。

表 10-8

**香港、新加坡、汉堡自由港政策比较**

| 自由港 | 金融政策 | 海关监管 | 贸易便利化 | 税收优惠政策 | 人员出入政策 |
| --- | --- | --- | --- | --- | --- |
| 香港自由港 | 1. 实行自由汇兑制度；<br>2. 对银行提供信贷融资无订立任何准则；<br>3. 分散的自由经济体制，政府只为经营者提供一个自由安定的环境；<br>4. 经营自由选择、资金自由动用、价格自由决定、劳动力自由流动及商品自由进出、外汇自由调节 | 1. 通关方式为后申报且 24 小时通关；<br>2. 商品自由进出，自主管理。少数贸易受管制的商品需进行事前申请并获批准后才能进出口外，一般商品的进出口无须报批，办理的手续只需于 14 天内向香港海关递交一份报关表即可 | 1. 对进出口贸易不设管制；<br>2. 进出口手续极为简便；<br>3. 外来船舶免办进港申请及海关手续，并豁免港口行政费；<br>4. 货物进出香港自由港，均不征收关税及营业税 | 香港的标准税率为 16.5%，无利息所得税，是世界上税率最低的地区之一 | 1. 香港对国外访客实施非常宽松的签证政策；<br>2. 许多国家的公民都可免签证在香港短期停留 |
| 新加坡自由港 | 1. 以自由经济政策为基础，实行贸易自由、金融自由等多种自由经济政策；<br>2. 没有物价管制和外汇管制，实行金融自由化；<br>3. 对于国营企业和私营企业以及外资企业给予同等的竞争机会，实行优胜劣汰的自由经营模式 | 1. 区内向海关申报；<br>2. 商品自由进出、自主管理、重新包装组装等；<br>3. 国内货物出口到自由港区，无论是原料或产成品均免关税及货物税 | 1. 与香港类似，征收关税商品数目稍多，仅对酒精、烟草、石油产品和摩托车征收高额关税；<br>2. 大部分产品无需许可证及可免税进口，但对极少数商品除外 | 1. 针对港航产业实行系列税收优惠政策；<br>2. 企业所得税率 18%；<br>3. 对离岸金融收入实行优惠税率 | 新加坡政府提供方便的出入境措施，采用非常宽松的签证政策 |
| 汉堡自由港 | 从实行汉堡规则到遵从欧洲统一的布达佩斯公约 | 1. 船舶可以自由进出汉堡自由港，只要挂一面海关关旗，就可不受海关的任何干涉；<br>2. 凡进出口或转运货物在自由港装卸、转船和储存不受海关的任何限制；<br>3. 货物在自由港区内可任意进行加工和交易而不必缴纳增值税 | | 提供欧洲最自由的税务环境，既适用于德国法律，同时也属于欧盟关区 | 不允许人员在自由港区内居住生活 |

## 二、新加坡

新加坡采取了港区与自由贸易区合一的自由港模式,港区和自由贸易区的边界实施封闭监管。

1. 税费政策

在新加坡,从国外运入自由港区内的物品,原则上视同关税领域外,免征各种税费。年终须课征所得税。

2. 金融政策

新加坡实行自由的金融政策,外汇兑换自由、资金出入与转移自由以及资金经营自由政策,没有物价管制和外汇管制。

3. 口岸监管

新加坡自由贸易区采用“境内关外”制度,所划设的自由贸易区均以围墙方式和外界有所分隔,进出自由贸易区的出入口都有海关检查站加以管理。

4. 人员出入政策

新加坡政府提供方便的出入境措施,采用非常宽松的签证政策,出入境人员实行落地签证政策。

5. 自由区内加工、仓储、采购政策

应课征关税的烟、酒货物,原则上禁止仓储于自由贸易区,严禁危险品在港口停留;对进出口集装箱提供 48 或 72 小时的免费仓储时间;转运或再出口集装箱提供 168 小时的免费堆存时间;对散装货物的进、出口提供 72 小时的免费储存服务;对等待复运出口或转口的货物提供 28 天的免费储存服务。新加坡允许一般商业性加工,限制深加工。只要货物未离开自由贸易区前,除应税货物外,货主或托运业者对于货物进行简易的重新包装等行为,均不需向海关报备(特许仓库的货物,需进行拆、封装时,须海关查验完成方可进行)。

6. 吸引投资政策

凡是入驻新加坡自由贸易区的外资企业可自由选择经营模式,可自由雇佣外籍管理人员和技术人员,并获得出入境的便捷;允许外国资本和利润自由汇出;外国公司或个人贷款给新加坡企业购买生产设备的金额达到一定要求,免予征收利息税;积极吸收外资参与自由贸易区相关行业,如造船业、修船业、海上钻井平台制造业、电子工业和光学产品制造业等。

7. 管理模式

新加坡自由贸易区实行民企运营,政府部门服务的管理模式。自由贸易区管理部门拥有独立处理问题的充分权利,以提高自由贸易区管理工作的效率。

# 第五节　本 章 小 结

20 世纪 70 年代以来,全球范围内自由港数目大幅增加,设立自由港的国家也越来越多。作为供应链上的重要环节,港口的自由化和便利化程度将决定港口所在供应链的整体竞争力。随着区域经济一体化的加速以及金融危机的爆发,自由港的发展将表现出新的趋势。例如,港口功能将由单一化向综合化发展,自由区域将由狭小的港区向港城一体化方向发展，自由港政策将更加优惠，行政手续将更加便利，自由港管理将实现区港一体化、运营实现私有化等等。

自由港在发展过程中也表现出一些新的模式和特征，例如“境外关外”政策的探索。“境外关外”政策是“境内关外”政策的补充和延伸。由于自由港仍在一国国境之内，自由港的部分政策、法律、管理体制等内容仍需受该国法律的约束。“境外关外”政策的探索即是为了暂时性地解决由于部分政治、经济等因素造成国家和港口之间的自由贸易、自由航运发展受到限制的问题。目前“境外关外”政策仍处于探索期，由于政策开放度确实很大，能否被各个港口应用未来仍需进一步探讨。

此外，自由港发展过程中另外一个值得注意的事例即汉堡取消了自由港政策。汉堡取消自由港政策的根本原因在于欧盟自由贸易区的建立及海关监管模式的改变减少了汉堡对自由港政策的需求。比较来看，自由贸易区的自由程度大于自由港，尤其是在达到完全经济一体化以后，其市场、贸易的自由度已经达到了目前最高的程度。目前，全球范围内各种组织形式自由贸易区的设立可能会减少对自由港的需求。未来，自由贸易区可能会替代自由港而存在。

## 参考文献

[1] 海关总署国际司. 京都公约总附约和专项附约指南[M]. 北京：中国海关出版社，2003

[2] United Nations. Free Trade Zone and Port Hinterland Development[M]. New York：United Nations publication, 2005

[3] 刘湛. 大连大窑湾保税港区向自由港转型研究[D]. 大连海事大学，2008

[4] 李瑞林，骆华松. 区域经济一体化：内涵、效应与实现途径[J]. 经济问题探索，2007，01

[5] 郭安丽. 借鉴国外自由贸易区，实现我国保税区转型[EB/OL]. http://news.hexun.com/2011-04-15/128791383.html, 2011

[6] 陈晓文. 区域经济一体化：贸易与环境——简论东亚自由贸易区构建中的贸易与环境协调[D]. 青岛大学，2007

[7] Economy Watch. Internatinal Free Trade Zone. [EB/OL]. http://www.economywatch.com/international-trade/free-trade-zone.html，2010

[8] Takayoshi Kusago，Tzannatos. Export Processing Zones：A Review in Need of Update[M]. Washington DC：The World Bank，1998

[9] 陈晶莹，吕鸣，章博，王建新. 国际航运发展综合试验区突破自由贸易区制度性障碍的研究[R]. 上海市政府发展研究中心决策咨询项目，2011

[10] 杜麒栋. 我国保税港区的发展及其反思[J]. 中国港口，2012，11

[11] FDI Magazine. Global Free Zones of the Future 2012/2013 Winners[EB/OL]. http://www.fdiintelligence.com/Rankings，2013

[12] 杨培举. 5问中国“自由港”[J]. 中国船检，2004，03

[13] 贾广葆. 创建具有中国特色的自由港[J]. 世界经济与政治，1993，12

[14] 黄汉生. 从新加坡和香港自由港的比较研究看厦门实行自由港的某些政策[J]. 南洋问题研究，1987，04

[15] 李九领. 建设自由港：我们的差距及改革设想[J]. 浦东开发，2011，04

[16] 张迈.欧洲自由港的启示[J].中国水运,2008,09
[17] 洪山.世界自由港的发展及特点[J].对外经贸实务,1996,10
[18] 王丽明.香港成为自由港的优势及其在国际贸易中的地位初探[J].哈尔滨师范大学自然科学学报,2006,6
[19] 陆尚雄.香港与新加坡自由港模式的比较研究[J].特区经济,1996,04
[20] 张世坤.有关汉堡港、鹿特丹港、安特卫普港的考察[J].港口经济,2006,01
[21] 马利英.关于在上海建立自由港的几点认识[J].上海海运学院学报,1998,01
[22] 李建丽,真虹,徐凯.自由港模式在我国的适用性分析[J].港口经济,2010 ,07
[23] 杜麒栋,我国保税港区建设和发展前景[J].水运管理,2008,09

# 后　记

《现代港口发展若干问题研究》一书经过了半年时间的努力终于脱稿。本书所列出的几个涉及港口发展的问题是近些年来我一直在思考的问题，其中一些主要观点曾在多种场合（包括论坛和讲座）进行过阐述，或者在一些研究项目中已有反映。但由于这些场合受时间的限制不可能系统地进行论述，研究报告也只能是在很小的范围内表达，因此，我一直想将这些思考和观点能够在一本书里系统地反映出来。但是当真要写时，发现又受制于诸多因素而难以独立完成。所幸的是，我得到了两位非常得力的助手金嘉晨老师和赵楠老师的鼎力相助。她们不仅深切地理解我对一些问题的看法，而且在她们承担的部分作出了创造性的理论发展，充实和突破了我的观点。为此，我非常感谢她们。

本书所选择的 9 个问题并不能涵盖现代港口发展中的全部问题，我们这里只是选择了这些年我们所着重思考的若干问题。事实上，对于现代港口的发展还有其他诸多问题值得关注。因此，我们希望能借此书激发更多的研究者开展这方面的研究，并贡献出他们的成果。

本书由真虹设计全书的架构，审定全部书稿，并承担了其中的第一、四、八、九章的撰写；金嘉晨承担了其中的第二、五、七章的撰写；赵楠承担了其中的第三、六、十章的撰写。

在本书的写作过程中我们参考了大量的文献资料，吸取了其他专家学者的观点；书中的第四和第八章也分别吸取了在真虹负责的课题中刘桂云和高洁两位老师所作出的研究贡献。在此，我深表感谢。

**真虹**

**2013 年 7 月**

# 后　记